Ähnlichkeitsbasierte Produktkonfiguration im Maschinenbau

Von der Fakultät für Maschinenwesen
der Rheinisch-Westfälischen Technischen Hochschule Aachen
zur Erlangung des akademischen Grades eines
Doktors der Ingenieurwissenschaften
genehmigte Dissertation

vorgelegt von

Michael Riesener

Berichter:

Univ.-Prof. Dr.-Ing. Dipl.-Wirt. Ing. Günther Schuh
Univ.-Prof. Dr.-Ing. Jörg Feldhusen

Tag der mündlichen Prüfung: 19. Oktober 2015

ERGEBNISSE AUS DER PRODUKTIONSTECHNIK

Michael Riesener

Ähnlichkeitsbasierte Produktkonfiguration im Maschinenbau

Herausgeber:
Prof. Dr.-Ing. Dr.-Ing. E. h. Dr. h. c. Dr. h. c. F. Klocke
Prof. Dr.-Ing. Dipl.-Wirt. Ing. G. Schuh
Prof. Dr.-Ing. C. Brecher
Prof. Dr.-Ing. R. H. Schmitt

Band 49/2015

Bibliografische Information der Deutschen Nationalbibliothek
Die Deutsche Nationalbibliothek verzeichnet diese Publikation in der Deutschen Nationalbibliografie; detaillierte bibliografische Daten sind im Internet über http://dnb.ddb.de abrufbar.

Michael Riesener:

Ähnlichkeitsbasierte Produktkonfiguration im Maschinenbau

1. Auflage, 2015

Gedruckt auf holz- und säurefreiem Papier, 100% chlorfrei gebleicht.

Apprimus Verlag, Aachen, 2015
Wissenschaftsverlag des Instituts für Industriekommunikation und Fachmedien an der RWTH Aachen
Steinbachstr. 25, 52074 Aachen
Internet: www.apprimus-verlag.de, E-Mail: info@apprimus-verlag.de

KN Digital Printforce GmbH, Stuttgart

ISBN 978-3-86359-383-4

D 82 (Diss. RWTH Aachen University, 2015)

Diese Arbeit entstand im Rahmen des von der deutschen Forschungsgemeinschaft (DFG) geförderten Exzellenzclusters „Integrative Produktionstechnik für Hochlohnländer" an der RWTH Aachen.

Vorwort

Die vorliegende Arbeit entstand während meiner Zeit als wissenschaftlicher Mitarbeiter in der Abteilung Innovationsmanagement am Lehrstuhl für Produktionssystematik des Werkzeugmaschinenlabors WZL der RWTH Aachen. Ich habe hier ein herausforderndes, gleichzeitig innovatives und anregendes Umfeld vorgefunden, welches diese Arbeit erst ermöglicht hat. Mein besonderer Dank gilt daher Herrn Professor Günther Schuh für die Schaffung dieses Umfelds und für die Möglichkeit zur Promotion. Durch seine inspirierende Art, sein Vertrauen in meine Person und die mir im Rahmen von vielen Projekten übertragene Verantwortung hat er sowohl meine Promotion als auch meine persönliche Entwicklung maßgeblich geprägt.

Für die Übernahme des Koreferates danke ich Herrn Professor Jörg Feldhusen. Seine Arbeiten im Bereich der Konstruktionslehre und des Konfigurationsmanagements waren ein wesentlicher Anstoß für meinen eigenen Forschungsprozess. Herrn Professor Manfred Wirsum danke ich für die Übernahme des Prüfungsvorsitzes.

Während meiner „Forschungsreise" wurde ich durch eine Vielzahl von Wegbegleitern geprägt. Der kreative Diskurs mit Kollegen, studentischen Mitarbeitern, Abschlussarbeitern und Projektpartnern war ein wesentlicher Befähiger für meinen Forschungsprozess.

An dieser Stelle möchte ich mich bei Dr. Stefan Rudolf bedanken, der mich zunächst als studentische Hilfskraft am WZL einstellte, mein Interesse für das Innovationsmanagement weckte und mir auch auf den letzten Metern der Promotion ein wichtiger Ansprechpartner blieb. Ihm danke ich auch für die kritische Durchsicht der Arbeit und für die Unterstützung bei der Erstellung des Doktorvortrags.

Bastian Lüdtke möchte ich für die unzähligen Diskussionsrunden danken, die wir seit dem Beginn unserer Assistentenzeit gemeinsam in den Abendstunden im Büro geführt haben. Das stets offene, kritische und konstruktive Feedback haben meinen Forschungsprozess wesentlich beschleunigt und mich gleichzeitig während der Erstellung der Dissertation und des Doktorvortrags in meinem Vorhaben bestärkt.

Die durch den freundschaftlich-kollegialen Zusammenhalt ermöglichte positive Kultur und Stimmung in der Abteilung hat dazu beigetragen, dass ich auch in sehr fordernden Zeiten immer positiv gestimmt war. Insbesondere aufgrund dieses Zusammenhalts wird die Zeit am WZL für mich immer unvergesslich bleiben. Aus der „älteren" Generation der Assistenten möchte ich besonders Dr. Jens Arnoscht danken, der mich in seiner Funktion als Oberingenieur als wissenschaftlicher Mitarbeiter einstellte. Darüber hinaus danke ich Dr. Michael Schiffer, Dr. Arne Bohl, Dr. Kai Korthals und Dr. Till Vogels für die vielen Diskussionen und gemeinsamen Projekte. Ich freue mich, dass die Stimmung in der Abteilung auch durch die jetzige, weitestgehend neue Besetzung unverändert positiv geblieben ist. Für die vielen konstruktiven Dissertationswochenenden, Gruppensitzungen und Gruppenabende danke ich daher insbesondere „meiner" Gruppe des Komplexitätsmanagements, namentlich Sasa Aleksic, Max Gerlach, Casimir Ortlieb, Sebastian Barg, Frederic Diels, Christian Tönnes und Christian Dölle. Letzterer hat schon als Abschlussarbeiter einen wesentlichen Beitrag zu meiner Arbeit geleistet. Als ehemaliges Mitglied der Gruppe Entwicklungsmanagement möchte ich auch den Mitarbeitern dieser Gruppe für die sehr gute Zusammenarbeit danken, namentlich Abassin Aryobsei, Martin Sommer, Stefan Breunig, Elisabeth Schrey, Jan Kantelberg, Christian Mattern und Jan Koch.

Bedanken möchte ich mich ebenfalls bei meinen studentischen Mitarbeitern und Abschlussarbeitern für ihre Unterstützung. Hervorheben möchte ich an dieser Stelle Irena Beckei, Sören Brüchmann und Ida Wonsak.

Mein besonderer Dank gilt meiner Familie, allen voran meinen Eltern Monika und Klaus-Peter Riesener, die mich in meinem gesamten Leben darin bestärkt haben, eigenverantwortlich zu handeln, meine selbst gesteckten Ziele zu verfolgen und aus allem das Beste zu machen. Ich konnte mir jederzeit sicher sein, dass ich auf ihre Unterstützung bauen kann, sofern ich sie benötige. Meinen Geschwistern Markus, Stefanie und Carolin Riesener danke ich sehr für den immer lustigen, vertrauten und sich gegenseitig unterstützenden Zusammenhalt.

Mein größter Dank gebührt meiner lieben Frau Wiebke, der ich für ihren unermüdlichen und liebevollen Rückhalt in den letzten Jahren danke, in denen sie oft darauf vertrauen musste, dass ich „danach" wieder mehr Zeit haben würde. Ich freue mich darauf, nun mit unserem Sohn Lars wieder mehr gemeinsame Zeit zu Dritt verbringen zu können. Meinen Eltern und Wiebke widme ich diese Arbeit.

Aachen, im November 2015

Michael Riesener

Inhaltsverzeichnis

Verzeichnis der Abbildungen

Verzeichnis der Abkürzungen

$A_{i,j}$	Ausprägung j bei Anforderung i
A-&B-Matrix	Anforderungs- und Baugruppenmatrix
Abb.	Abbildung
AG	Aktiengesellschaft
BG	Baugruppe
bzgl.	bezüglich
bzw.	beziehungsweise
ca.	circa
CAx	Computer Aided x
CIRP	College International pour la Recherche en Productique
CTO	Configure-to-Order
$d_{i,j}$	Distanz zwischen den Objekten i und j
$\hat{d}_{i,j}$	Disparität zwischen den Objekten i und j
d. h.	das heißt
DFG	Deutsche Forschungsgemeinschaft
DFx	Design for x
DIN	Deutsches Institut für Normung e.V.
$E_{h,g}$	Erfüllungsgrad g bei Eigenschaft h
E-&A-Matrix	Eigenschafts- und Anforderungsmatrix
ERP	Enterprise Resource Planning
et al.	et alii

etc.	et cetera
ETO	Engineer-to-Order
F_K	Kundensegmentfit
F_A	Anforderungssegmentfit
F_P	Produktsegmentfit
F&E	Forschung und Entwicklung
f.	folgende
ff.	fortfolgende
g	Gewichtung
ggf.	gegebenenfalls
h	Stunde
Hrsg.	Herausgeber
hrsg. v.	herausgegeben von
i	Bedeutungsgewichtung
i. d. R.	in der Regel
i. H. v.	in Höhe von
i. S. e.	im Sinne einer
IBM	International Business Machines Corporation
ISO	International Organization for Standardization
Jg.	Jahrgang
K	Herstellkosten
k_i	Stückkosten der Komponente i
k	Änderungsaufwand der Baugruppen
K-&V-Matrix	Konfigurations- und Verträglichkeitsmatrix
Kap.	Kapitel

km	Kilometer
M	Anzahl der Merkmale
MDS	Multidimensionale Skalierung
Mio.	Millionen
Mrd.	Milliarden
N_S	Strategischer Nutzen
N	Neukunde
n	Stückzahl
Nr.	Nummer
o.V.	ohne Verfasserangabe
$P_{i.j.}$	Ausprägungswahrscheinlichkeit der Ausprägung j von Anforderung i
PK	Prozesskosten
PLM	Product Lifecycle Management
PPS	Produktionsplanung und -steuerung
QFD	Quality Function Deployment
RWTH	Rheinisch-Westfälische Technische Hochschule
S	Stress-Wert nach KRUSKAL
S.	Seite
Sij	Ähnlichkeit zwischen den Objekten i und j
SIM	Gewichtete Summe der Merkmalsähnlichkeiten
SPSS	Marke der Softwarefirma IBM
Tab.	Tabelle
u. a.	unter anderem
V	Vorzugsvariante

VDI	Verein Deutscher Ingenieure e.V.
VDMA	Verband Deutscher Maschinen- und Anlagenbauer e.V.
Verl.	Verlag
vgl.	vergleiche
W	Wahrscheinlichstes Anforderungsprofil (Annahmeprofil)
z. B.	zum Beispiel
z. T.	zum Teil

1 Einleitung

1.1 Motivation

In den vergangenen Jahren ist die Variantenvielfalt in zahlreichen Branchen stetig angestiegen.[1] Die Gründe dafür liegen in historisch gewachsenen Produktprogrammen sowie in kürzeren Produktlebenszyklen bedingt durch eine erhöhte Technologiedynamik. Dazu kommt der fortschreitende Wandel vom Anbieter- zum Käufermarkt, der sich durch eine immer stärker geforderte Erfüllung differenzierter Kundenwünsche kennzeichnen lässt.[2] Im Gegensatz zu Standardprodukten erfüllen kundenindividuelle Produkte in einem höheren Maße die diversen Anforderungskriterien der Kunden.[3] Auch die zunehmende Globalisierung der Wertschöpfungsketten führt zu einem steigenden Kosten- und Wettbewerbsdruck auf die Unternehmen, insbesondere durch Unternehmen aus aufstrebenden Regionen wie Asien. Dies stellt viele Unternehmen vor die Herausforderung, kundenindividuelle Lösungen bei gleichzeitig geringen internen Aufwänden und marktfähigen Preisen anzubieten.[4] Vor dem Hintergrund der immer stärkeren Segmentierung der Märkte, die zu kleineren Stückzahlen pro Variante führen, ist die Beherrschung der Dichotomie zwischen „Economies of Scale" und „Economies of Scope" ein entscheidender Erfolgsfaktor.[5] Bei einer den Erfordernissen des Marktes angepassten Produktvielfalt müssen durch ein Unternehmen gleichzeitig größtmögliche Skaleneffekte im Produkt sowie in den indirekten Bereichen erzielt werden, um wettbewerbsfähig zu bleiben.[6]

Verschärft wird die Situation durch die aufstrebenden Märkte Asiens und Osteuropas, die eine weitere Differenzierung der Produkte erfordern und die externe Komplexität weiter verstärken.[7] Vor dem Hintergrund dieser heterogenen und fragmentierten Märkte liegt der Nutzen der Bildung von Produktvarianten darin, die Anfor-

[1] Vgl. Schuh (2005), Produktkomplexität managen, S. 8ff.
[2] Vgl. Schuh (2005), Produktkomplexität managen, S. 9; Kwasniok et al. (2012), Mastering Product Complexity, S. 4; ElMaraghy et al. (2013), Product variety management, S. 629 f.
[3] Vgl. Heina (1999), Variantenmanagement, S. 13
[4] Vgl. Schuh et al. (2007), Produktarchitekturen richtig gestalten, S. 29 ff.
[5] Vgl. Schuh et al. (2007), Integrierte Produktionstechnik, S. 33
[6] Vgl. Schuh et al. (2011), Integrative assessment and configuration of production systems, S. 457 f.
[7] Vgl. Firchau (2003), Variantenoptimierende Produktgestaltung, S. 7; Lindemann et al. (2006), Individualisierte Produkte, S. 2; Schuh (2005), Produktkomplexität managen, S. 3

derungen der individuellen Kundengruppen möglichst exakt zu treffen.[8] Die Kompetenz, kundenindividuelle Lösungen zu marktfähigen Preisen anzubieten, wird somit zu einem entscheidenden Erfolgsfaktor für Unternehmen. Ziel von Unternehmen muss es daher sein, mit einer nur geringen internen Vielfalt eine hohe externe Vielfalt in Form von kundenindividuellen Varianten zu erzeugen.

Aus diesem Grund haben in der Vergangenheit viele Unternehmen, ausgehend von der Automobilbranche als Vorreiter bis hin zum Maschinen- und Anlagenbau, ihre Produkte in modularen Produktarchitekturen[9], sogenannten Produktbaukästen oder Produktplattformen strukturiert. Durch Produktbaukästen können viele unterschiedliche Produktvarianten kostengünstig entwickelt und produziert werden. Im Maschinenbau, der in dieser Arbeit im Mittelpunkt steht, findet der Kundeneingriff jedoch üblicherweise deutlich früher im Auftragsabwicklungsprozess statt als in anderen Branchen wie beispielsweise der Automobilindustrie. Die Folge davon ist, dass bei fast jedem Kundenauftrag ein nicht unerheblicher Anteil an neuen Funktionalitäten oder Komponenten direkt durch den Kunden festgelegt wird. Eine Studie zu Strategien im Maschinen- und Anlagenbau zeigt demnach auch, dass sich sowohl Komponenten- als auch Maschinenhersteller mit einer zunehmenden Differenzierung der Marktanforderungen konfrontiert sehen.[10]

Eine wesentliche Herausforderung für Unternehmen bei der Beherrschung der Produktvielfalt im Konfigurationsprozess ist darin zu sehen, dass Merkmale und Kosten einzelner Produktvarianten nur unzureichend ausgewiesen werden und damit im Auftragsabwicklungsprozess zu wenig Transparenz herrscht.[11] Dies führt dazu, dass Produktvarianten unprofitabel verkauft werden oder zu hohe Kosten für standardnahe Produkte entstehen. Verschiedene Konfigurationen von Aufträgen aus dem Baukasten verursachen im Unternehmen unterschiedlich hohe Kosten, da beispielsweise Anpassungen an bereits bestehenden Aufträgen vorgenommen werden müssen. Der Unterschied zwischen einem „Standardauftrag" und einem neu spezifizierten Auftrag liegt so oft bei mehreren Tausend Euro. Gründe hierfür bestehen in internen und externen Faktoren, sodass über die Laufzeit eines Baukastens immer weniger Varianten aus dem Baukasten konfiguriert und damit kostengünstig hergestellt werden können. Eine Studie der Hochschule St. Gallen aus dem Jahr 2012 zeigt, dass unabhängig von der Unternehmensgröße etwa ein Drittel aller neuen Produktvarianten durch einen internen „Push" verursacht wird, während die restlichen zwei Drittel auf einen ex-

[8] Vgl. Cornet (2002), Plattformkonzepte, S. 21; Große-Heitmeyer et al. (2004), Einführung, S. 9
[9] Vgl. Ulrich (1995), The role of product architecture
[10] Vgl. Rennekamp (2013), Methode zur Bewertung des Komplexitätsgrades von Unternehmen, S. 1
[11] Vgl. Schuh (2005), Produktkomplexität managen, S. 14

ternen „Pull" zurückzuführen sind.[12] Externe Gründe sind beispielsweise veränderte Kundenbedürfnisse oder Technologiesprünge, während interne Gründe in lokalen Verbesserungen durch Wertanalyseprojekte oder in der Entstehung neuer Varianten für sogenannte „strategische Kunden" lokalisiert sind. Besonders der Verkauf von unrentablen „strategischen Varianten" führt zu einem unwirtschaftlichen Anstieg der Variantenvielfalt, obwohl einem Kunden idealerweise bereits frühzeitig im Konfigurationsprozess eine Vorzugsvariante, d. h. eine vordefinierte Standardkonfiguration des Produktes, angeboten werden sollte. Unternehmen mangelt es jedoch an einer anschaulichen, kontinuierlichen und abteilungsübergreifenden Analyse und Darstellung der Variantenvielfalt, insbesondere im Produktkonfigurationsprozess, da die großen Mengen an Unternehmensdaten teilweise unstrukturiert, vor allem aber weit verstreut über Abteilungen, IT-Systeme und ggf. Standorte hinweg verwaltet werden. Nach WILDEMANN sind die Hauptursachen für die steigende Komplexität durch erhöhte Variantenzahlen „neben der Erfüllung von Kundenwünschen vor allem die schleichende Variantengenerierung im Arbeitsprozess und das fehlende Bewusstsein der Mitarbeiter"[13]. Die zunehmende Marktsättigung und der verschärfte Verdrängungswettbewerb erhöhen in vielen Unternehmen drastisch die produkt- und prozessseitige Vielfalt.[14]

Produktkonfiguratoren können Unternehmen dabei unterstützen, die vom Kunden geäußerten Anforderungen relativ einfach in Produktstrukturen zu überführen und damit die Prozesse in der Angebotsphase zu optimieren.[15] Besonders bei sogenannten „offenen Konfiguratoren", bei denen ein Teil der konfigurierten Lösung kundenindividuell erfolgt, ist die Gefahr groß, dass ein Unternehmen im Laufe der Zeit einen immer größer werdenden Anteil an Sonderlösungen verkauft, die entsprechend mit höheren indirekten Kosten im Unternehmen verbunden sind. Ein Indiz für diese Entwicklung ist der Anstieg der Gemeinkosten in vielen Unternehmen.[16] Dies ist insbesondere im Maschinen- und Anlagenbau weit verbreitet, da der Kunde in diesem Bereich typischerweise ein recht hohes Mitspracherecht in technischen Fragestellungen hat. Die Kaufentscheidung wird im Business-to-Business-Bereich maßgeblich von den technischen Spezifikationen beeinflusst.[17] Gleichzeitig wird im Maschinen- und Anlagenbau wie auch in vielen anderen Branchen der Großteil der Kosten be-

[12] Vgl. Friedli et al. (2012), Complexity Management Survey, S. 22
[13] Wildemann (2012), Variantenmanagement, S. 7
[14] Vgl. Schuh (2005), Produktkomplexität managen, S. 9
[15] Vgl. Reinhold (2008), Mehr Transparenz, S. 18
[16] Vgl. Schuh (2005), Produktkomplexität managen, S. 13
[17] Vgl. Ellis (2010), Business to business marketing, S. 17

reits im Angebotserstellungsprozess festgelegt, indem durch den Kunden Produktspezifikationen definiert werden.[18] Die erzeugten kundenspezifischen Varianten führen in den nachfolgenden Prozessschritten oft zu erhöhten Aufwänden, die im Vertriebsprozess bei der Preisfindung jedoch nicht oder nur zu gering berücksichtigt werden. So untersucht STEINER beispielsweise die Entwicklung variantenreicher Produktangebote in der unternehmerischen Praxis und zieht Rückschlüsse über den Einfluss der Entwicklung variantenreicher Produktprogramme auf die Stabilität des Serienanlaufs und die damit verbundenen Aufwände.[19] Wie eine Studie der Hochschule St. Gallen bestätigt, integrieren nur 19 % der befragten Unternehmen den Einfluss auf die Komplexität entlang der Wertschöpfungskette in die Entscheidungsfindung bezüglich neuer Produktvarianten.[20] Darüber hinaus herrscht in der Regel eine unzureichende Transparenz im Auftragsabwicklungsprozess, die durch mangelnde Informationen bezüglich der strategischen Bedeutung eines Kunden, der tatsächlichen Kundenbedürfnisse und der bereits zuvor realisierten Produktkonfigurationen gekennzeichnet ist. In diesem Zusammenhang betont SCHUH, dass der unkontrollierte und oft nicht wirtschaftliche Anstieg der Variantenvielfalt auch auf das mangelhaft koordinierte Zusammenspiel der Unternehmensbereiche zurückzuführen ist.[21] So verlangt der Vertrieb, getrieben durch eine am Umsatz ausgerichtete Provision, nach neuen Produktvarianten, damit verloren gegangene Marktanteile zurückgewonnen und strategisch bedeutende Kunden gebunden werden können. Die Realisierung von Kostensenkungspotenzialen in der Forschung und Entwicklung durch innovative Lösungen führt ebenfalls zu einer erhöhten internen Vielfalt.[22] Gleichzeitig belegen Untersuchungen, dass erfolgreiche Unternehmen Abschätzungen der Prozesskosten, d. h. der Kosten, die beispielsweise in der Entwicklung oder in weiteren indirekten Bereichen anfallen, nutzen, um die strategische Produktplanung oder die Preisfindung zu unterstützen. Eine einheitliche sowie abteilungsübergreifende Vorgehensweise aller Entscheidungsträger in der frühen Phase des Auftragsabwicklungsprozesses und eine Übersicht über die durch eine zusätzliche Produktvariante verursachten Aufwände und den erzielten Nutzen ist daher eine Kernherausforderung für eine profitable Auftragsabwicklung im Maschinenbau.

[18] Vgl. Ehrlenspiel (2014), Kostengünstig Entwickeln und Konstruieren, S. 11 ff.
[19] Vgl. Steiner (2014), Solution space development for mass customization
[20] Vgl. Friedli et al. (2012), Complexity Management Survey, S. 32
[21] Vgl. Schuh (2005), Produktkomplexität managen, S. 50
[22] Vgl. Schuh (2005), Produktkomplexität managen, S. 50

1.2 Zielsetzung der Arbeit

Vor dem Hintergrund der beschriebenen Ausgangssituation besteht das übergeordnete Ziel der Arbeit darin, die frühe Phase des Auftragsabwicklungsprozesses von variantenreichen Produkten methodisch zu unterstützen. Der Fokus der Arbeit liegt dabei auf Unternehmen aus dem Maschinenbau, die Produkte entsprechend Kundenspezifikationen entwickeln und produzieren. Wie es in der Branche weit verbreitet ist, können Teile eines Produktauftrags aus einem vorgegebenen Produktbaukasten zusammengestellt werden, während über den Produktbaukasten hinausgehende Anforderungen auftragsspezifisch neu entwickelt oder konstruiert werden müssen. Der Konfigurationsprozess ist zu Beginn des Auftragsabwicklungsprozesses der betrachteten Unternehmen verortet. Dabei sind insbesondere die Abteilungen Vertrieb, Produktmanagement und F&E beteiligt, weshalb die ähnlichkeitsbasierte Produktkonfiguration aus diesen drei Sichten bewertet und gesteuert wird.

Im Rahmen dieser Arbeit soll ein durchgängiger Ansatz zur ähnlichkeitsbasierten Produktkonfiguration entwickelt werden, der den Anwender beim Konfigurationsprozess von neuen Produktaufträgen unterstützt. Im Sinne einer gezielten Auswahlnavigation („choice navigation") werden die Anwender dabei unterstützt, passende Produktkonfigurationen zu identifizieren, während gleichzeitig die Komplexität des Auswahlprozesses („paradox of choice")[23] minimiert wird.[24] Aus den durch Ähnlichkeitsanalysen ermittelten Ergebnissen lassen sich die „optimale Produktkonfiguration" eines Produktauftrags sowie Normstrategien für den Vertriebs- und Auftragsabwicklungsprozess ableiten. Dabei wird insbesondere auf historische Verkaufsdaten zurückgegriffen, um daraus für neue Angebote zu lernen. Beispielsweise können durch die Analyse der im Unternehmen zu Produktaufträgen vorliegenden Daten wie Lastenheften oder Stücklisten Profile bestehender Kunden oder bereits durchgeführter Produktaufträge erstellt werden, die für die Abgabe von Angeboten bei weitgehend unbekannten Kunden hilfreich sind. Die Erfahrung zeigt, dass bereits wenige Parameter (z. B. Preisbereitschaft, Sicherheitsbedürfnis etc.) eine Vorhersage erlauben, welche Produktvarianten am ehesten für einen Kunden infrage kommen. In anderen Branchen, wie beispielsweise dem Onlinehandel, sind solche Datenanalysen bereits weit verbreitet. So erwirtschaftet das US-amerikanische Unternehmen Amazon bereits 30 % seines Umsatzes mit Kaufempfehlungen, die aufgrund einer Datenanalyse entworfen wurden.[25] Auch wenn die Potenziale im Maschinenbau aufgrund

[23] Vgl. Schwartz (2007), The paradox of choice

[24] Vgl. Salvador et al. (2009), Cracking the code of mass customization; Piller et al. (2010), Handbook of research in mass customization and personalization, S. 5 f.

[25] Vgl. o.V. (2014), Facts & Figures zu Bits & Bytes, S. 28

der deutlich geringeren Kundenzahl und der höheren Komplexität der Produkte geringer sein werden, erscheint es insbesondere vor dem Hintergrund stetig steigender Datenverfügbarkeiten und der zunehmenden Vernetzung der vorliegenden Daten lohnenswert, ähnlichkeitsbasierte Datenanalysen auch in dieser Branche zu verfolgen.

Die Zielsetzung der Arbeit lässt sich somit wie folgt formulieren:

Zielsetzung dieser Arbeit ist die Entwicklung einer Methodik zur Ermittlung der Kosten-Nutzen-optimalen Produktkonfiguration durch die Ähnlichkeitsanalyse bestehender Produktvarianten, um so die Skaleneffekte entlang des Auftragsabwicklungsprozesses eines Unternehmens im Maschinenbau ganzheitlich zu optimieren.

Mit der übergeordneten Zielsetzung dieser Arbeit gehen die folgenden Teilziele einher:

- Erarbeitung eines Beschreibungsmodells zur Beschreibung von Produktaufträgen aus Sicht des Vertriebs, des Produktmanagements und der Entwicklung
- Erarbeitung eines Erklärungsmodells zur Formalisierung von Ähnlichkeiten zwischen Produktaufträgen, um Ähnlichkeiten zwischen Produktaufträgen zu identifizieren und zu visualisieren
- Aufbau eines Erklärungsmodells zur Bestimmung der Auswirkungen von Änderungen der Produktkonfiguration
- Erarbeitung eines nutzergerechten Gestaltungsmodells zur Ermittlung der optimalen Produktkonfiguration eines Auftrags

Durch die Adressierung aller vorgestellten Teilziele erfolgt eine systematische Ermittlung der optimalen Produktkonfiguration. Dies ermöglicht die Realisierung optimierter Skaleneffekte entlang des Auftragsabwicklungsprozesses.

KUBICEK empfiehlt zur Eingrenzung des Betrachtungsbereichs auf Basis des theoretischen Problems der Praxis und zur Absicherung des Forschungsprozesses die Formulierung grundlegender Forschungsfragen.[26] Auf Basis der dargestellten Zielsetzung lässt sich die grundlegende und handlungsleitende Forschungsfrage wie folgt formulieren:

„Wie kann durch eine ähnlichkeitsbasierte Produktkonfiguration im Maschinenbau die optimale Konfiguration eines Auftrags ermittelt werden?"

[26] Vgl. Kubicek (1994), Heuristische Bezugsrahmen und heuristisch angelegte Forschungsdesigns, S. 25

1.3 Forschungskonzeption

Das Forschungskonzept der vorliegenden Arbeit orientiert sich an dem Verständnis nach BINDER und KANTOWSKI, wonach der Prozess wissenschaftlicher Forschung mit dem Bild einer Reise vergleichbar ist. Durch die Forschungsreise erschließt der Forschende „... eine neue Wirklichkeit für sich und die „scientific community“.“[27] Daher besteht die grundlegende Herausforderung für den Forschenden darin, sich die Erkenntnisperspektive und die methodologische Vorgehensweise des Erkenntnisprozesses zu verdeutlichen, um so die gemachten Entdeckungen begreifbar zu machen.[28]

Zur Erläuterung der grundlegenden Erkenntnisperspektive wird die Arbeit entsprechend der Wissenschaftssystematik nach ULRICH und HILL eingeordnet. Hiernach lässt sich der Bereich der Wissenschaften in die Teilgebiete der Formalwissenschaften und der Realwissenschaften aufteilen (vgl. Abbildung 1-1).

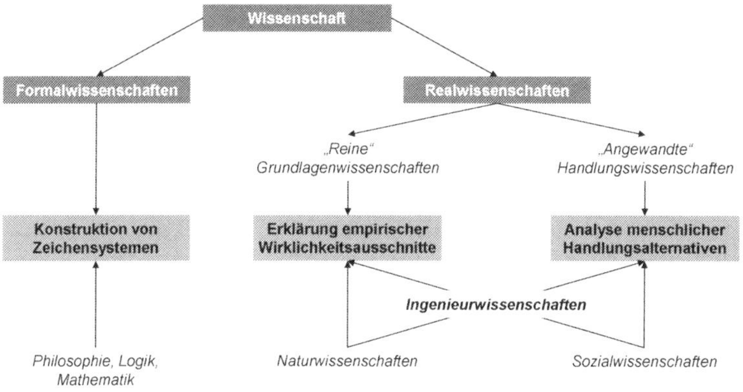

Abbildung 1-1: Wissenschaftssystematik[29]

Die Formalwissenschaften verfolgen das Ziel, sowohl Zeichensysteme zu konstruieren als auch die Regeln zur Verwendung dieser Zeichen zu definieren. Beispiele für Formalwissenschaften sind die Mathematik, die Philosophie oder die Logik.[30] Ziel der Realwissenschaften ist es hingegen, mit den Sinnen wahrnehmbare Ausschnitte der Wirklichkeit empirisch zu beschreiben, zu gestalten und zu erklären. Auf einer tiefe-

[27] Binder et al. (1996), Technologiepotentiale, S. 3
[28] Vgl. Binder et al. (1996), Technologiepotentiale, S. 3
[29] In Anlehnung an Ulrich et al. (1976), Wissenschaftstheoretische Grundlagen der Betriebswirtschaftslehre - Teil I, S. 305; Rudolf (2014), Produktionsgerechte Baukastengestaltung, S. 5
[30] Vgl. Ulrich et al. (1976), Wissenschaftstheoretische Grundlagen der Betriebswirtschaftslehre - Teil I, S. 305

ren Detaillierungsebene lassen sich die Realwissenschaften in die Bereiche der Grundlagen- und der Handlungswissenschaften aufteilen.[31] Die „reinen" Grundlagenwissenschaften, denen die Naturwissenschaften zuzuordnen sind, zielen auf die Erklärung empirischer Wirklichkeitsausschnitte ab, wohingegen die „angewandten" Handlungswissenschaften menschliche Handlungsalternativen analysieren.

Die vorliegende Arbeit ist im Bereich der Ingenieurwissenschaften einzuordnen und gliedert sich somit eindeutig in den Bereich der Realwissenschaften ein. Die Ingenieurwissenschaften sind jedoch keinem der beiden untergeordneten Wissenschaftsbereiche eindeutig zuordenbar, sondern bilden vielmehr den Brückenschlag zwischen den Grundlagen- und den Handlungswissenschaften.[32] Da die Idee der vorliegenden Arbeit aufgrund aktueller Fragestellungen innerhalb der Praxisberatung entstanden ist, steht auch die der Arbeit zugrunde liegende Problemstellung in einem direkten Praxiszusammenhang. Folglich ist die Arbeit eindeutig im Bereich der angewandten Handlungswissenschaften einzuordnen, da diese vornehmlich auf spezifische und praktische Ziele ausgerichtet sind.[33] In Anlehnung an die Methodologie der empirischen Sozialforschung steht hier weniger der Zuwachs an Erkenntnissicherung als vielmehr der Gewinn an Verständnis als Maßstab für einen wissenschaftlichen Fortschritt mit dem Ziel der Beherrschung der Realität im Fokus. Der wissenschaftliche Fortschritt beruht hierbei vor allem auf kontraintuitiven Erkenntnissen, auf der Analyse unbeabsichtigter Wirkungen planvoller Handlungen und auf dem Aufzeigen von Perspektiven, die Gemeinsamkeiten zwischen zuvor als verschieden angesehenen Phänomenen erkennen lassen.[34]

Die in Kapitel 1.2 definierte Forschungsfrage besitzt damit eine zentrale Bedeutung für das forschungsmethodische Vorgehen. Nach KUBICEK bildet die Forschungsfrage ein Abbild des Vorverständnisses des Forschers und dient der Gewinnung von neuen, das Verständnis erweiternden Fragen. Dieses Vorgehen wird von KUBICEK als iterative Heuristik bezeichnet.[35] Der heuristische Bezugsrahmen nach KUBICEK wird über die im Problemkontext definierten Annahmen, Fragen und Interpretationsmuster definiert. Diese bilden die Sichtweise auf ein als generell angesehenes Problem und bewirken die Explizierung des Vorverständnisses des Forschers.[36] Der heuristische Be-

[31] Vgl. Ulrich et al. (1976), Wissenschaftstheoretische Grundlagen der Betriebswirtschaftslehre - Teil I, S. 305
[32] Vgl. Ulrich et al. (1976), Wissenschaftstheoretische Grundlagen der Betriebswirtschaftslehre - Teil I, S. 305
[33] Vgl. Schanz (2009), Wissenschaftsprogramme der Betriebswirtschaftslehre, S. 111 f.
[34] Vgl. Kubicek (1994), Heuristische Bezugsrahmen und heuristisch angelegte Forschungsdesigns, S. 7
[35] Vgl. Kubicek (1994), Heuristische Bezugsrahmen und heuristisch angelegte Forschungsdesigns, S. 14
[36] Vgl. Kubicek (1994), Heuristische Bezugsrahmen und heuristisch angelegte Forschungsdesigns, S. 16

zugsrahmen für das geplante Dissertationsvorhaben wird in Abbildung 1-2 sowie durch die nachfolgenden Teilforschungsfragen veranschaulicht.

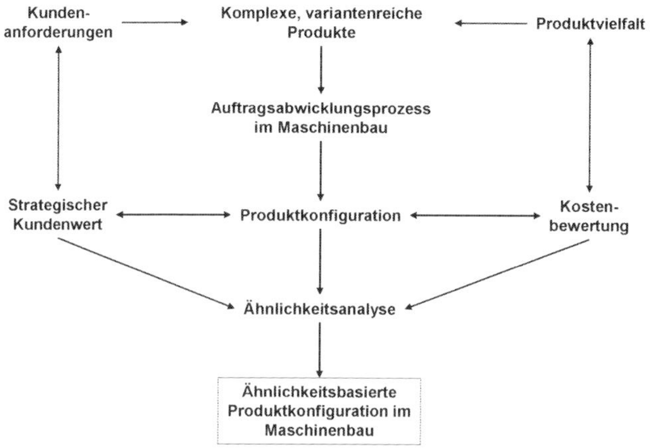

Abbildung 1-2: Heuristischer Bezugsrahmen

Ausgehend von den Teilzielen des Projektes und der übergeordneten Forschungsfrage orientiert sich die systematische Bearbeitung des Vorhabens dementsprechend an den folgenden vier Forschungsfragen:

1. *„Wie lassen sich Produktaufträge auf der Kunden-, Anforderungs- und Produktebene systematisch beschreiben?"*

2. *„Wie lassen sich Ähnlichkeiten von Aufträgen komplexer Produkte auf der Kunden-, Anforderungs- und Produktebene ermitteln und visualisieren?"*

3. *„Wie lassen sich Änderungen an Produktvarianten hinsichtlich der strategischen Bedeutung eines Produktauftrags, der Ähnlichkeit zu bestehenden Aufträgen und der Kosten bewerten?"*

4. *„Wie lässt sich durch eine gezielte Steuerung des Angebotsprozesses die Kosten-Nutzen-optimale Produktkonfiguration ermitteln?"*

Die dargestellten Forschungsfragen werden in Kapitel 4.4 durch die entsprechenden Teilmodelle aufgegriffen.

Nachdem die Arbeit innerhalb der Wissenschaftssystematik in das Feld der Handlungswissenschaften eingeordnet ist, ist die Frage zu klären, wie die Realität aus Sicht des Forschers beschaffen ist, welche i. d. R. auf vorwissenschaftlichen und wertgebundenen Annahmen basiert. Es gilt diese Realität, die sich einer empirischen Überprüfung entzieht, zu erläutern, um das sogenannte Subjektivitätskriterium einer wissenschaftlichen Arbeit durch die Offenlegung der Wertprämissen des Forschers zu überwinden.[37] In der Wissenschaftstheorie wird das einer Leitidee allgemein zugrunde liegende Verständnis als Forschungsprogramm[38], Paradigma[39] oder Erkenntnisprogramm[40] bezeichnet, mit dem Ziel, der an der Verdeutlichung arbeitenden Gemeinschaft von Wissenschaftlern eine gewisse Orientierung in Form von Grundmodellen vorzugeben.[41] Hierbei wird zwischen dem theoretischen Ansatz nach GUTENBERG, dem systemtheoretischen Ansatz nach ULRICH und dem entscheidungstheoretischen Ansatz nach HEINEN unterschieden.[42] Die genannten Ansätze bilden das zentrale Grundmodell der Betriebswirtschaftslehre.[43]

Da der systemtheoretische Ansatz nach ULRICH als praxisorientiert, offen sowie integrativ gilt und eine große Nähe zu den Ingenieurwissenschaften aufweist[44], basiert die vorliegende Arbeit auf ebendiesem. Die Nähe zu den Ingenieurwissenschaften begründet sich darin, dass der gewählte Ansatz sich nicht als reine Theorie versteht, sondern vielmehr eine angewandte, den realen Problemstellungen nachgehende Unternehmensführungslehre darstellt.[45] Abbildung 1-3 beschreibt den der Arbeit zugrunde liegenden Forschungsprozess.

In Anlehnung an POPPER und seine Ausführungen zum kritischen Rationalismus werden Erkenntnisse zu Beginn nicht durch die Wahrnehmung oder Sammlung von Daten oder Tatsachen gewonnen. Vielmehr beginnt der Erkenntnisgewinn mit Problemen.[46] Nach ULRICH ergeben sich diese in den angewandten Wissenschaften im Praxiszusammenhang.[47]

---

[37] Vgl. Ulrich et al. (1976), Wissenschaftstheoretische Grundlagen der Betriebswirtschaftslehre - Teil I, S. 306
[38] Vgl. Lakatos (1974), Falsifikation und die Methodologie wissenschaftlicher Forschungsprogramme
[39] Vgl. Kuhn (2001), Die Struktur wissenschaftlicher Revolutionen, S. 25
[40] Vgl. Albert (1967), Marktsoziologie und Entscheidungslogik
[41] Vgl. Kuhn (2001), Die Struktur wissenschaftlicher Revolutionen, S. 25
[42] Vgl. Ulrich et al. (1976), Wissenschaftstheoretische Grundlagen der Betriebswirtschaftslehre - Teil I, S. 307
[43] Vgl. Ulrich et al. (1976), Wissenschaftstheoretische Grundlagen der Betriebswirtschaftslehre - Teil I, S. 308
[44] Vgl. Ulrich et al. (1976), Wissenschaftstheoretische Grundlagen der Betriebswirtschaftslehre - Teil I, S. 308
[45] Vgl. Ulrich et al. (1976), Wissenschaftstheoretische Grundlagen der Betriebswirtschaftslehre - Teil I, S. 308
[46] Vgl. Popper (1978), Die Logik der Sozialwissenschaften, S. 104
[47] Vgl. Ulrich (1984), Management, S. 173

Abbildung 1-3: Forschungsprozess nach ULRICH[48]

Die für dieses Vorhaben formulierte Problemstellung basiert auf den Erfahrungen und Erkenntnissen des Autors aus einschlägigen Forschungs- und Beratungsprojekten im Maschinen- und Anlagenbau im Rahmen seiner Zeit als wissenschaftlicher Mitarbeiter am Lehrstuhl für Produktionssystematik des Werkzeugmaschinenlabors WZL der RWTH Aachen. Problemrelevante Theorien werden durch eine Literaturstudie zur Auftragsabwicklung im Maschinenbau im Allgemeinen sowie zur Ähnlichkeitsanalyse von Produkten im Speziellen identifiziert und bewertet. Dadurch wird die von ULRICH geforderte Interdisziplinarität erfüllt. In Forschungs- und Beratungsprojekten, die während des Erstellungsprozesses der vorliegenden Arbeit fortlaufend durch den Forschenden bearbeitet werden, wird der Anwendungszusammenhang erfasst. Anschließend werden die zu entwickelnden Teilmodelle abgeleitet. Die Prüfung der Modelle erfolgt auf Basis von zwei Fallstudien bei ausgewählten Unternehmen des Maschinenbaus.

1.4 Aufbau der Arbeit

Die vorliegende Arbeit orientiert sich am Forschungsprozess nach ULRICH. Wie der vergangene Abschnitt gezeigt hat, werden dazu zunächst aus der Praxis induktiv-analytisch Regeln und Modelle abgeleitet, um den Praxisbezug sicherzustellen. Abschließend erfolgt die Validierung der gewonnenen Erkenntnisse ebenfalls vor dem Praxishintergrund (vgl. Abbildung 1-4).

[48] In Anlehnung an Ulrich (1984), Management, S. 193

Das einleitende Kapitel dient der Einführung in die Thematik. Nach der Motivation und Zielsetzung der Arbeit werden das Forschungskonzept und der Aufbau der Arbeit kurz vorgestellt.

Im zweiten Kapitel werden die grundlegenden, für das Verständnis der Arbeit notwendigen Begrifflichkeiten und Zusammenhänge erläutert. Dazu werden die Themen des Auftragsabwicklungsprozesses, der Produktkonfiguration, der Variantenkostenrechnung, der Kundensegmentierung sowie der Ähnlichkeitsanalyse adressiert. Das Kapitel schließt mit einem Zwischenfazit zu den Grundlagen einer ähnlichkeitsbasierten Produktkonfiguration.

Das dritte Kapitel verfolgt das Ziel, den Forschungsbedarf für die vorliegende Arbeit herauszuarbeiten. Dazu werden zunächst die Herausforderungen in der Praxis analysiert, bevor bestehende Ansätze dargestellt und bewertet werden. Die Bewertung erfolgt anhand festgelegter Kriterien hinsichtlich des Objektbereichs, des Zielbereichs sowie der Lösungshypothese der vorliegenden Arbeit.

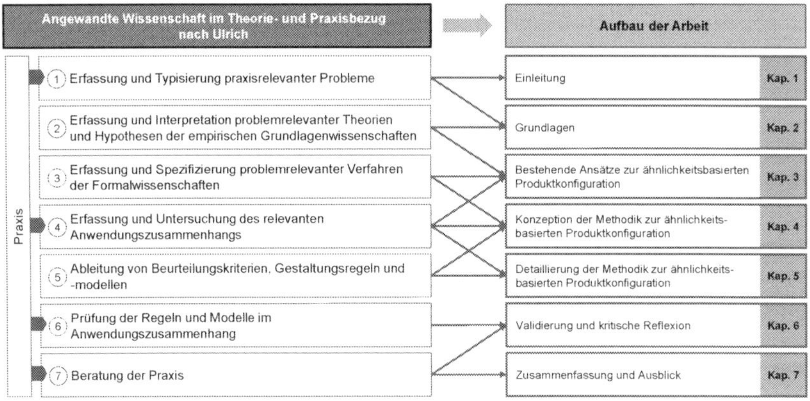

Abbildung 1-4: Aufbau der Arbeit

Aufbauend auf dem in Kapitel 3 herausgearbeiteten Forschungsbedarf erfolgt in Kapitel 4 die Konzeption der Methodik zur ähnlichkeitsbasierten Produktkonfiguration. Nach der Darstellung der inhaltlichen und formalen Anforderungen an die Methodik werden die Nutzenpotenziale einer ähnlichkeitsbasierten Produktkonfiguration präsentiert. Anschließend wird das Grobkonzept basierend auf dem Ordnungsrahmen der Methodik abgeleitet, bevor abschließend die Teilmodelle der Methodik formuliert werden.

Im fünften Kapitel werden die einzelnen Schritte des Grobkonzepts bzw. die entsprechenden Teilmodelle ausgehend von den Ausführungen in Kapitel vier ausdetailliert.

Im sechsten Kapitel wird die vorgestellte Methodik in der Praxis validiert, indem beispielhaft zwei Anwendungsfälle der Methodik vorgestellt und kritisch reflektiert werden.

Die Arbeit schließt mit einer Zusammenfassung und einem Ausblick auf den weiteren Forschungsbedarf zur ähnlichkeitsbasierten Produktkonfiguration.

2 Grundlagen

Ziel des zweiten Kapitels ist es, die Grundlagen für die Methodik zur ähnlichkeitsbasierten Produktkonfiguration im Maschinenbau zu schaffen. Die Aufteilung in die einzelnen Teilkapitel orientiert sich dabei an dem in Abbildung 1-2 dargestellten heuristischen Bezugsrahmen der Arbeit. Zunächst werden die relevanten Inhalte zur Auftragsabwicklung im Maschinenbau vorgestellt (Kapitel 2.1). Anschließend wird die Produktkonfiguration in der Auftragsabwicklung von Variantenfertigern, die bei dieser Arbeit im Fokus stehen, beleuchtet (Kapitel 2.2). Das Kapitel 2.3 beschäftigt sich mit Komplexitäts- und Variantenkosten von Produktaufträgen, da diese für die Bestimmung der optimalen Produktkonfiguration im weiteren Verlauf der Arbeit von Bedeutung sind. In Kapitel 2.4 werden die Grundlagen zur Kundensegmentierung und zum Kundenwert dargestellt. In Kapitel 2.5 werden grundlegende Eigenschaften von Ähnlichkeitsanalysen, die einen Kern der zu entwickelnden Methodik bilden, vorgestellt. Den Abschluss des zweiten Kapitels bildet ein Zwischenfazit zu den Grundlagen einer ähnlichkeitsbasierten Produktkonfiguration im Maschinenbau (Kapitel 2.6).

2.1 Auftragsabwicklung im Maschinenbau

Der Maschinenbau ist einer der führenden Industriezweige Deutschlands und aufgrund des typischerweise starken Fokus' auf das Exportgeschäft in besonderem Maße von den in Kapitel 1 dargestellten Herausforderungen wie Globalisierung, Marktsättigung, Forderung nach individuellen Produkten und Anstieg der Variantenvielfalt geprägt. Mit mehr als 980.000 Beschäftigten wird ein Umsatz von rund 206 Mrd. Euro (davon 72 % im Export) erwirtschaftet. Da etwa 95 % der ca. 6.400 Unternehmen kleine und mittelständische Unternehmen sind, kann von einer starken mittelständischen Prägung gesprochen werden.[49] Viele dieser Unternehmen sind Weltmarktführer für spezielle Maschinen, die in der Regel stark kundenspezifisch ausgelegt werden. Dies hat einen großen Einfluss auf den Auftragsabwicklungsprozess. Im folgenden Kapitel werden daher zunächst einige grundlegende Begriffe definiert, be-

[49] Vgl. Wiechers et al. (2014), Maschinenbau in Zahl und Bild

vor auf die verschiedenen Arten der Auftragsabwicklung eingegangen wird. Anschließend wird herausgearbeitet, welche Auswirkung eine gesteigerte Variantenvielfalt in der frühen Phase des Auftragsabwicklungsprozesses hat. Den Abschluss bildet die Diskussion der relevanten Einflussgruppen im Auftragsabwicklungsprozess im Maschinenbau.

2.1.1 Relevante Begrifflichkeiten

In diesem Abschnitt werden relevante Begrifflichkeiten definiert, die im Zusammenhang mit der Auftragsabwicklung im Maschinenbau stehen. Zunächst wird der Begriff Produkt definiert und es wird eine Eingrenzung der in dieser Arbeit betrachteten Produkte abgeleitet. Der Begriff **Produkt** (lateinisch producere: hervorbringen) bezeichnet ein gebrauchs- bzw. verkaufsfähiges Erzeugnis, das sowohl materieller (Sachgut) oder immaterieller (Dienstleistung, Information) Natur sein kann und unter Einsatz der Elementarfaktoren Arbeit, Betriebsmittel und Rohstoffe hergestellt wurde.[50] Ein **Erzeugnis** wiederum ist nach DIN 6789 ein in sich geschlossener, aus einer Anzahl von Gruppen und/oder Teilen bestehender, funktionsfähiger Gegenstand als Fertigungsergebnis. Nach RAPP ist ein Produkt „... eine Leistung in Form eines Gegenstandes und/oder einer Dienstleistung“[51]. Dabei versteht RAPP unter einem Produkt gleichzeitig alle Varianten eines Produktes.[52] Vergleichbar zu dieser Definition definieren ULRICH und EPPINGER ein Produkt folgendermaßen: „A product is something sold by an enterprise to its customers“.[53] In dieser Arbeit soll der Begriff Produkt als materielles, maschinenbauliches Sachgut verstanden werden. Der Begriff Erzeugnis soll synonym Verwendung finden.

Produkte können gemäß ihrer Komplexität in verschiedene Kategorien eingeteilt werden. Nach GÖPFERT wird die Komplexität von Produkten durch die Beziehungs- und Elementvielfalt bestimmt.[54] KOLLER stellt in diesem Zusammenhang fest, dass mit der steigenden Zahl der Teile auch die Komplexität des technischen Systems steigt.[55] Daher ist in Abbildung 2-1 die entsprechende Klassifikation von Produkten in Abhängigkeit von der Teileanzahl nach KOLLER dargestellt.[56] In dieser Arbeit wird der

[50] Vgl. Bieniek (2001), Prozessorientierte Produktkonfiguration, S. 8
[51] Rapp (1999), Produktstrukturierung, S. 8
[52] Vgl. Rapp (1999), Produktstrukturierung, S. 8
[53] Ulrich et al. (2000), Product Design and Development, S. 2
[54] Vgl. Göpfert (1998), Modulare Produktentwicklung, S. 88
[55] Vgl. Koller (1998), Konstruktionslehre für den Maschinenbau
[56] Vgl. Koller (1998), Konstruktionslehre für den Maschinenbau

Fokus auf Produkte des Maschinenbaus wie Maschinen (z. B. Werkzeugmaschine) oder Baugruppen (z. B. Vorschubeinheit) gelegt (vgl. Abbildung 2-1).

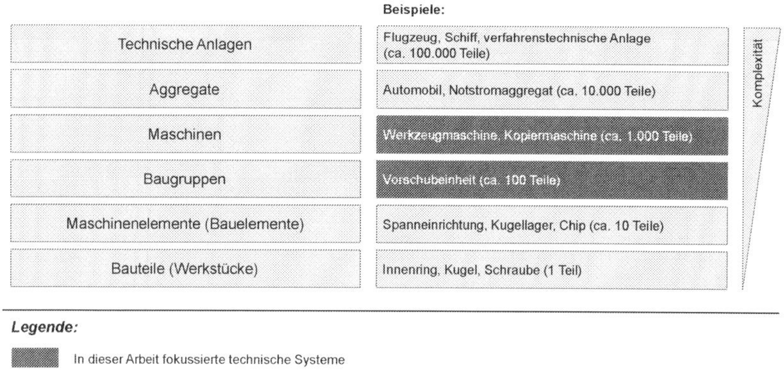

Abbildung 2-1: Klassifikation technischer Systeme nach ihrer Komplexität nach KOLLER[57]

Im Kontext des Maschinenbaus wird ein Produkt in der Regel im Rahmen eines Auftrags vom Lieferanten an den Kunden verkauft. Nach REFA ist ein **Auftrag** „die schriftliche oder mündliche Aufforderung zur Ausführung einer Arbeit".[58] Zur Verdeutlichung, dass es sich in dieser Arbeit um Aufträge handelt, die die Erstellung eines Produktes adressieren, wird im Folgenden der Begriff **Produktauftrag** Verwendung finden.

Die **Auftragsabwicklung** wiederum umfasst nach BÄR „alle Tätigkeiten, die zur ordnungsgemäßen Bearbeitung eines Auftrags in einem Unternehmen notwendig sind".[59] In dieser Arbeit wird die folgende Definition der Auftragsabwicklung nach WILDEMANN verwendet, da diese insbesondere die Berücksichtigung der verschiedenen Unternehmensbereiche beinhaltet:

„Innerhalb der industriellen Produktion gilt die Auftragsabwicklung als zentraler Aufgabenbereich zur Erfüllung der Leistungsverpflichtung. Sie ist das Bindeglied zwischen den externen Informationen und deren interner Umsetzung, indem sie die vom Markt induzierten Anfragen und Aufträge in konkrete innerbetriebliche Vorha-

[57] In Anlehnung an Koller (1998), Konstruktionslehre für den Maschinenbau; Bongulielmi (2003), Konfigurations- & Verträglichkeitsmatrix, S. 158; Ehrlenspiel (2009), Integrierte Produktentwicklung, S. 36

[58] REFA - Verband für Arbeitsstudien und Betriebsorganisation (1991), Methodenlehre der Betriebsorganisation

[59] Bär (1977), Produktionsplanung und Auftragsbearbeitung

ben und Handlungsweisen umwandelt. Folglich berührt die Auftragsabwicklung nahezu sämtliche Unternehmensbereiche, die entweder mit der direkten Leistungserstellung befasst sind, oder für die, als angrenzende administrative Bereiche, entsprechende Daten und Kontrollinformationen bereitzustellen sind.“[60]

2.1.2 Arten der Auftragsabwicklung

Nachdem im vorigen Abschnitt einige relevante Begriffsdefinitionen vorgenommen wurden, beschäftigt sich der folgende Abschnitt mit verschiedenen Arten der Auftragsabwicklung. Die Auftragsabwicklung kann sehr unterschiedlich gestaltet sein und hängt maßgeblich von der Unternehmenstypologie ab. Eine anerkannte Typisierung von Unternehmen wurde durch SCHOMBURG entwickelt.[61] In einem morphologischen Schema werden Unternehmen anhand von zwölf Auftragsabwicklungsmerkmalen und zugehörigen Ausprägungen beschrieben (vgl. Abbildung 2-2). HEIDERICH leitet darauf aufbauend vier verschiedene Unternehmenstypen ab, (1) Auftragsfertiger (auch Anlagenbauer), (2) Rahmenfertiger, (3) Variantenfertiger und (4) Lagerfertiger (auch Serienfertiger).[62]

Im Fokus der Arbeit steht dabei der Variantenfertiger, der sich anhand der in Abbildung 2-2 hinterlegten Ausprägungen von den restlichen Typen unterscheidet. Die Unterschiede liegen im Wesentlichen in der Einbindung des Kunden in den Auftragsabwicklungsprozess. Während der Auftragsfertiger einen starken Eingriff des Kunden zulässt, wie es beispielsweise bei dem Bau von großen Kraftwerken etc. der Fall ist, fertigt der Lagerfertiger Produkte, ohne einen direkten Eingriff des Kunden zuzulassen. Erst durch den Kauf des erstellten Produktes, z. B. eines Fernsehers, greift der Kunde in den Prozess sein. Der Variantenfertiger befindet sich in einer sehr anspruchsvollen Positionierung zwischen diesen beiden Extremen, da in diesem Fall der sogenannte Kundeneindringungspunkt (engl.: Order Penetration Point) mitten im Auftragsabwicklungsprozess liegt. Er charakterisiert nach PILLER den Schnittpunkt zwischen kundenneutraler und kundenspezifischer Fertigung.[63] Je nachdem, wo dieser Punkt in der Wertschöpfungskette angesiedelt ist, wird das Produkt, aber auch die Organisation der Prozesskette und der Auftragsabwicklung, beeinflusst. Kunden werden in die Wertschöpfung integriert, indem sie eine individuelle Lösung definieren, konfigurieren, anpassen oder ändern.[64] Dadurch wird der Auftragsabwicklungs-

[60] Vgl. Wildemann (o. J.), Informationsflussintegration in der Auftragsabwicklung
[61] Vgl. Schomburg (1980), Entwicklung eines betriebstypologischen Instrumentariums
[62] Vgl. Heiderich et al. (1999), Prozesse
[63] Vgl. Piller (2008), Mass Customization, S. 233
[64] Vgl. Piller (2004), Mass Customization, S. 315

prozess aufgeteilt in einen kundenneutralen und in einen kundenspezifischen Teil (vgl. Abbildung 2-3).

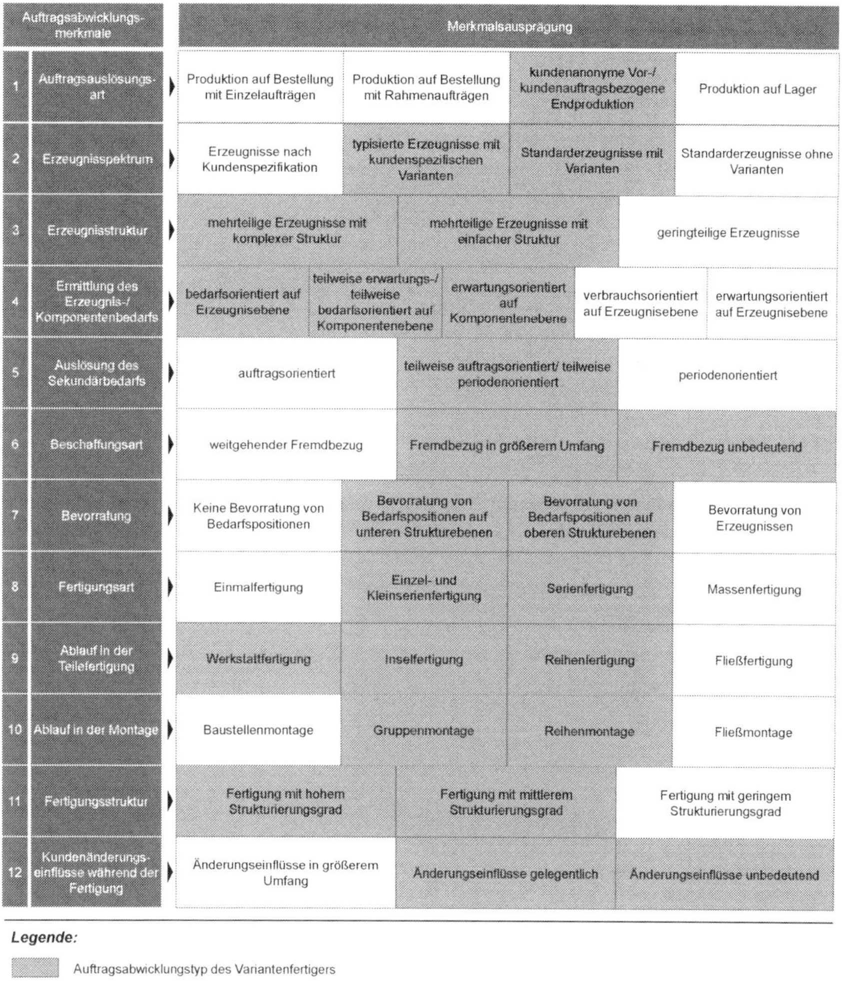

Abbildung 2-2: Der Auftragsabwicklungstyp des Variantenfertigers nach HEIDERICH[65]

[65] In Anlehnung an Heiderich et al. (1999), Prozesse

Wie die Einleitung bereits deutlich gemacht hat, stehen Variantenfertiger vor der Herausforderung, nahezu kundenindividuelle Produkte zu wettbewerbsfähigen Preisen, d. h. unter Realisierung erhöhter Skaleneffekte, anbieten zu können. Dieses Spannungsfeld wird in Abbildung 2-3 durch den Auftragsabwicklungstyp II abgebildet. Dieser Typ ist dadurch charakterisiert, dass die Produktpalette durch Standardprodukte und einen hohen Anteil an Produktvarianten gebildet wird. Kundenneutrale und kundenspezifische Tätigkeiten während des Auftragsabwicklungsprozesses halten sich in etwa die Waage. Die kundenindividuellen Anpassungen des Produktes bieten die Möglichkeit, das Produkt mit einem Preispremium zu verkaufen, da das Produkt die Kundenwünsche besser als Wettbewerbsprodukte erfüllt und der Kunde somit einen zusätzlichen Nutzen aus dem Produkt ziehen kann.[66]

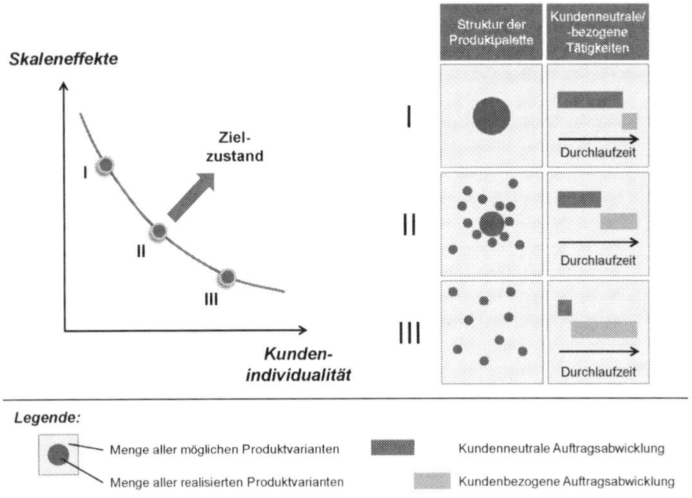

Abbildung 2-3: Zusammenhang zwischen Auftragsabwicklungstyp, Produktpalette und Auftragsabwicklungsprozess[67]

Zur Realisierung von Produktkonfigurationen auf Basis vordefinierter Produktstrukturen und eines vorhandenen Leistungsspektrums existieren verschiedene konzeptionelle Ansätze, die dazu dienen, spezifische Anforderungen von Kunden zu erfüllen. Innerhalb eines Unternehmens kann die Produktindividualisierung danach ge-

[66] Vgl. Steiner (2014), Solution space development for mass customization, S. 9; Piller et al. (2004), Does mass customization pay?

[67] In Anlehnung an Bieniek (2001), Prozessorientierte Produktkonfiguration, S. 12

gliedert werden, zu welchem Zeitpunkt die kundenindividuelle Variante in der Wertschöpfungskette entsteht. In der Literatur werden Typisierungen zur Form der Produktindividualisierung und der Auftragsabwicklung abhängig von diesem Kundeneindringungspunkt vorgenommen.[68] Je früher die Anforderungen des Kunden in die Wertschöpfungskette einfließen, desto größer sind seine Einflüsse auf die Individualisierung des Produktes. Wie in Abbildung 2-4 dargestellt, existieren nach SCHÖNSLEBEN[69] (vgl. auch BONGULIELMI[70], BAUMBERGER[71], MARBACHER[72] und PILLER[73]) vier verschiedene Kundeneindringungspunkte: **Engineer-to-Order**, **Make-to-Order**, **Assemble-to-Order** und **Make-to-Stock**. Im Folgenden werden die beiden für einen Variantenfertiger relevanten Auftragsabwicklungstypen Engineer-to-Order und Make-to-Order kurz erläutert.

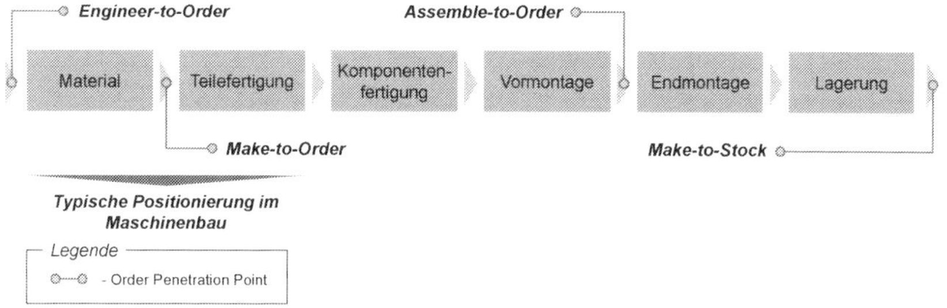

Abbildung 2-4: Typisierung der Auftragsabwicklung[74]

Engineer-to-Order[75]

Im Fall Engineer-to-Order stehen in der Regel neben dem Produkt auch Anpassungen im Engineering oder begleitende Dienstleistungen wie Vor-Ort-Montage oder Wartung im Mittelpunkt. Die Kundenintegration erfolgt bereits sehr früh im Auftragsabwicklungsprozess, sodass der gesamte Auftrag gemäß Kundenspezifikationen durchgeführt wird.[76] Dabei wird das Produkt zum Teil individuell entwickelt und

[68] Vgl. Bongulielmi (2003), Konfigurations- & Verträglichkeitsmatrix, S. 159; Watts (2009), Configuration Management Metrics
[69] Vgl. Schönsleben (2004), Logistikmanagement
[70] Vgl. Bongulielmi (2003), Konfigurations- & Verträglichkeitsmatrix
[71] Vgl. Baumberger (2007), Methoden zur kundenspezifischen Produktdefinition
[72] Vgl. Marbacher (2001), Demand- & Supply-Chain-Management
[73] Vgl. Piller (2008), Mass Customization
[74] Vgl. Wortmann et al. (1996), Customer Driven Manufacturing, S. 60
[75] Als Synonyme werden in der Literatur auch Develop-to-Order und Customize-to-Order verwendet.
[76] Vgl. Bongulielmi (2003), Konfigurations- & Verträglichkeitsmatrix, S. 160 f.

teilweise aus Standardkomponenten individuell angepasst oder konfiguriert.[77] Da viele Produkte auf einer Evolution abgeschlossener Aufträge aufbauen, indem diese an die neuen Rahmenbedingungen angepasst werden, können auch viele Aufträge im Maschinenbau als Engineer-to-Order-Aufträge bezeichnet werden.[78] Stellvertretend für diesen Typen stehen jedoch eher größere Anlagen wie Kraftwerke.

Make-to-Order[79]

Produkte im Bereich Make-to-Order besitzen eine klar eingegrenzte und vordefinierte Produktvielfalt. Die Komponenten und Teile sowie die zugehörigen Produktionsabläufe sind bekannt. Der Zeitpunkt der Bestellung sowie die Bestellmenge sind unbekannt[80] und die Kundenwünsche beeinflussen sowohl die Endmontageprozesse als auch die vorgelagerten Prozessschritte (z. B. Fertigung und Vormontage von Komponenten)[81]. Ein typisches Produkt für diesen Bereich ist eine Werkzeugmaschine.

2.1.3 Auswirkungen der Variantenvielfalt auf die Auftragsabwicklung

Wie im vorigen Abschnitt dargestellt wurde, liegt der Fokus des Maschinenbaus auf den Auftragsabwicklungstypen Engineer-to-Order und Make-to-Order, welche beide durch einen relativ hohen Anteil kundenindividueller Tätigkeiten gekennzeichnet sind. In diesem Zusammenhang spielt das Paradoxon der Konstruktion nach EHRLENSPIEL eine große Rolle, wonach ein Produkt ganz am Anfang noch ohne großen Aufwand geändert werden kann, gleichzeitig aber die Erkenntnis der zukünftigen Eigenschaften fehlt.[82] In der produzierenden Industrie werden die Kosten überwiegend in der Produktionsphase verursacht, aber bereits in der Entwicklungsphase festgelegt.[83] Diesen Zusammenhang zeigt die Darstellung nach EHRLENSPIEL in Abbildung 2-5.

---

[77] Vgl. Baumberger (2007), Methoden zur kundenspezifischen Produktdefinition, S. 34 ff.
[78] Vgl. Veen (1992), Modelling Product Structures
[79] Als Synonym wird in der Literatur auch Build-to-Order verwendet.
[80] Vgl. Marbacher (2001), Demand- & Supply-Chain-Management
[81] Vgl. Bongulielmi (2003), Konfigurations- & Verträglichkeitsmatrix, S. 160
[82] Vgl. Ehrlenspiel (2009), Integrierte Produktentwicklung, S. 193
[83] Vgl. Wilkens (2004), Kosten- und Leistungsrechnung, S. 499

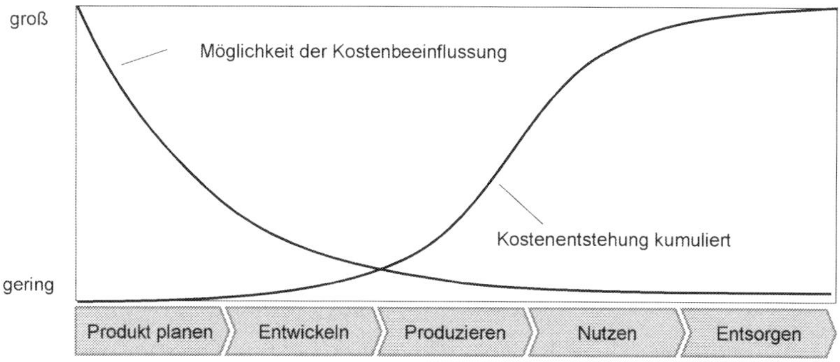

Abbildung 2-5: Zusammenhang zwischen Kostenbeeinflussung und Kostenentstehung[84]

Da der Betrachtungsbereich dieser Arbeit insbesondere die frühe Phase des Auftragsabwicklungsprozesses umfasst, sind die ersten beiden Phasen „Produkt planen" und „Entwickeln" von besonderer Bedeutung. In diesen Phasen wird ein Großteil der späteren Kosten festgelegt, weshalb die verursachten Kosten entlang der Wertschöpfungskette in der zu entwickelnden Methodik betrachtet werden müssen. Die Auswirkungen der Variantenvielfalt auf die Auftragsabwicklung technischer Produkte sind bereits vielfach diskutiert worden. Es existiert eine Vielzahl von direkten und indirekten Einflüssen im gesamten Unternehmen, die mit starken Kostensteigerungen einhergehen. Wie WILDEMANN empirisch für traditionelle produzierende Unternehmen gezeigt hat, steigen die Stückkosten bei einer Verdopplung der Variantenanzahl um 20-35 % an. WILDEMANN folgert daraus, dass ein Anstieg der Produktvielfalt mit einer invertierten Lernkurve, d. h. sinkenden Lerneffekten einhergeht.[85] In diesem Abschnitt werden qualitativ einige bedeutende Auswirkungen einer erhöhten Variantenvielfalt in den Abteilungen Vertrieb, Produktmanagement und F&E dargestellt.

In einem kundenauftragsspezifischen Geschäft wie dem Maschinenbau besitzt der Vertrieb einen Haupteinfluss auf die Variantenvielfalt entlang des Auftragsabwicklungsprozesses. Gleichzeitig führt eine Vielzahl entwickelter Lösungen zu häufiger benötigten Schulungen der Vertriebsmitarbeiter, um die entsprechenden Produkte und Produktmerkmale dem Kunden erklären zu können. Immer komplexere und kundenindividuellere Produkte erschweren darüber hinaus die Preisbildung und die

[84] In Anlehnung an Ehrlenspiel (2014), Kostengünstig Entwickeln und Konstruieren, S. 11
[85] Vgl. Wildemann (2001), Das Just-in-time-Konzept

Angebotserstellung. Schließlich steigen insbesondere auch die Abstimmungsaufwände mit den Abteilungen Produktmanagement und Entwicklung.[86]

Das Produktmanagement, welches in vielen Unternehmen die Abstimmung zwischen Vertrieb und Entwicklung übernimmt, wird ebenfalls von einer erhöhten Variantenvielfalt negativ beeinflusst. Die Aufgabe des Produktmanagements besteht darin, den Überblick über die Produktvarianten zu behalten, entsprechende Produktdokumentationen aus technischer Sicht mit vorzubereiten und bei Konflikten zwischen Vertrieb und Entwicklung zu vermitteln. Damit führt eine steigende Variantenvielfalt, die entweder durch den Vertrieb aufgrund von Kundenwünschen oder durch die Entwicklung aufgrund von technischen Innovationen getrieben sein kann, zu erhöhten Aufwänden in der Pflege von technischen Dokumentationen, Broschüren etc. und zu einem komplexeren Bild der verkauften Produkte.

Die Entwicklung wird durch kundenindividuelle Aufträge stark beeinflusst, da beispielsweise neue Zeichnungen angelegt werden müssen oder Teiledaten neu konstruiert, gepflegt oder bereinigt werden müssen. Gleichzeitig steigt der Aufwand durch neue Tests und Versuche. Schließlich erhöht sich durch die Vielzahl an Anpassungs- oder Neukonstruktionen die Gefahr, dass Entwicklungen parallel von unterschiedlichen Personen durchgeführt werden.

An dieser Stelle werden bewusst nur qualitative Aussagen über die Auswirkungen der Variantenvielfalt in ausgewählten Abteilungen getroffen, da die Möglichkeiten der Quantifizierung in Kapitel 2.3 behandelt werden.

2.2 Produktkonfiguration in der Auftragsabwicklung bei Variantenfertigern

Das Kapitel 2.1 beschäftigte sich mit den Grundlagen zur Auftragsabwicklung im Maschinenbau. Das folgende Kapitel legt den Fokus auf den Prozess der Produktkonfiguration in der frühen Phase der Auftragsabwicklung bei Variantenfertigern. Dazu werden zunächst relevante Begrifflichkeiten zur Produktkonfiguration und zur Optimierung der Skaleneffekte definiert, bevor die Funktion und der grundsätzliche Aufbau von Produktkonfiguratoren vorgestellt werden. Anschließend werden verschiedene Arten der Produktkonfiguration vorgestellt und hinsichtlich ihrer Eignung im Maschinenbau untersucht.

---

[86] Vgl. Bieniek (2001), Prozessorientierte Produktkonfiguration, S. 29 ff.

2.2.1 Relevante Begrifflichkeiten

Der Begriff **Konfiguration** stammt von dem lateinischen Wort configurare ab und bedeutet anpassen oder gleichförmig gestalten.[87] Der Begriff ist in der Literatur vielfach definiert worden, wobei sich die Definitionen nicht maßgeblich unterscheiden. Nach DIN ISO 10007 bezeichnet eine Konfiguration „... miteinander verbundene funktionelle und physische Merkmale eines Produktes, wie sie in den Produktkonfigurationsangaben beschrieben sind".[88] Eine weit verbreitete Definition für den Begriff Konfiguration liefern MITTAL UND FRAYMAN: „Configuration is a special type of design activity, with the key feature that the artefact being designed is assembled from a set of pre-defined components that can only be connected together in a certain way."[89] LINK UND HILDEBRAND erweitern diese Definition um die Einbeziehung standardisierter Bausteine und definieren **Produktkonfiguration** wie folgt: „Produktkonfiguration bedeutet die Zusammenstellung von Produkten oder Systemlösungen, auf der Grundlage standardisierter Bauteile und auf einer Wissensbasis gespeicherter Konfigurationsregeln, gemäß Kundenspezifikationen."[90] BROWN umschreibt die (Produkt-) Konfiguration als eine aus drei Teilaufgaben bestehende Aktivität. Zunächst werden die Komponenten selektiert und anschließend die abstrakten und spezifischen Schnittstellen zwischen den Komponenten beschrieben und die Abhängigkeiten geprüft. Schließlich wird die Übereinstimmung zwischen den Kundenwünschen und der Konfiguration geprüft.[91] Auch PFITZNER geht von einer gegebenen Menge an Objekten aus, die zu einem Objekt vereinigt werden. Der Konfigurationsvorgang umfasst die drei Schritte „Auswahl der Konfigurationsobjekte" (Selektionsproblem), „Erzeugung einer Systemstruktur durch Anordnung der Objekte" (Kompositionsproblem) und „Festlegung von freien Objekteigenschaften" (Parametrisierungsproblem).[92]

Eine Konfigurationsaufgabe wird von MITTAL UND FRAYMAN wie folgt definiert:

„Given: (A) a fixed, pre-defined set of components, where a component is described by a set of properties, ports for connecting it to other components, constraints at each port that describe the components that can be connected at that port, and other

---

[87] Vgl. Knobloch (2005), Customer Relationship Analytics; Bieniek (2001), Prozessorientierte Produktkonfiguration, S. 32

[88] DIN Deutsches Institut für Normierung (2004), Qualitätsmanagement, S. 6

[89] Mittal et al. (1989), Configuration Tasks, S. 1395

[90] Link et al. (1993), Database Marketing, S. 118

[91] Vgl. Brown (1998), Defining Configuring, S. 301

[92] Pfitzner (1993), Fallbasiertes Konfigurieren technischer Systeme, S. 13

structural constraints (B) some description of the desired configuration; and (C) possibly some criteria for making optimal selections.

Build: One or more configurations that satisfy all the requirements, where a configuration is a set of components and a description of the connections between the components in the set, or, detect inconsistencies in the requirements.'[93]

In dieser Arbeit soll der Begriff Produktkonfiguration wie folgt verstanden werden:

Produktkonfiguration ist die Kombination standardisierter Bauteile oder Module zu kundenspezifischen Produktvarianten unter Beachtung von Konfigurationsregeln.

Vor dem Hintergrund der Auftragsabwicklung im Maschinenbau, der sowohl durch einen Konfigurationsanteil als auch durch kundenspezifische Konstruktionsaufwände gekennzeichnet ist (vgl. Kapitel 2.1), wird im Folgenden die Abgrenzung zwischen den Begriffen Konfiguration und Konstruktion vorgenommen.

Der Begriff **Konstruktion** stammt von dem lateinischen Wort construere ab und bedeutet erbauen oder maßgebend gestalten.[94] Die VDI 2221 beschreibt den Begriff **Konstruieren** wie folgt: „Konstruieren ist die Gesamtheit aller Tätigkeiten, mit denen ausgehend von einer Aufgabenstellung die zur Herstellung und Nutzung eines Produktes notwendigen Informationen erarbeitet werden und in der Festlegung der Produktdokumentation enden. Diese Tätigkeiten schließen die vormaterielle Zusammensetzung der einzelnen Funktionen und Teile eines Produktes, den Aufbau zu einem Ganzen und das Festlegen aller Einzelheiten ein.“[95]

---

[93] Mittal et al. (1989), Configuration Tasks, S. 1396

[94] Vgl. Knobloch (2005), Customer Relationship Analytics, S. 747

[95] VDI-Gesellschaft Entwicklung Konstruktion Vertrieb (1993), Entwickeln und Konstruieren technischer Systeme, S. 40

Der Zusammenhang zwischen den Begriffen Konfiguration und Konstruktion wird anschaulich durch BONGULIELMI beschrieben und dargestellt (vgl. Abbildung 2-6).

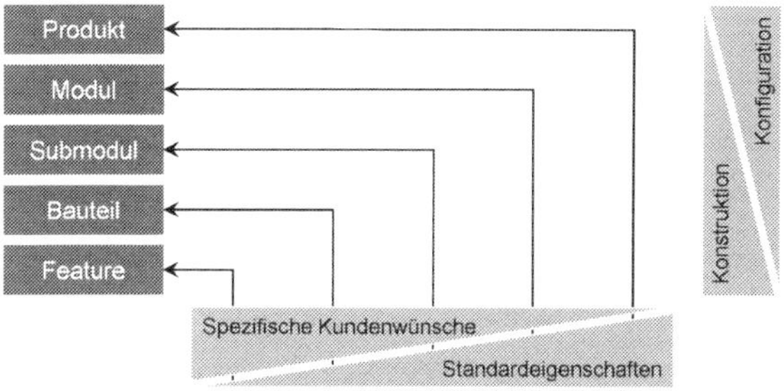

Abbildung 2-6: Abgrenzung zwischen Konfiguration und Konstruktion in Abhängigkeit der Produktdetaillierungsebene nach BONGULIELMI[96]

Demnach besteht der Hauptunterschied zwischen dem Konstruktions- und dem Konfigurationsprozess in der Art des sogenannten Lösungsraumes.[97] Während der Lösungsraum beim Konfigurieren geschlossen ist, d. h. nur aus vordefinierten Modulen gewählt werden kann, ist der Lösungsraum beim Konstruieren offen.[98] Bei Produkten mit Standardeigenschaften erfolgt die Konfiguration auf Produktebene. Bei spezifischen Kundenwünschen müssen auf einer detaillierteren Produktebene konstruktive Änderungen vorgenommen werden.[99]

FELFERNIG spricht in diesem Zusammenhang von verschiedenen Design-Formen: Standarddesign (Konfiguration), innovatives Design und kreatives Design (vgl. Abbildung 2-7). Das Standarddesign wird aus bestehenden Komponenten unter Berücksichtigung fixer Kombinationsverbote erstellt. Unter einem innovativen Design versteht er, dass neue Komponenten oder neue Kombinationsverbote während des Entwicklungsprozesses einbezogen werden können. Als kreatives Design bezeichnet er den Vorgang, wenn alle Komponenten und Kombinationsverbote „from scratch", d. h. ohne Rückgriff auf bestehende Elemente entwickelt werden.[100]

---

96 In Anlehnung an Bongulielmi (2003), Konfigurations- & Verträglichkeitsmatrix, S. 50
97 Vgl. Hvam et al. (2008), Product customization, S. 23
98 Vgl. Bongulielmi (2003), Konfigurations- & Verträglichkeitsmatrix, S. 48
99 Vgl. Bongulielmi (2003), Konfigurations- & Verträglichkeitsmatrix, S. 50
100 Vgl. Felfernig et al. (2014), Knowledge-based Configuration, S. 22

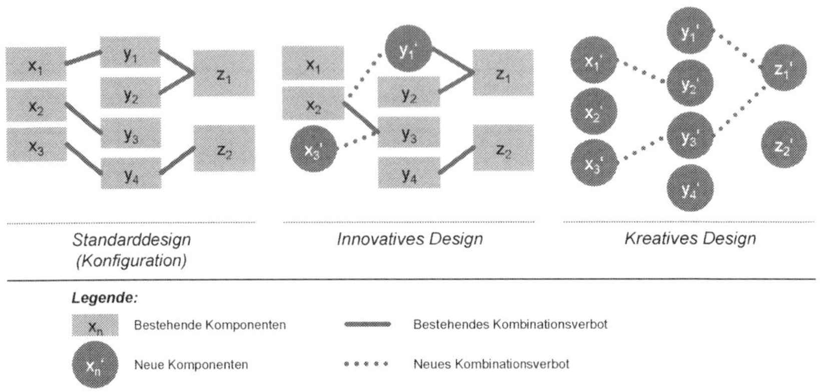

Abbildung 2-7: Verschiedene Typen von Designaufgaben[101]

Für diese Arbeit ist insbesondere der mittlere Fall relevant, da in einem typischen Auftragsabwicklungsprozess im Maschinenbau immer auch innovative konstruktive Lösungen berücksichtigt werden müssen. Im Folgenden wird daher der Begriff der Konstruktion noch weiter detailliert, indem die verschiedenen Konstruktionsarten Neukonstruktion, Anpassungskonstruktion und Variantenkonstruktion definiert werden. Diese Arbeit folgt dabei der anerkannten Definition der Begriffe nach EHRLENSPIEL.[102] Die Zuordnung orientiert sich an den drei Konstruktionsphasen der VDI 2222, Konzipieren, Entwerfen und Ausarbeiten.[103]

Nach EHRLENSPIEL wird eine Tätigkeit als **Neukonstruktion** bezeichnet, „wenn alle drei Phasen: Konzipieren, Entwerfen und Ausarbeiten in gleicher Weise neu zu bearbeiten sind."[104]

Die **Anpassungskonstruktion** wird wie folgt definiert: „Ist die prinzipielle Lösung (Konzept) bekannt und „nur" noch ein neuer Entwurf und die Ausarbeitung nötig, so wird diese Konstruktionsart mit Anpassungskonstruktion bezeichnet. (…). Dabei werden Gestalt, Werkstoff und Abmessungen an veränderte Anforderungen angepasst."[105]

---

[101] In Anlehnung an Felfernig et al. (2014), Knowledge-based Configuration, S. 22
[102] Vgl. Ehrlenspiel (2009), Integrierte Produktentwicklung, S. 258 ff.
[103] Vgl. VDI-Gesellschaft Entwicklung Konstruktion Vertrieb (1982), Konstruktionsmethodik
[104] Ehrlenspiel (2009), Integrierte Produktentwicklung, S. 260
[105] Ehrlenspiel (2009), Integrierte Produktentwicklung, S. 262

Von einer **Variantenkonstruktion** wird gesprochen, wenn Gestalt und Werkstoff bekannt sind und im Wesentlichen nur noch Maße z. B. aufgrund geänderter Kundenanforderungen geändert werden.[106] Bezüglich der Häufigkeitsverteilung der einzelnen Konstruktionsarten gibt es unterschiedliche Angaben, was auch mit unternehmensspezifischen Begrifflichkeiten zusammenhängen dürfte. Eine Analyse von Werkzeugmaschinenherstellern ergab, dass etwa 70 % des zeitlichen Aufwandes für Variantenkonstruktionen verwendet wird.[107] Auf die verschiedenen Konstruktionsarten wird im weiteren Verlauf der Arbeit Bezug genommen, wenn es um die Quantifizierung der Aufwände für kundenspezifische Anpassungen und um die Erstellung kundenspezifischer Varianten geht.

Der Begriff **Variante** umfasst nach DIN 199 „Gegenstände ähnlicher Form und/oder Funktion mit in der Regel hohem Anteil identischer Gruppen oder Teile“[108]. Produktvarianten können durch Unterschiede in funktionellen oder strukturellen Merkmalen des Produkts voneinander getrennt werden.[109] Eine gute Übersicht über die Beschreibung von Varianten durch Merkmale und Ausprägungen liefert HEIDERICH (vgl. Abbildung 2-8). Diese hilft dabei, einen systematischen Überblick über die Variantenvielfalt zu erhalten. Auf die Begrifflichkeiten, z. B. Produkt- bzw. Baugruppenvariante oder Standard- bzw. Vorzugsvariante wird im weiteren Verlauf der Arbeit zurückgegriffen.

[106] Vgl. Ehrlenspiel (2009), Integrierte Produktentwicklung, S. 262
[107] Vgl. Ehrlenspiel (2009), Integrierte Produktentwicklung, S. 261
[108] DIN Deutsches Institut für Normierung (1977), Begriffe im Zeichnungs- und Stücklistenwesen
[109] Vgl. Firchau (2003), Variantenoptimierende Produktgestaltung, S. 50

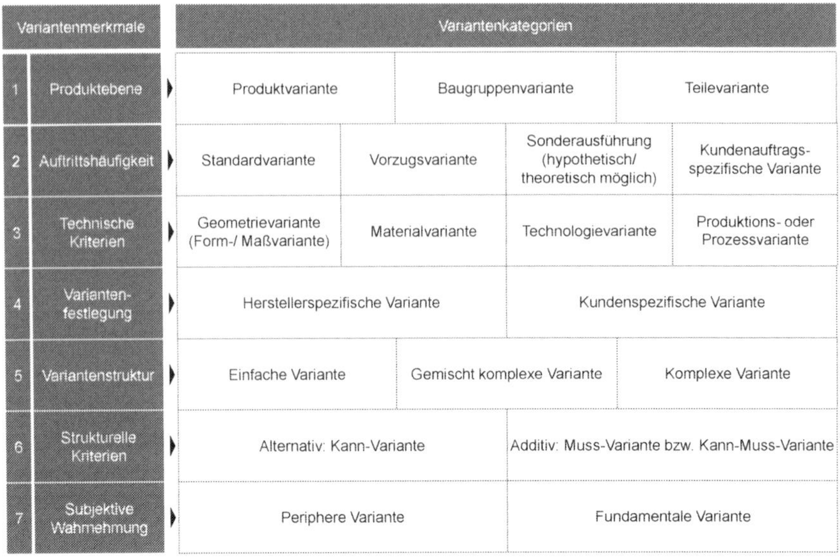

Abbildung 2-8: Variantenkategorien nach HEIDERICH[110]

Der letzte Teil dieses Abschnittes behandelt die grundlegenden Begriffe, die insbesondere für die Zielsetzung der Arbeit, die Optimierung der Skaleneffekte entlang des Auftragsabwicklungsprozesses durch eine ähnlichkeitsbasierte Produktkonfiguration, bedeutend sind. Daher werden im Folgenden relevante Begriffe im Themenfeld der Kommunalität erläutert.

Der Begriff **Kommunalität** stammt vom lateinischen Wort communis (allen, mehreren gemeinsam) ab.[111] Der betriebswirtschaftliche Ursprung des Begriffs Kommunalität ist im englischsprachigen Raum in Form des Begriffs „commonality" zu finden. Der Begriff commonality wird ebenfalls häufig im Bereich des Varianten- und Komplexitätsmanagements genutzt und besitzt hier die Bedeutung „Gemeinsamkeit" bzw. „das Teilen gemeinsamer Eigenschaften".[112] JIAO und TSENG erweitern das Verständnis des Begriffs Kommunalität und identifizieren neben der Kommunalität auf Kom-

[110] In Anlehnung an Heiderich et al. (1999), Prozesse
[111] Vgl. o.V. (2006), Duden
[112] Vgl. Dellanoi (2006), Kommunalitäten bei der Entwicklung variantenreicher Produktfamilien, S. 30 f.

ponentenebene ebenfalls eine process commonality bzw. unterscheiden zwischen functional commonality, technical commonality und physical commonality.[113]

Skaleneffekte oder **Economies of Scale** entstehen, wenn mit steigender Stückzahl die Kosten einzelner produzierter Einheiten abnehmen. Die Gründe für Skaleneffekte liegen u. A. in Lerneffekten, Fixkostendegressionseffekten sowie in der Steigerung des Technisierungsgrades aufgrund der Verwendung von Gleichteilen. Letzteres ist insbesondere bei Serienherstellern relevant, die so einfacher eine Automatisierung in der Produktion einführen können. Lerneffekte bezeichnen die gestiegene Produktivität von Arbeitern durch die wiederholte Durchführung gleicher oder ähnlicher Arbeitstätigkeiten. Fixkostendegressionseffekte entstehen, wenn einmalig anfallende Fixkosten, z. B. für den Kauf eines Werkzeuges, auf eine größere Anzahl an produzierten Einheiten umgelegt werden und dadurch der Kostenanteil für eine einzelne Einheit sinkt.[114]

2.2.2 Funktion und Aufbau von Konfigurationssystemen

Nachdem im vorigen Abschnitt die relevanten Begrifflichkeiten zur Produktkonfiguration definiert wurden, beschäftigt sich der folgende Abschnitt mit der Funktion und dem Aufbau von Produktkonfiguratoren. Produktkonfiguratoren sollten dabei nach PULKKINEN aus drei verschiedenen Perspektiven betrachtet werden.[115]

1. Die **Konfigurationsaktivitäten** beinhalten die Modellierung des Konfigurationswissens, die Nutzung des Wissens im Vertriebsprozess und die Aktualisierung des Konfigurationswissens.
2. Unter der Entwicklung der **generischen Produktstruktur** für die zu konfigurierenden Produktfamilien wird die Festlegung der Komponenten, der Beziehungen, der Einschränkungen und der Regeln verstanden.
3. Der dritte Standpunkt adressiert die **IT-Perspektive**, indem spezifische Applikationen, unterstützende Systeme und die Integration der Software betrachtet werden müssen.[116]

Im weiteren Verlauf wird der Fokus auf die mit den Konfigurationsaktivitäten direkt verbundenen Aspekte gelegt, da die beiden anderen Gebiete für die Zielsetzung die-

[113] Vgl. Jiao et al. (2000), Fundaments of product family architecture, S. 472 ff.; Jiao et al. (2000), Understanding product family for, S. 228 ff.
[114] Vgl. Wright (1936), Factors affecting the costs, S. 122 ff.
[115] Vgl. Pulkkinen (2000), A Framework for Supporting Development
[116] Vgl. Pulkkinen (2000), A Framework for Supporting Development

ser Arbeit nicht primär entscheidend sind. Basierend auf der zuvor erfolgten Definition einer Produktkonfiguration (vgl. Kapitel 2.2.1) wird in dieser Arbeit ein Produktkonfigurator als Software-System verstanden, das die Person unterstützt, welche verantwortlich für den Konfigurationsprozess ist. Der Produktkonfigurator besteht aus einer Wissensbasis, die die generische Produktstruktur des zu konfigurierenden Produktes beinhaltet und aus einem Set an Unterstützungsanwendungen, die es dem Nutzer ermöglichen, eine Lösung zu identifizieren oder Komponenten auszuwählen.[117] Produktkonfiguratoren sind innerhalb der Informatik in der Klasse der Konfigurationssysteme verortet. Ein Konfigurationssystem wiederum ist ein Expertensystem, d. h. ein Computerprogramm, welches menschliches Spezialwissen nachbildet und damit Problemstellungen entsprechend einer Leistung eines Experten lösen kann. Expertensysteme werden innerhalb des Feldes der Künstlichen Intelligenz verortet, die wiederum im Bereich der praktischen Informatik angesiedelt ist (vgl. Abbildung 2-9).

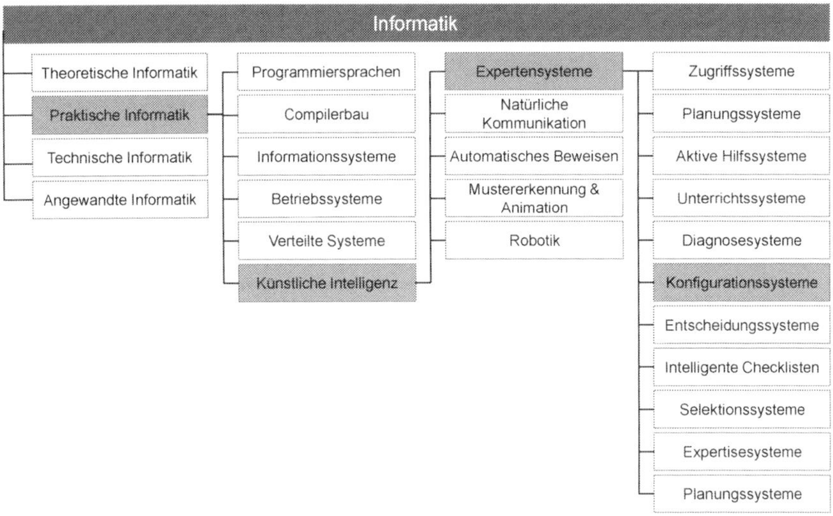

Abbildung 2-9: Einordnung von Produktkonfiguratoren innerhalb der Informatik[118]

Die Modellierung eines Produktkonfigurators ist in Abbildung 2-10 dargestellt. Neben der dargestellten Prozesskette vom Front-End über den Konfigurator bis hin

[117] Vgl. Aldanondo et al. (2008), Configuration for mass customization, S. 522
[118] In Anlehnung an Engesser et al. (1993), Duden Informatik

zum Angebot bzw. Auftrag und der Weitergabe in die Produktion ist insbesondere die Interaktion mit der Systemebene sowie mit der Konfigurationsdatenbank dargestellt. Da das Ziel der Arbeit nicht darin besteht, die Anbindung an die entsprechenden benachbarten Systeme zu gestalten, wird auf eine weitere Detaillierung der Integration von Konfiguratoren in die Systemlandschaft an dieser Stelle verzichtet.

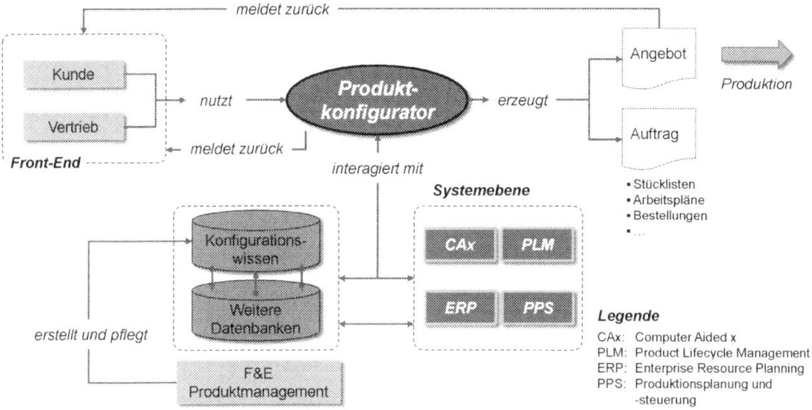

Abbildung 2-10: Modellierung eines Produktkonfigurators[119]

Die dargestellte Nutzung des Produktkonfigurators durch den Vertrieb oder den Kunden, d. h. der **Konfigurationsprozess**, startet mit der Aufnahme der Kundenanforderungen, die zunächst in Abfragemerkmale übersetzt werden müssen, um sie rechnergestützt weiterverarbeiten zu können. Sobald die ausgefüllte Abfrageliste mithilfe von Abhängigkeitsregeln auf Konflikte geprüft wurde und diese aufgelöst wurden, kann auf der Grundlage einer Komponentendatenbank eine Auswahl der optimalen Funktionskomponenten erfolgen. Dabei können Funktionskomponenten mit vorhandenen Kosten, Schätzkosten oder Prognosekosten verwendet werden. Durch eine Zusammenstellung der kostenorientierten Produktkonfiguration erfolgt zum Abschluss des Konfigurationsprozesses eine Produktkalkulation (vgl. Abbildung 2-11).

---

[119] In Anlehnung an Brinkop, Marktführer Produktkonfiguration, S. 5; Felfernig et al. (1999), Intelligente Produktkonfiguratoren, S. 203

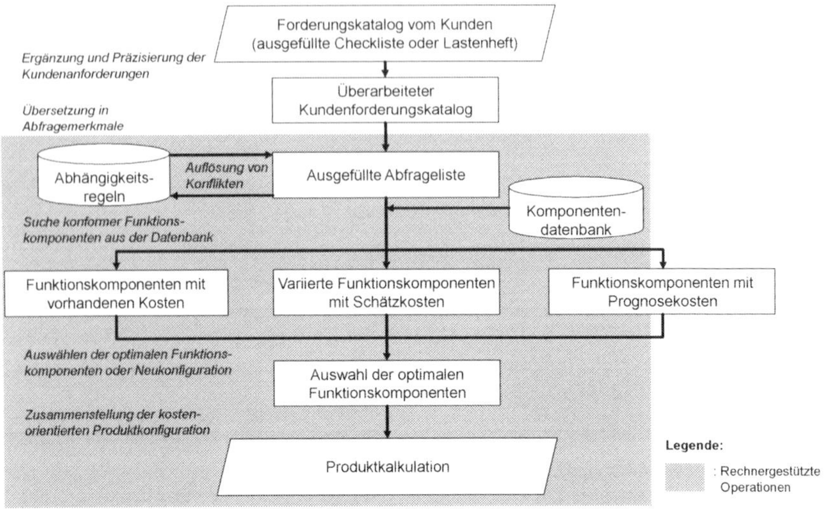

Abbildung 2-11: Ablauf des Konfigurationsprozesses technischer Produkte[120]

In dieser Arbeit wird der grundsätzliche Ablauf der Konfigurationsprozesse nicht grundlegend infrage gestellt. Es werden jedoch durch die Methodik Vorschläge für punktuelle Anpassungen gemacht, um stärker das bestehende Wissen im Unternehmen in die Komponentenauswahl und in die Kostenkalkulation einfließen zu lassen.

2.2.3 Arten der Produktkonfiguration

Der Produktkonfigurator dient als Bindeglied zwischen der Kundensprache und der Techniksprache.[121] Zielsetzung eines Produktkonfigurators sollte es sein, zu jeder Zeit des Konfigurationsprozesses nur die Varianten anzuzeigen, die aufgrund von Kundenwünschen und technischen Restriktionen möglich sind. Obwohl alle Produktkonfiguratoren dieses übergeordnete Ziel verfolgen, existieren verschiedene Arten von Produktkonfiguratoren. BLECKER ET AL. klassifizieren Konfiguratoren anhand von elf Kriterien.[122] Das erste Differenzierungskriterium und gleichzeitig eines der wichtigsten ist die Wissensbasis, auf der der Konfigurator aufbaut. Dazu existieren drei

[120] In Anlehnung an Höhne et al. (1998), Produktkonfiguration und Kostenprognose, S. 206
[121] Vgl. Schuh (2005), Produktkomplexität managen, S. 248
[122] Vgl. Blecker et al. (2004), Product Configuration Systems, S. 30

verschiedene methodische Ansätze, die regelbasierte, modellbasierte und fallbasierte Produktkonfiguration, die im Folgenden vorgestellt werden.[123]

2.2.3.1 Regelbasierte Produktkonfiguration

Regelbasierte Produktkonfiguratoren basieren auf dem Zusammenhang „wenn Bedingung, dann Konsequenz". Die verschiedenen Lösungen werden vorwärtsgerichtet analysiert, indem nach jedem Schritt nur noch die Alternativen angeboten werden, die auf Basis der bisher gewählten Alternativen noch möglich sind.[124] Da das Navigieren durch das System vom Benutzerdialog gesteuert wird, sind regelbasierte Systeme in der Regel auch vom Kunden alleine ohne Hilfe des Vertriebs zu bedienen.[125] Nachteilig an dieser Form ist, dass die initiale Aufnahme der vollständigen Wissensbasis inkl. aller Restriktionen sehr aufwendig sein kann und insbesondere für sehr komplexe Produkte wie Werkzeugmaschinen kaum oder nur sehr schwer möglich ist.

2.2.3.2 Modellbasierte Produktkonfiguration

Modellbasierte Konfiguratoren lassen sich in logikbasierte, ressourcenbasierte und einschränkungsbasierte Konfiguratoren einteilen. Logikbasierte Konfiguratoren basieren auf Beschreibungslogiken, die Formalismen für Wissen und Argumentation sind. So können aus einzelnen Komponenten komplexe Konzepte entwickelt werden, indem Objekte, Konzepte und binäre Verbindungen durch logische Zusammenhänge verknüpft werden. Ressourcenbasierte Konfiguratoren benötigen ein Hersteller-Kunden-Modell der Konfigurationsaufgabe. Jedes technische Detail ist bezüglich des Umfangs an Ressourcen definiert, welches es liefert, nutzt oder verbraucht. Anhand eines Ressourcengleichgewichts kann so eine vollständige und gültige Konfiguration erkannt werden. Bei einschränkungsbasierten Konfiguratoren werden Komponenten durch Merkmale und durch ein Set an Verbindungsstellen definiert. Durch Restriktionen können so Kombinationen zwischen Komponenten verboten werden („Komponente A kann nicht mit Komponente C verbunden werden") oder Kombinationen erzwungen werden („Komponente A benötigt Komponente B").[126]

2.2.3.3 Fallbasierte Produktkonfiguration

Die fallbasierte Produktkonfiguration unterscheidet sich deutlich von den bislang vorgestellten Typen, die auf der Annahme einer vollständig vorhandenen Wissensbasis beruhen, die alle möglichen Konfigurationen beschreibt. Ein Konfigurator, der auf

---

[123] Vgl. Blecker et al. (2004), Product Configuration Systems, S. 26 f.
[124] Vgl. Blecker et al. (2004), Product Configuration Systems, S. 26
[125] Vgl. Schuh (2005), Produktkomplexität managen, S. 249
[126] Vgl. Blecker et al. (2004), Product Configuration Systems, S. 27

einem fallbasierten Prinzip aufbaut, funktioniert genau umgekehrt. Basierend auf einer Bibliothek bislang gelöster Probleme identifiziert der Konfigurator die Fälle, die der neuen Herausforderung am ähnlichsten sind. Anschließend wird versucht, die bereits realisierten Lösungen auf den neuen Fall anzuwenden und nur die Anpassungen vorzunehmen, die aufgrund der geänderten Anforderungen notwendig sind.[127]

Dieser Ansatz ist besonders dann geeignet, wenn die Kunden sehr unterschiedliche Anforderungen haben, die nicht alle in einer regel- oder modellbasierten Beschreibung abgebildet werden können. Gleichzeitig verhindert ein fallbasiertes Vorgehen, dass bereits bestehende Lösungen erneut konfiguriert und entwickelt werden müssen. Der fallbasierte Ansatz bildet die Grundlage für die in dieser Arbeit vorgestellte ähnlichkeitsbasierte Produktkonfiguration.

2.3 Methoden der Variantenkostenrechnung

Die beiden vorherigen Kapitel beschäftigten sich mit der Auftragsabwicklung und der Produktkonfiguration im Maschinenbau. Dabei standen Abläufe und verschiedene Formen der Produktdefinition im Vordergrund. Darauf aufbauend liegt der Fokus im nachfolgenden Kapitel auf der kostenseitigen Bewertung von Produktvarianten. Dazu werden nach der Definition einiger relevanter Begrifflichkeiten verschiedene Methoden der Variantenkostenrechnung vorgestellt.

2.3.1 Relevante Begrifflichkeiten

Kosten lassen sich nach der DIN 32990 als der „in Geld bewertete Verzehr von Produktionsfaktoren und Fremdleistungen sowie öffentliche Abgaben zum Erstellen und zum Absetzen von Gütern und/oder Diensten" bezeichnen.[128] Produktionsfaktoren sind beispielsweise Betriebsmittel, Material und menschliche Arbeit. In Bezug auf die betriebliche Leistungserstellung lassen sich Kosten hinsichtlich ihrer Zuordnung in **Einzelkosten** (direkte Kosten) und **Gemeinkosten** (indirekte Kosten) aufteilen. Einzelkosten können einem bestimmten Kostenträger, z. B. einem Produkt, direkt zugerechnet werden. Typische Beispiele hierfür sind Material- und Fertigungskosten. Gemeinkosten lassen sich dagegen nur indirekt einem Kostenträger zuordnen, da sie für mehrere oder für alle Produkte anfallen.[129] Als Beispiele können hier Verwaltungskosten, Entwicklungskosten, Zinsen, Mieten oder Gebühren genannt werden.

[127] Vgl. Stumptner (1997), An overview of knowledge-based configuration, S. 122; Henseler (2004), Die Konfigurations- und Verträglichkeitsmatrix, S. 45

[128] Vgl. Ehrlenspiel et al. (2005), Kostengünstig entwickeln und konstruieren, S. 407

[129] Vgl. Preißler (2005), Entscheidungsorientierte Kosten- und Leistungsrechnung, S. 37

In der Praxis wird die überwiegende Anzahl der Kostenarten den Gemeinkosten zugeordnet.[130] Eine Übersicht über verschiedene Kostenarten, die sich unter Berücksichtigung eines Gewinnzuschlags zum kalkulierten Verkaufspreis zusammensetzen, liefert Abbildung 2-12.

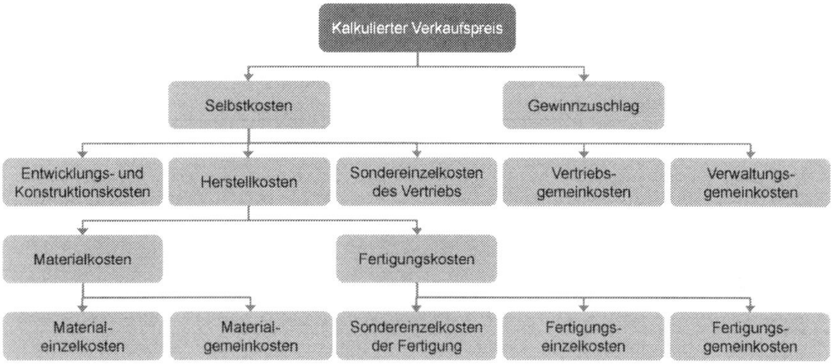

Abbildung 2-12: Kostenarten

HOMBURG UND DAUN bezeichnen Kosten, die „... im Unternehmen kausal durch die Vielfalt des Produktprogramms, d. h. der am Markt angebotenen Produkte und der Teilevielfalt entstehen", als **Komplexitätskosten.**[131] MÄNNEL definiert Komplexitätskosten als „... Mehrkosten durch Komplexität auf der Produkt-, Prozess- und Ressourcenebene"[132]. Variantenkosten werden in der Literatur (u. a. von BAYER[133]) sehr ähnlich definiert, sodass in dieser Arbeit Varianten- und Komplexitätskosten synonym verwendet werden. Komplexitätskosten können nach BAYER in direkte (einmalige und laufende) Komplexitätskosten und Opportunitätskosten aufgeteilt werden (vgl. Abbildung 2-13).[134] Einmalige Komplexitätskosten fallen beispielsweise durch die Entwicklung und Konstruktion neuer Produktvarianten an, während dauerhafte Komplexitätskosten durch erweiterte Lagerbestände anfallen.[135] Opportunitätskosten entstehen z. B. aufgrund von Kannibalisierungseffekten, d. h., wenn bei stagnieren-

---

130 Vgl. Rüth (2012), Kostenrechnung, S. 21
131 Schuh (2005), Produktkomplexität managen, S. 45; Homburg et al. (1997), Wege aus der Komplexitätsfalle, S. 333 ff.
132 Vgl. Männel (1993), Kostenmanagement, S. 213
133 Bayer (2010), Integriertes Variantenmanagement
134 Bayer (2010), Integriertes Variantenmanagement, S. 25
135 Vgl. Schuh (2005), Produktkomplexität managen, S. 45

dem Gesamtabsatz eine neue Variante einer bestehenden Variante vorgezogen wird.[136] In dieser Arbeit werden Komplexitätskosten wie folgt definiert:

Komplexitätskosten sind einmalige und laufende indirekte Kosten, die durch die Neueinführung einer Produktvariante bei einer verursachungsgerechten Betrachtung zusätzlich anfallen.

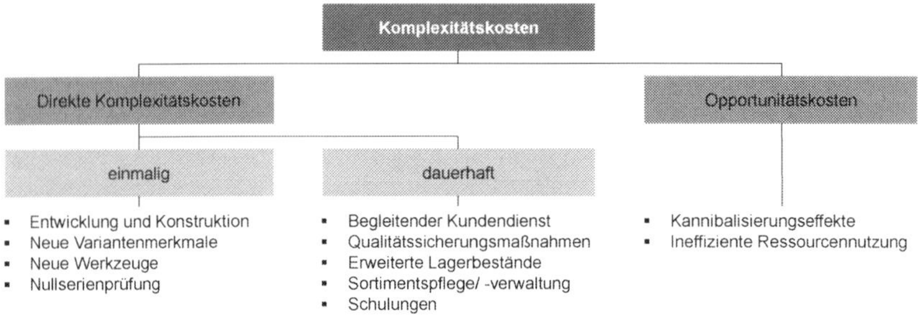

Abbildung 2-13: Komplexitätskostenarten[137]

Vor dem Hintergrund der einleitend dargestellten Zunahme der Variantenvielfalt im Maschinenbau werden im Folgenden verschiedene Kostenrechnungen kurz hinsichtlich ihrer Eignung für die kostenseitige Bewertung von Produktvarianten vorgestellt.

2.3.2 Traditionelle Kostenrechnung

Traditionelle Kostenrechnungsverfahren lassen sich im Wesentlichen in drei Bereiche, die Kostenartenrechnung, die Kostenstellenrechnung und die Kostenträgerrechnung, unterteilen. Die **Kostenartenrechnung** dient der Erfassung der Gesamtkosten einer Abrechnungsperiode und als Kostenarten werden beispielsweise Materialkosten, Personalkosten und Energiekosten verwendet.[138] Im zweiten Schritt werden die direkten Kosten (Einzelkosten) den Kostenträgern zugerechnet, während die indirekten Kosten (Gemeinkosten) auf die Kostenstellen verrechnet werden. In der **Kostenstellenrechnung** werden die gesamten Gemeinkosten auf die Kostenstellen, d. h. Einheiten eines Unternehmens basierend auf der Aufbau- und Organisationsstruktur, möglichst verursachungsgerecht aufgeteilt, um eine separate Planung und Überwa-

[136] Vgl. Schuh (2005), Produktkomplexität managen, S. 46
[137] Vgl. Bayer (2010), Integriertes Variantenmanagement, S. 25
[138] Vgl. Steger (2009), Kosten- und Leistungsrechnung, S. 158

chung zu ermöglichen.[139] Kalkulationssätze dienen in der **Kostenträgerrechnung** der Kostenkalkulation einzelner Kostenträger, d. h. absatzorientierter Leistungen wie Produkte oder Dienstleistungen, die alle anfallenden Kosten tragen sollen.[140]

Die Kostenträgerrechnung dient der Erfassung der Einzel- und Gemeinkosten der hergestellten oder abgesetzten Leistungen, indem über die Multiplikation der Kalkulationssätze mit den Einzelkosten bzw. der Produktmenge die Herstellungs- und Selbstkosten einzelner Produkte bestimmt werden.[141] Die wichtigsten Kalkulationsverfahren der Kostenträgerrechnung sind die Divisions- und die Zuschlagskalkulation.[142] Bei der **Divisionskalkulation**, die zu den einfachsten Kalkulationsverfahren gehört, erfolgt die Berechnung des Kalkulationssatzes über die Division der in einer Periode anfallenden Kosten durch die Anzahl der produzierten Einheiten, wobei keine Unterscheidung zwischen Einzel- und Gemeinkosten erfolgt.[143] Je unterschiedlicher die kalkulierten Produkte werden, desto weniger verursachungsgerecht ist das Ergebnis der Divisionskalkulation, weshalb das Verfahren hauptsächlich für Unternehmen mit wenigen Produkten verwendet wird und für den Anwendungsfall der Arbeit nicht geeignet ist.[144] Die **Zuschlagskalkulation** wiederum ist für Unternehmen entwickelt worden, die verschiedenartige Produkte in Einzel- und Serienfertigung herstellen.[145] Bei der Zuschlagskalkulation werden prozentuale Zuschläge verwendet, die sich meistens wertbasiert an den Einzelkosten orientieren und in einem ein- oder zweistufigen Verfahren auf die Einzelkosten verteilt werden. Die unterstellte Proportionalität zwischen Einzel- und Gemeinkosten ist gleichzeitig die wesentliche Kritik an der Zuschlagskalkulation für die Berechnung der Selbstkosten neuer Produktvarianten, da sie in der Praxis nur in den seltensten Fällen gegeben ist.[146]

Wie zuvor gezeigt, ist die Gemeinkostenschlüsselung das wesentliche Problem aller traditionellen Kostenrechnungsverfahren. Eine verursachungsgerechte Verteilung der Gemeinkosten auf die Kostenstellen- bzw. Kostenträgerrechnung ist nur dann

---

[139] Vgl. Kilger (1987), Einführung in die Kostenrechnung, S. 14

[140] Vgl. Nadig (2000), Prozesskostenrechnung in Theorie und Praxis, S. 177 f.

[141] Vgl. Steger (2009), Kosten- und Leistungsrechnung, S. 152

[142] Für weitere Kalkulationsverfahren wie die Äquivalenzziffernkalkulation, Kuppelkalkulation, Maschinenstundensatzkalkulation wird auf die bestehende Literatur verwiesen, z. B. Steger (2009), Kosten- und Leistungsrechnung, S. 186 ff.

[143] Vgl. Möller et al. (2004), Grundzüge der Erlös- und Kostenrechnung, S. 32; Steger (2009), Kosten- und Leistungsrechnung, S. 286 ff.; Hans (2002), Grundlagen der Kostenrechnung, S. 204

[144] Vgl. Ehrlenspiel et al. (2005), Kostengünstig entwickeln und konstruieren, S. 16; Coenenberg (1999), Kostenrechnung und Kostenanalyse, S. 92

[145] Vgl. Steger (2009), Kosten- und Leistungsrechnung, S. 299

[146] Vgl. Steger (2009), Kosten- und Leistungsrechnung, S. 186 ff.

möglich, wenn eine eindeutige Beziehung zwischen den Gemeinkosten und den gewählten Schlüsselgrößen besteht. Solange dies nicht der Fall ist, führen die traditionellen Kostenrechnungsverfahren oft zur **Quersubventionierung** von Exotenvarianten durch Standardvarianten, indem seltene Varianten aufgrund der wertbasierten Zuschlagssätze die gleichen Gemeinkostenzuschläge erhalten wie Standardvarianten.[147] Dadurch werden Exotenvarianten, die heute im Vergleich zu früher deutlich häufiger abgesetzt werden, günstiger angeboten, als es die verursachungsgerecht kalkulierten Kosten erlauben würden. Dies resultiert dementsprechend in einem Verlust für das Unternehmen. Gleichzeitig ergibt sich dadurch für das Unternehmen ein Wettbewerbsnachteil in den Standardvarianten, da in diesem Bereich durch höhere Preise die exotischen Varianten quer subventioniert werden müssen (vgl. Abbildung 2-14).[148]

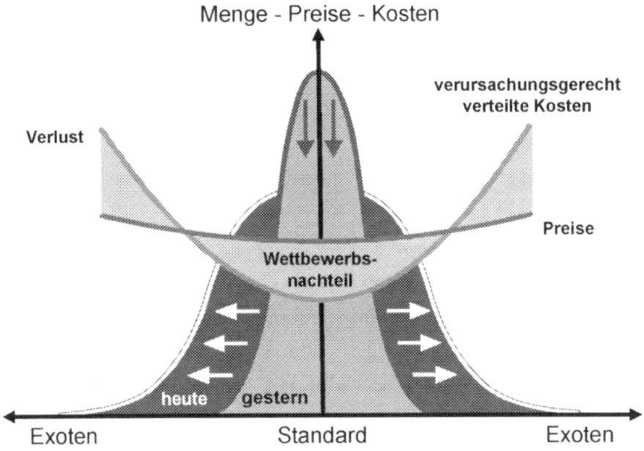

Abbildung 2-14: Quersubventionierung von Exotenvarianten[149]

Eine Studie der Universität St. Gallen aus dem Jahr 2012 mit 175 befragten Unternehmen kommt zu dem Schluss, dass die zusätzlichen Komplexitätskosten für eine Produktvariante unabhängig von der Länge des Produktlebenszyklus zwischen 28 % und 53 % liegen.[150] Bei den in dieser Arbeit fokussierten Produkten des Maschinenbaus müssten etwa 35 % bis 42 % der Kosten des Basisproduktes für eine Produktva-

[147] Schuh (2005), Produktkomplexität managen, S. 21
[148] Schuh (2005), Produktkomplexität managen, S. 20 f.
[149] Vgl. Schuh (2005), Produktkomplexität managen, S. 20
[150] In Anlehnung an Friedli et al. (2012), Complexity Management Survey, S. 40

riante aufgeschlagen werden (vgl. Abbildung 2-15), während der durchschnittliche zusätzliche Komplexitätskostenwert im Maschinenbau bei 27 % liegt.[151]

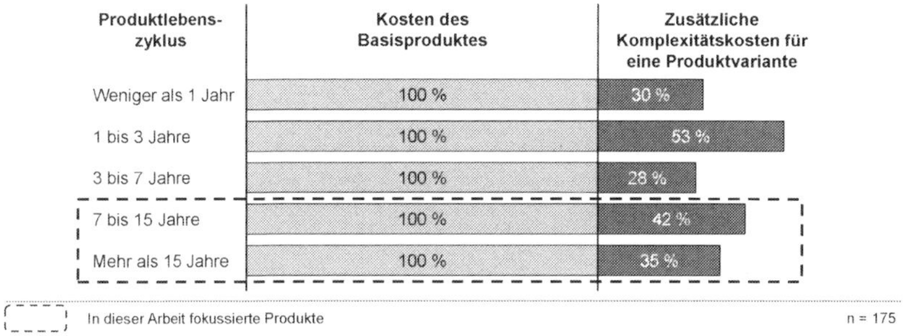

Abbildung 2-15: Zusätzliche Komplexitätskosten für eine Produktvariante in Abhängigkeit vom Produktlebenszyklus[152]

Um das Problem der nicht verursachungsgerechten Zuordnung von Gemeinkosten zu adressieren, wurden verschiedene Ansätze der prozessorientierten Kostenrechnung entwickelt, die im Folgenden kurz vorgestellt werden.

2.3.3 Prozessorientierte Kostenrechnung

Die **prozessorientierte Kostenrechnung** orientiert sich im Vergleich zur traditionellen Kostenrechnung an der Ablauf- und nicht an der Aufbauorganisation, indem das Unternehmen als Summe von Aktivitäten verstanden wird. Um Leistungen zu erbringen, sind Aktivitäten notwendig, die wiederum den Verbrauch von Ressourcen bedingen (vgl. Abbildung 2-16). Die Prozesskostenrechnung bedient sich der traditionellen Gliederung nach Kostenarten, Kostenstellen und Kostenträgern, verfeinert und entwickelt sie jedoch weiter. Im Mittelpunkt steht die verursachungsgerechte Verteilung der Gemeinkosten. Die veränderte Kostenstellenrechnung, die als **Kostenprozessrechnung** bezeichnet wird, ist der wesentliche Unterschied zwischen den Ansätzen. In der Kostenprozessrechnung werden die anfallenden Aktivitäten innerhalb der Kostenstellen analysiert und zu Prozessen aggregiert. Die Prozesse werden quantifiziert, indem geeignete Bezugsgrößen, sogenannte Kostentreiber, definiert werden. Kostentreiber stellen einen direkten Zusammenhang zwischen den Kosten und dem Output des Prozesses dar und werden in der Regel durch die Häufigkeit der jeweils durchzuführenden Tätigkeit bestimmt (z. B. „Anzahl der Angebotsanfragen" für den

[151] Vgl. Götzfried (2013), Managing Complexity Induced by Product Variety, S. 87
[152] In Anlehnung an Friedli et al. (2012), Complexity Management Survey, S. 40

Prozess „Angebot einholen"). Die Prozesskostensätze dienen dazu, verursachungsgerecht zu definieren, welche Ressourcen bzw. indirekten Kosten für die einmalige Durchführung des jeweiligen Prozesses anfallen. In der Kostenstellenrechnung lassen sich über die Summe der Prozesskosten aller anfallenden Prozesse die indirekten Kosten bei der Erstellung eines Produktes ermitteln und den einzelnen Kostenträgern zuordnen.

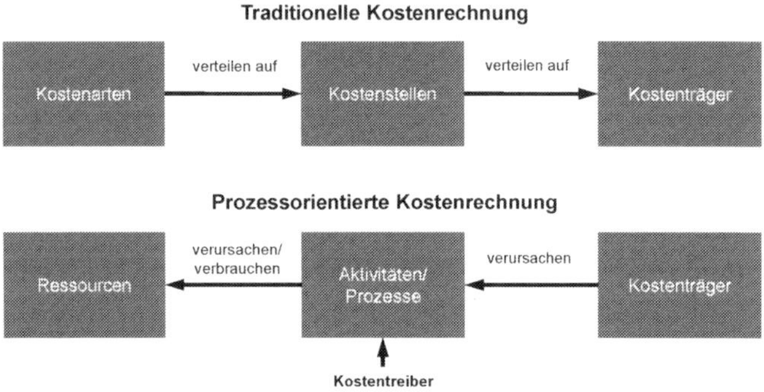

Abbildung 2-16: Unterschied zwischen traditioneller und prozessorientierter Kostenrechnung[153]

Es existieren verschiedene Ansätze der prozessorientierten Kostenrechnung, die alle auf dem gleichen Prinzip basieren, sich jedoch hinsichtlich des Detaillierungsgrades, des Fokusbereiches sowie des Aufwandes für die Durchführung unterscheiden. Die bekanntesten Ansätze sind das **Activity-Based-Costing** nach KAPLAN und COOPER[154], die **Prozesskostenrechnung** nach HORVÁTH und MAYER[155] und die **ressourcenorientierte Prozesskostenrechnung** nach SCHUH[156]. Die Ansätze werden an dieser Stelle kurz vorgestellt. Für eine detailliertere Darstellung wird auf die einschlägige Literatur verwiesen.[157]

Das **Activity-Based-Costing** ist als eines der ersten prozessorientierten Rechnungssysteme in den USA entstanden und verfolgt das Ziel, die Mängel der bisherigen Gemeinkostenverrechnungen zu beseitigen und die Kalkulation der Produktkosten zu

---

[153] In Anlehnung an Nadig (2000), Prozesskostenrechnung in Theorie und Praxis, S. 23

[154] Vgl. Kaplan et al. (1999), Prozesskostenrechnung als Managementinstrument

[155] Vgl. Horváth et al. (1989), Prozesskostenrechnung

[156] Vgl. Schuh et al. (1995), Kostenmanagement

[157] Vgl. Kaplan et al. (1999), Prozesskostenrechnung als Managementinstrument; Horváth et al. (1989), Prozesskostenrechnung, Schuh et al. (1995), Kostenmanagement

verbessern bzw. verursachungsgerechter zu gestalten.[158] Der Betrachtungsfokus des Activity-Based-Costing liegt in der Verrechnung der nicht als Einzelkosten erfassbaren Fertigungskosten, also den Kostenstellen in der Produktion. Darüber hinaus besitzt der Ansatz einen geringen Detaillierungsgrad, da keine Unterscheidung zwischen kostenstellenbezogenen Teilprozessen und kostenstellenübergreifenden Hauptprozessen vorgenommen wird. Ferner macht die nicht vorhandene Differenzierung zwischen fixen und proportionalen Kosten deutlich, dass das Activity-Based-Costing zwar eine deutlich verbesserte verursachungsgerechte Beurteilung von Gemeinkosten ermöglicht, jedoch eine Reihe pragmatischer Vereinfachungen beinhaltet.[159] Daher wurde das Konzept des Activity-Based-Costing von HORVÁTH UND MAYER aufgegriffen, verfeinert und modifiziert.

Bei der **Prozesskostenrechnung** nach HORVÁTH und MAYER wird im Gegensatz zum Activity-Based-Costing der Fokus weniger auf die produktionsnahen Bereiche gelegt, sondern eher auf die Bereiche Logistik, Beschaffung, Arbeitsvorbereitung und Vertrieb, um die dort steigenden indirekten Kostenanteile verursachungsgerecht abzubilden. Die Prozesskostenrechnung gliedert sich in die vier Schritte Tätigkeitsanalyse, Bezugsgrößenbestimmung, Prozesskostensatzermittlung und Verdichtung zu Hauptprozessen. Durch die Prozesskostenrechnung wird es ermöglicht, Gemeinkosten in diesen Bereichen besser zu steuern, zu planen und auf Kostenträger zu verrechnen.[160] Somit steht eher das Gemeinkostenmanagement und weniger die Produktkalkulation im Vordergrund.[161]

Die **ressourcenorientierte Prozesskostenrechnung** wurde auf der Basis der Prozesskostenanalyse entwickelt und verfolgt das Ziel, die Produktkalkulation und die konstruktionsbegleitenden Kosteninformationen zu verbessern.[162] Dabei verbindet sie verschiedene Methoden der Kostenrechnung zu einem detaillierten Verfahren, bei dem die Zuweisung der Gemeinkosten ebenfalls in Relation zu den beanspruchten Prozessen erfolgt. Der Unterschied zur Prozesskostenrechnung nach HORVÁTH und MAYER besteht darin, dass auf die Aggregation der Teilprozesse zu Hauptprozessen verzichtet wird und als kleinste Einheit die Ressource pro Teilprozess betrachtet wird.[163] In dem Verfahren wird eine konsequente Trennung zwischen der Verbrauchs- und Kostenfunktion in einem Nomogramm vorgenommen (vgl. Abbildung 2-17). Die Ver-

[158] Vgl. Kaplan et al. (1999), Prozesskostenrechnung als Managementinstrument, S. 129
[159] Vgl. Horváth et al. (1993), Prozesskostenrechnung, S. 15
[160] Vgl. Mayer (1991), Prozesskostenrechnung und Prozesskostenmanagement, S. 75
[161] Vgl. Mayer (1990), Prozesskostenrechnung, S. 311
[162] Vgl. Schuh et al. (1995), Kostenmanagement, S. 370
[163] Vgl. Schuh (2005), Produktkomplexität managen, S. 201

brauchsfunktion beschreibt den Zusammenhang zwischen dem Kostentreiber des Teilprozesses und dem damit einhergehenden Verzehr von Ressourcen, z. B. Personal, Maschinen, Gebäude und Kapital. Innerhalb des gleichen Nomogramms lassen sich dem Ressourcenverzehr über die Kostenfunktion die genauen Teilprozesskosten zuordnen. Die systematische Trennung zwischen Verbrauchs- und Kostenfunktion ermöglicht es, Veränderungen an Produkten, Prozessen und Kosten getrennt zu analysieren und auszuweisen.[164]

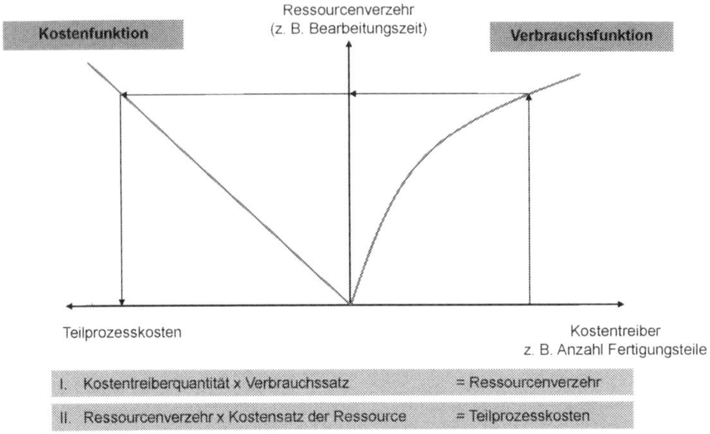

Abbildung 2-17: Ressourcenorientierte Prozesskostenrechnung - Nomogramm[165]

Alle dargestellten Verfahren dienen der verursachungsgerechten Zuordnung von Gemeinkosten, wobei das jeweilige Vorgehen und der Detaillierungsgrad der Verfahren unterschiedlich sind. Der Fokus auf die indirekten Leistungsbereiche wird durch die Prozesskostenrechnung und die verursachungsgerechte Prozesskostenrechnung erfüllt, da historisch bedingt in Europa die Deckungsbeitragsrechnung in den produktionsnahen Bereichen erfolgreich eingesetzt wird.[166] Ein breiterer Fokus und eine größere Detailtiefe verursachen insbesondere in der Prozessdatenerfassung einen erhöhten Aufwand, der in einem wirtschaftlichen Verhältnis zum Nutzen stehen muss. Die Initialaufwände und die schwierige Integration der ermittelten Prozesskosten in die betrieblichen Aufwände bilden demnach auch zwei Hauptgründe, weshalb die prozessorientierten Kostenrechnungen auch zwanzig Jahre nach deren Entwicklung

[164] Vgl. Schuh (2005), Produktkomplexität managen, S. 203 f.
[165] In Anlehnung an Schuh et al. (2001), Produktkomplexität managen, S. 200
[166] Vgl. Horváth et al. (1993), Prozesskostenrechnung, S. 15 f.

noch keine nennenswerte Verbreitung in der Industrie gefunden haben. Eine Studie der Hochschule St. Gallen aus dem Jahr 2012 zeigt, dass lediglich 13 % der Teilnehmer eine Evaluationsmethode für Komplexitätskosten implementiert haben. In 34 % der teilnehmenden Unternehmen sind Daumenregeln für die durchschnittlichen Kosten eines Kundenauftrags definiert.[167] Die Studie zeigt jedoch auch (vgl. Abbildung 2-18), dass erfolgreiche Unternehmen (Top Performer) Gebrauch von Kalkulationsmethoden für Komplexitätskosten machen und so individuelle Komplexitätskosten für Produkte und Produktvarianten transparent machen.[168] Top Performer verschaffen sich Transparenz über ihre Prozesskosten (z. B. in der Entwicklung oder der Auftragsabwicklung) und benutzen die gewonnenen Erkenntnisse sowohl für die strategische Produktplanung als auch für die Preisfindung von Produktvarianten.[169]

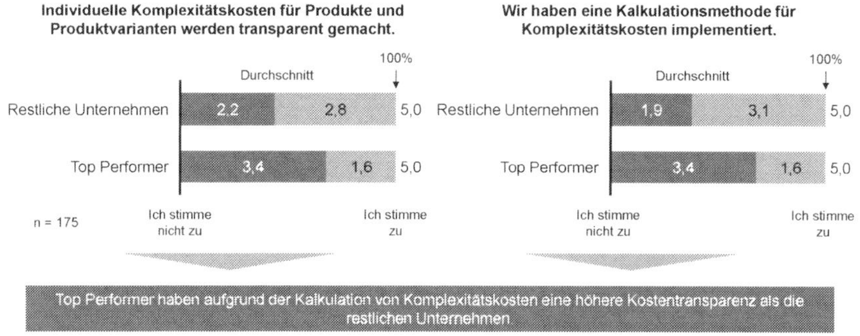

Abbildung 2-18: Studienergebnisse zur Kalkulation von Komplexitätskosten[170]

Die dazu vorliegenden Methoden der Variantenkostenrechnung sind jedoch entweder mit einem sehr hohen Initialaufwand verbunden oder liefern keine Ergebnisse auf einer geeigneten Detaillierungsstufe. Neben der Ermittlung der auftragsinduzierten Kosten spielt auch die Betrachtung des Nutzenbeitrags eines Auftrags für das Unternehmen eine Rolle. Dies wird im folgenden Kapitel durch die Betrachtung der Kundensegmentierung und des Kundenwertes adressiert.

[167] Vgl. Friedli et al. (2012), Complexity Management Survey, S. 54
[168] Vgl. Friedli et al. (2012), Complexity Management Survey, S. 85
[169] Vgl. Schuh (2005), Produktkomplexität managen, S. 54
[170] In Anlehnung an Friedli et al. (2012), Complexity Management Survey, S. 85

2.4 Kundensegmentierung und Kundenwert

„The value of customers exceeds the current profits they generate."[171] Dieser Satz wird in der industriellen Praxis oft von Vertriebsmitarbeitern genutzt, um die Realisierung kundenspezifischer Produkte für sogenannte „strategische Kunden" zu begründen. Die Bewertungen einzelner Kunden auf Basis subjektiver Einschätzungen von Vertriebsmitarbeitern als „Lead User", „Strategischer Kunde" oder „Innovator" sind zwar sehr beliebt, allerdings wegen ihrer Subjektivität und mangelnden monetären Bewertung problematisch.[172] Gleichzeitig ist das Wissen über einen Kunden jedoch wertvoll für das Unternehmen, da es Kunden so situationsgerecht beraten kann und Normstrategien für den Umgang mit einem Kunden anwenden kann.[173] B2C-Portale wie amazon.com operieren bereits seit Langem mit Nutzeranalysen, die vorhersagen oder empfehlen, welches Produkt ein Kunde ggf. kaufen könnte, weil ein ähnlicher Kunde es bereits gekauft hat. Dadurch wird der Einzelkunde automatisch in eine bestimmte Richtung gelenkt. Auch Autohändler oder Bankberater arbeiten mit Stereotypen, wenn es um die erste Verankerung eines Kunden in einem bestimmten Segment geht. Allen genannten Bereichen ist gemein, dass der Kunde aus einer Vielzahl von weitestgehend modularisierten Produkten auswählen kann und dabei von einem Fachverkäufer unterstützt wird. Ähnlich sieht es auch im Maschinenbau aus, in dem der Kunde typischerweise konkrete Kundenanforderungen äußert, die dann in Produktmerkmale überführt werden müssen. In diesem Zusammenhang spielt die Einordnung eines Kunden in vorhandene Segmente eine große Rolle, um ein geeignetes Produkt zu identifizieren. Aus diesem Grund werden im Folgenden die Begriffe Markt- und Kundensegmentierung definiert, voneinander abgegrenzt und konkretisiert. Anschließend werden die Begriffe Kundenwert, d. h. der Wert eines Kunden aus Sicht des Unternehmens, und Kundenprofil näher erläutert, da diese beiden Aspekte für die später zu entwickelnde Methodik eine entscheidende Rolle spielen.

2.4.1 Relevante Begrifflichkeiten

Unter einer **Segmentierung** wird allgemein eine nach bestimmten Kriterien vorgenommene Unterteilung einer definierten Gesamtmenge in Teilmengen verstanden, welche auch als Segmente bezeichnet werden. Die Segmente untereinander sollten möglichst heterogen sein, während die Inhalte eines Segments möglichst homogen

---

[171] Canning Jr (1982), Value Analysis, S. 91

[172] Vgl. Knobloch (2005), Customer Relationship Analytics, S. 55

[173] Vgl. Freter (2008), Markt- und Kundensegmentierung, S. 402 ff.

sein sollten.[174] Im Folgenden wird zwischen der Markt- und der Kundensegmentierung unterschieden.

Nach FRETER beinhaltet die **Marktsegmentierung** „die Aufteilung des (heterogenen) Gesamtmarktes für ein Produkt in (homogene) Teilmärkte (Segmente)."[175] KNOBLOCH versteht unter einer Marktsegmentierung ebenfalls die Aufteilung eines Gesamtmarktes in Segmente. Der Nutzen der Marktsegmentierung besteht besonders darin, dass Zielgruppen gefunden werden, die mit neuen Produkten bedient werden können.[176] Damit fokussiert die Marktsegmentierung den Gesamtmarkt und vernachlässigt die Analyse des eigenen Kundenstamms. Dies ist der zentrale Unterschied zur Kundensegmentierung, die im Folgenden erläutert wird.

Die **Kundensegmentierung** analysiert lediglich tatsächliche, aktuelle Kunden eines Unternehmens und kann damit nicht repräsentativ den Gesamtmarkt abbilden. Nach SMITH, der als Begründer der Kundensegmentierung angesehen werden kann, wird Kundensegmentierung wie folgt definiert: „Companies try to segment their customers by identifying groups of persons with need structures that are as homogeneous as possible within each group and significantly heterogeneous between groups."[177] Eine vergleichbare Definition liefert FRETER, für den die Kundensegmentierung „aufbauend auf kundenindividuellen Informationen die Aufteilung der vorhandenen Kunden eines Unternehmens in homogene Gruppen und deren gezielte Bearbeitung mithilfe segmentspezifischer Programme" umfasst.[178] Diese Einschränkung auf bestehende Kunden ist für die Interpretation der Analysen von entscheidender Bedeutung, da die Anzahl und die Größe der Kundensegmente stark unternehmensspezifisch sind und nur wenig über die Struktur des Gesamtmarktes aussagen. Gleichzeitig bleiben durch die Fokussierung auf Bestandskunden Kunden von Konkurrenten und andere Interessenten unberücksichtigt.[179]

Die Qualität der Kundensegmentierung hängt stark davon ab, wie gut die verfügbaren Daten zu den bestehenden Kunden sind. Die Kundensegmentierung eignet sich daher besonders in Bereichen mit direktem Kundenkontakt, da hier Informationen auch in persönlichen Gesprächen aufgenommen werden können. Dies ist einer der

[174] Knobloch (2005), Customer Relationship Analytics, S. 63
[175] Freter (2008), Markt- und Kundensegmentierung, S. 54
[176] Knobloch (2005), Customer Relationship Analytics, S. 63
[177] Smith (1956), Product differentiation and market segmentation
[178] Freter (2008), Markt- und Kundensegmentierung, S. 55
[179] Vgl. Knobloch (2005), Customer Relationship Analytics, S. 63

Gründe, weshalb die Kundensegmentierung besonders im Bereich der Industriegüter und der Dienstleistungen verwendet wird.[180]

Nach FRETER lässt sich der prinzipielle Gedanke der Kundensegmentierung auch auf die Beurteilung bisheriger Nicht-Kunden übertragen. Es kann untersucht werden, ob es lohnenswert ist, sie als Kunden zu gewinnen. Über Kunden liegen dabei zumeist umfangreichere und aussagefähigere Informationen vor als über Nicht-Kunden, die jedoch auf Nicht-Kunden übertragen werden können.[181]

Prinzipiell existieren zwei grundlegende Aufgabenstellungen der Markt- bzw. Kundensegmentierung. Nach REUTTERER kann anhand der Kernfragestellung und des Nutzens prinzipiell zwischen Partitionierungsproblemen und Diskriminanzproblemen unterschieden werden, welche beide für die zu entwickelnde Methodik relevant sind.[182] **Partionionierungsprobleme** zielen darauf ab, intern möglichst homogene und extern möglichst heterogene Segmente zu bilden. Dabei stehen eher strategische Aspekte im Vordergrund, indem die Ergebnisse zum Beispiel für zielgruppenspezifische Positionierungsstrategien genutzt werden können. Als **Diskriminanzproblem** wird beispielsweise die Aufgabe bezeichnet, innerhalb kurzer Zeit aktuelle sowie neue und teilweise unbekannte Kunden treffsicher in einem bestehenden Segment einzuordnen. Die Lösung des Diskriminanzproblems bildet die Voraussetzung für eine zielgruppenspezifische Personalisierung von Angeboten.[183]

2.4.2 Segmentierungskriterien und -ansätze

In dieser Arbeit wird im weiteren Verlauf der Fokus auf die Kundensegmentierung gelegt, indem Bestandskunden in möglichst homogene Segmente aufgeteilt werden. Die Zielsetzung der Methodik, durch Ähnlichkeitsanalysen die Skaleneffekte entlang des Auftragsabwicklungsprozesses zu steigern, wird durch die Einordnung potenzieller Neukunden in die homogenen Kundensegmente unterstützt (vgl. Abbildung 2-19).

[180] Vgl. Knobloch (2005), Customer Relationship Analytics, S. 63
[181] Vgl. Freter (2008), Markt- und Kundensegmentierung, S. 55
[182] Vgl. Reutterer (2003), Segmentierungsanalyse von Produktmärkten, S. 62
[183] Vgl. Reutterer (2003), Segmentierungsanalyse von Produktmärkten, S. 62

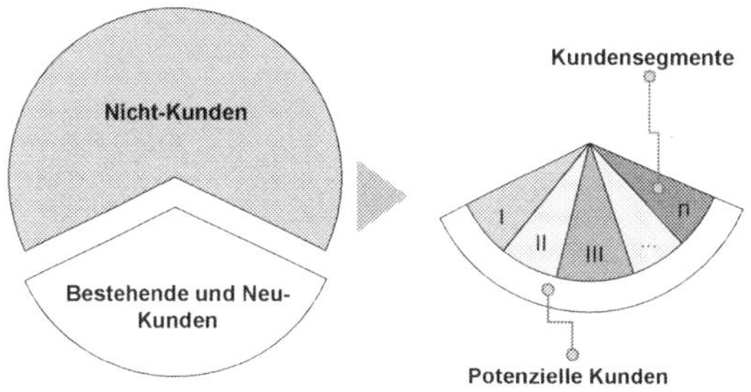

Abbildung 2-19: Kundensegmentierung[184]

Eine Marktsegmentierung wäre nur dann zielführend, wenn primär Entscheidungen bezüglich des Marketings für verschiedene Marktsegmente getroffen werden müssten. In dieser Arbeit wird dieser Anwendungsfall jedoch vernachlässigt und es geht primär um die optimale Bearbeitung einer Kundenanfrage und damit um die kundenspezifische Einordnung.

Eine Segmentierung kann prinzipiell uni-, bi- oder multivariat erfolgen, je nachdem, wie viele Kriterien zur Segmentbildung herangezogen werden. Die Hauptunterschiede zwischen den verschiedenen Arten liegen im Aufwand und in der Trennschärfe der Aussagen, die aus einer Segmentierung gezogen werden können. Während eine univariate Segmentierung in der Regel verhältnismäßig aufwandsarm erstellt werden kann, sind auch die Ergebnisse zumeist nicht sehr aussagekräftig. Eine multivariate Analyse wiederum ist relativ aufwendig, liefert dafür aber auch trennscharfe Ergebnisse. Aus diesem Grund muss eine Auswahl der Segmentierungsart anwendungsspezifisch erfolgen.[185] In dieser Arbeit werden multivariate Segmentierungen fokussiert, da der Nutzen durch die Genauigkeit der Segmentierung als wichtiger erachtet wird als der Aufwand.

---

[184] In Anlehnung an Freter (2008), Markt- und Kundensegmentierung, S. 51

[185] Knobloch (2005), Customer Relationship Analytics, S. 69

Neben der Form der Segmentierung spielen insbesondere auch die **Segmentierungskriterien**, d. h. die Kriterien, anhand derer die Segmente gebildet werden sollen, eine wichtige Rolle für die Qualität und Aussagekraft einer Segmentierung.[186] Prinzipiell müssen mögliche Segmentierungskriterien die folgenden Anforderungen erfüllen:[187]

- Die **Kaufverhaltensrelevanz** fordert, dass nur Kriterien verwendet werden, die auch einen direkten Einfluss auf das Kaufverhalten haben.
- Die Ausprägungen der Segmentierungskriterien sollten eine **Aussagefähigkeit** für den Einsatz der Instrumente haben, d. h. eine kundenspezifische Ansprache ermöglichen.
- Die **Zugänglichkeit** der mithilfe der Segmentierungskriterien abgegrenzten Segmente muss für das Unternehmen gesichert sein.
- Um die praktische Anwendbarkeit der Kundensegmentierung zu gewährleisten, ist die **Messbarkeit** der Segmentierungskriterien zu berücksichtigen.
- Damit die Analysen über einen längeren Zeitraum hinweg durchgeführt werden können und mögliche Entwicklungen untersucht werden können, ist die **zeitliche Stabilität** der Segmentierungskriterien notwendig.
- Die **Wirtschaftlichkeit** der Markterfassung und Segmentbildung ist besonders für kleine und mittelständische Unternehmen wichtig, da hohe Kosten für die Aufnahme der relevanten Daten sonst abschreckend wirken können.
- Die **Trennschärfe** eines Segmentierungskriteriums beschreibt, inwieweit das Kriterium in der Lage ist, die Segmente klar voneinander abzugrenzen.

Zur Kundensegmentierung ist prinzipiell eine Vielzahl von möglichen Segmentierungskriterien möglich, die sowohl für die Markt- als auch für die Kundensegmentierung verwendet werden können. Eine Auswahl der Segmentierungskriterien ist in Abbildung 2-20 dargestellt. Da diese Arbeit im Maschinenbau angesiedelt ist, erscheinen demografische und psychografische Kriterien, Kriterien des beobachtbaren Kaufverhaltens sowie Zeitkriterien als besonders relevant.

---

[186] Freter (2008), Markt- und Kundensegmentierung, S. 90

[187] Vgl. Freter (2008), Markt- und Kundensegmentierung, S. 90 ff.; Knobloch (2005), Customer Relationship Analytics, S. 64 f.

Kriteriengruppe	Beispielhafte Kriterien
Demografische Kriterien	Lebenszyklus
	Geografische Kriterien
Soziologische Kriterien	Sozialisation
	Soziale Schicht
	Interaktionskriterien
Psychografische Kriterien	Allgemeine Persönlichkeitsmerkmale
	Produktspezifische Kriterien
Kriterien des beobachtbaren Kaufverhaltens	Produktwahl
	Einkaufsstättenwahl
	Mediennutzung
	Preisverhalten
Physiologische Kriterien	Körperliche Beschaffenheit
	Physiologische Defekte
Zeitkriterien	Situation
	Termin

Legende

In dieser Arbeit fokussierte Kriteriengruppen

Abbildung 2-20: Übersicht über Segmentierungskriterien[188]

In Bezug auf die Segmentbildung können aus mathematisch-statistischer Sicht zwei grundsätzliche Ansätze unterschieden werden (vgl. Abbildung 2-21). Im ersten Ansatz sind die Segmente **A-Priori** anhand eines Segmentierungskriteriums gegeben (z. B. Unterscheidung zwischen Stammkunden und Neukunden). Dieser Ansatz stellt eine eindimensionale Klassifikation dar, da basierend auf einem Kriterium die Segmente gebildet werden. Wie im obigen Beispiel kann es sich dabei um Klassen handeln (Stammkunde, Neukunde) oder auch um stetige Werte wie den Umsatz. Im letzteren Fall müssen vor der Segmentierung noch entsprechende Segmentgrenzen (in diesem Beispiel für den Umsatz) gesetzt werden.[189] Im zweiten Ansatz werden die Segmente **A-Posteriori** (oder auch Post-hoc) auf der Basis der ausgewerteten Kundeneigenschaften gebildet. Bei diesem Ansatz können mehrere Segmentierungskriterien gleichzeitig verwendet werden und die Segmente ergeben sich erst nach dem Segmentierungsverfahren, z. B. nach einer Clusteranalyse.[190]

---

[188] In Anlehnung an Freter (2008), Markt- und Kundensegmentierung, S. 93

[189] Vgl. Freter (2008), Markt- und Kundensegmentierung, S. 196 f.

[190] Freter (2008), Markt- und Kundensegmentierung, S. 198

Darüber hinaus ist eine weitere Unterscheidung zwischen **deskriptiven** und **präskriptiven Ansätzen** möglich, sodass sich in Summe vier verschiedene Kategorien ergeben (vgl. Abbildung 2-21). Deskriptive Verfahren unterscheiden nicht zwischen abhängigen und unabhängigen Variablen, während bei präskriptiven Verfahren abhängige Variablen durch unabhängige Variablen erklärt werden. In dieser Arbeit wird der Fokus auf deskriptive A-Posteriori-Verfahren gelegt, konkret auf das statistische Verfahren der multidimensionalen Skalierung, das in Kapitel 2.5 detaillierter vorgestellt wird.

	A-Priori	A-Posteriori
deskriptiv	▪ Kreuz-/Kontingenztabellen ▪ Loglineare Modelle	▪ Multidimensionale Skalierung ▪ Neuronale Netze ▪ Clusteranalytische Verfahren ▪ Finite Mischungsmodelle ▪ Hierarchische Bayes-Modelle
präskriptiv	▪ Regressionsmodelle ▪ Logistische Regression ▪ Logit-Modelle ▪ Diskriminanzanalyse ▪ Neuronale Netze ▪ Multigruppenanalyse	▪ Neuronale Netze ▪ Baumanalysen ▪ Finite Mischungsmodelle ▪ Hierarchische Bayes-Modelle

- in dieser Arbeit fokussierte Methoden

Abbildung 2-21: Klassifikation der Segmentierungsverfahren[191]

2.4.3 Kundenwert und Kundenprofil

Der Begriff **Kundenwert** wird in der Literatur unterschiedlich interpretiert, einmal aus Anbieter- und einmal aus Nachfragersicht.[192] In dieser Arbeit liegt der Fokus auf dem Kundenwert aus Anbietersicht, indem der Kundenwert als der „... vom Anbieter wahrgenommene, bewertete Beitrag eines Kunden zur Erreichung der monetären und nichtmonetären Ziele des Anbieters“[193] verstanden wird. Basierend auf diesem Verständnis dient der Kundenwert „... als Maß für die ökonomische Bedeutung eines Kunden“[194]. Prinzipiell lässt sich der Kundenwert in das Marktpotenzial und das Ressourcenpotenzial des Kunden aufteilen.[195] Das **Marktpotenzial** umfasst das Umsatzpotenzial, das Kundenerfolgspotenzial, das Cross-Selling-Potenzial und das Loyali-

[191] In Anlehnung an Koch (2006), Die Marktsegmentierung als Ansatz, S. 42
[192] Vgl. Freter (2008), Markt- und Kundensegmentierung, S. 357 ff.
[193] Freter (2008), Markt- und Kundensegmentierung, S. 357 ff.; Schemuth (1996), Bestimmung des Wertes eines Kunden, S. 19; Gelbrich (2001), Kundenwert, S. 5; Helm et al. (2006), Kundenwert, S. 7
[194] Cornelsen (2000), Kundenwertanalysen, S. 43
[195] Vgl. Rudolf-Sipötz et al. (2001), Kundenwert in Forschung und Praxis, S. 95; Backhaus (2003), Industriegütermarketing, S. 169

tätspotenzial. Das **Ressourcenpotenzial** teilt sich auf in das Referenzpotenzial, das Informationspotenzial, das Kooperationspotenzial und das Synergiepotenzial. Für eine ausführliche Beschreibung der Bestimmungsfaktoren sei auf die einschlägige Literatur verwiesen.[196] In dieser Arbeit wird der Kundenwert dafür herangezogen, wichtige, strategische Kunden im Rahmen des Angebotserstellungsprozesses zu identifizieren.

In der Literatur existieren verschiedene Methoden, um den Kundenwert zu berechnen. Diese Methoden werden nach drei Kriterien unterschieden: heuristisch vs. quasi-analytisch, nicht monetär vs. monetär und statisch vs. dynamisch. Die resultierenden Verfahren zur Kundenwertermittlung sind in Abbildung 2-22 dargestellt. Auf eine genauere Analyse wird an dieser Stelle verzichtet und stattdessen auf die Literatur verwiesen.[197]

Abbildung 2-22: Verfahren zur Kundenwertermittlung[198]

In der Praxis werden überwiegend ABC-Analysen nach Umsatz oder nach Deckungsbeiträgen oder Kunden-Deckungsbeitrags-Rechnungen verwendet, während eher seltener auf Customer-Lifetime-Value-Berechnungen oder Scoring-Modelle zurückgegriffen wird.[199]

[196] Vgl. Rudolf-Sipötz et al. (2001), Kundenwert in Forschung und Praxis, S. 95; Backhaus (2003), Industriegütermarketing, S. 169

[197] Vgl. Freter (2008), Markt- und Kundensegmentierung, S. 365; Krafft et al. (2000), Segmentierung von Kunden

[198] Vgl. Krafft et al. (2000), Segmentierung von Kunden, S. 515 f.

[199] Vgl. Tomczak et al. (2006), Bestimmungsfaktoren des Kundenwertes

Neben der monetären Bewertung eines Kunden bezüglich des strategischen Nutzens für ein Unternehmen ist auch die genaue Beschreibung des Kunden von Bedeutung für den erfolgreichen Auftragsabwicklungsprozess. Für die genaue Beschreibung wird ein sogenanntes **Kundenprofil** verwendet. Ein Kundenprofil besteht aus einer Menge deskriptiver Merkmale, die einen Kunden charakterisieren und bewerten.[200] Die genauen Inhalte eines Kundenprofils sind stark kontext- und situationsabhängig und von Unternehmen zu Unternehmen unterschiedlich. Insbesondere die Branche spielt eine große Rolle bei der Auswahl der Profilinhalte.[201]

Ist ein Kunde anhand der Merkmale beschrieben, d. h. existiert ein Kundenprofil, kann ein Kunde anhand der definierten Anforderungen in einem mehrdimensionalen Raum positioniert und mit möglichen Produktkonfigurationen verglichen werden. Dies wird in der Detaillierung der Methodik in Kapitel 5 weiter ausgeführt. Das sogenannte **Produktpositionierungsmodell** stellt eine geeignete Grundlage für die zu entwickelnde Methodik dar. Das Produktpositionierungsmodell vergleicht Markenprofile mit Konsumenten in einem Eigenschaftsraum und ermöglicht so die Erklärung des Markenwahlverfahrens eines Konsumenten, d. h., warum ein Kunde eine bestimmte Marke wählt. In einem Produktpositionierungsmodell werden Marken und Konsumentenprofile gleichzeitig in einem Eigenschaftsraum bestehend aus zwei verschiedenen Eigenschaften positioniert (vgl. Abbildung 2-23). Voraussetzung ist, dass sowohl Marken als auch Konsumenten durch die gleichen Eigenschaften beschrieben werden können. Das Produktpositionierungsmodell besitzt drei Kernelemente:

- Als Eigenschaften werden die aus Sicht des Kunden relevanten Wahrnehmungs- und Bewertungsdimensionen verwendet.
- Jede Marke wird durch die wahrgenommenen Ausprägungen in den jeweiligen Eigenschaften charakterisiert, wodurch die Markenpositionen gebildet werden.
- Jeder Konsument wird durch sein Anforderungsprofil an eine ideale Marke in einer Produktart gekennzeichnet, wodurch die Konsumentenpositionen gebildet werden.[202]

In Abbildung 2-23 sind drei verschiedene Marken M_1, M_2 und M_3 sowie eine Vielzahl an Konsumenten in einem zweidimensionalen Eigenschaftsraum mit den Eigenschaften 1 und 2 positioniert.

---

[200] Vgl. Knobloch (2005), Customer Relationship Analytics, S. 57
[201] Vgl. Knobloch (2005), Customer Relationship Analytics, S. 58
[202] Vgl. Freter (2008), Markt- und Kundensegmentierung, S. 82 f.

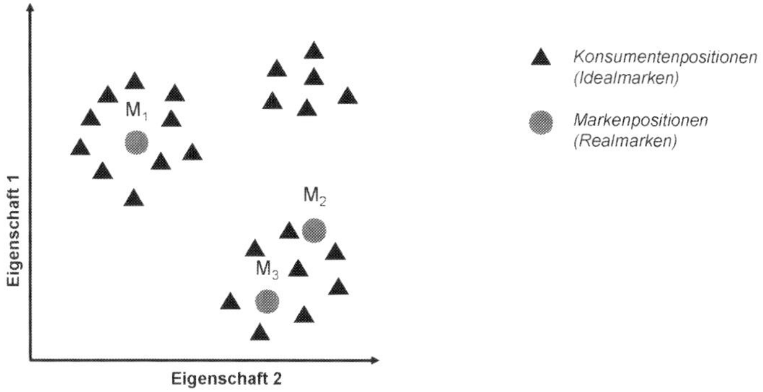

Abbildung 2-23: Positionierung von Marken und Konsumenten im zweidimensionalen Eigenschaftsraum[203]

Die **Distanzen** zwischen der Position eines Konsumenten und der Position der Marken stellen den Abstand zwischen einem Kunden und den wahrgenommenen Ausprägungen einer Marke dar. Dabei können die Eigenschaften unterschiedliche **Bedeutungsgewichte** für einzelne Kunden haben, sodass die Darstellung dadurch verzerrt würde. Beispielsweise könnte der Kunde 1 der Eigenschaft 1 eine höhere Bedeutung beimessen als der Kunde 2. Das Produktpositionierungsmodell lässt sich, wie zuvor bereits angedeutet, als Erklärungsmodell des individuellen Markenwahlverfahrens deuten. Die Ausgangshypothese für die Anwendung des Produktpositionierungsmodells für das Markenwahlverfahren lautet wie folgt:

- Je geringer die Real-Ideal-Distanz ist, desto größer wird die Markenwahlwahrscheinlichkeit.

Oder anders ausgedrückt:

- Ein Kunde wählt die Marke mit der geringsten Real-Ideal-Distanz.[204]

Dieser Zusammenhang bildet im übertragenen Sinne eine zentrale Annahme für die zu entwickelnde Methodik und wird durch die Ähnlichkeitsanalysen in Kapitel 2.5 näher spezifiziert.

[203] In Anlehnung an Freter (2008), Markt- und Kundensegmentierung, S. 83
[204] Vgl. Freter (2008), Markt- und Kundensegmentierung, S. 87

2.5 Ähnlichkeitsanalysen

„Ähnliche Anforderungen benötigen ähnliche Lösungen." Diese Hypothese, die der vorliegenden Arbeit zugrunde liegt, erfordert es zunächst, ein einheitliches Verständnis von Ähnlichkeit und Ähnlichkeitsanalysen zu vermitteln. Im weiteren Verlauf dieses Kapitels werden daher relevante Proximitätsmaße erläutert, bevor auf die Darstellung von Ähnlichkeiten mithilfe der multidimensionalen Skalierung eingegangen wird.

2.5.1 Relevante Begrifflichkeiten

ORLIK definiert den Begriff der **Ähnlichkeit** formal als „Einheitlichkeit und Zusammengefasstheit im Gegensatz zur Verschiedenheit eines Wahrnehmungsgegenstandes"[205]. Nach BOAS können zwei beliebige Objekte in die drei Klassen gleich, ähnlich oder einzigartig eingeordnet werden. Der Begriff ähnlich steht dabei für das breite, stetige Spektrum zwischen den beiden Extremen gleich oder einzigartig.[206] HUBKA definiert Ähnlichkeit allgemein als „eigentümliche, ausgezeichnete Relation zwischen zwei oder mehreren Systemen (Objekten, Prozessen, Aussagen)"[207]. Die Ähnlichkeit reicht von „vollständiger Gleichheit (Identität) bis zur entferntesten Ähnlichkeit"[208].

Ähnlichkeitsanalysen sind dem wissenschaftlichen Gebiet der Statistik oder konkreter der multivariaten Statistik zugeordnet. Sie dienen der Analyse der Ähnlichkeit von Objekten, indem beispielsweise **Proximitätsmaße**, d. h. Ähnlichkeits- und Distanzmaße zwischen Objekten ermittelt werden. Auf diese Maße wird im folgenden Abschnitt näher eingegangen.

2.5.2 Proximitätsmaße zur Ermittlung von Ähnlichkeiten und Distanzen zwischen Elementen

Die **Rohdatenmatrix** bildet die Basis für die Ermittlung von Proximitätsmaßen. In der Rohdatenmatrix wird nach BACKHAUS eine beliebige Anzahl an Objekten durch eine bestimmte Anzahl an Variablen beschrieben, sodass die Matrix durch metrische oder nicht-metrische Variablenwerte gefüllt ist.[209] Aufbauend auf dieser Matrix werden mithilfe von Proximitätsmaßen die Ähnlichkeiten oder Distanzen zwischen den Objekten ermittelt. Das Resultat ist eine quadratische **Proximitätsmatrix**, deren Zeilen-

[205] Orlik (1963), Theoretische und experimentelle Beiträge zur Psychologie der Ähnlichkeit
[206] Vgl. Boas (2008), Commonality in Complex Product Families, S. 20 f.
[207] Hubka (1984), Theorie technischer Systeme, S. 19
[208] Hubka (1984), Theorie technischer Systeme, S. 19
[209] Vgl. Backhaus (1987), Multivariate Analysemethoden, S. 399

und Spaltenanzahl der Anzahl der untersuchten Objekte entspricht und die die Proximitätsmaße der Objekte zueinander enthält. Je nachdem, ob in der Proximitätsmatrix die Ähnlichkeits- oder die Distanzmaße eingetragen sind, wird von einer **Ähnlichkeitsmatrix** oder einer **Distanzmatrix** gesprochen. In Formel (2.1) ist eine Distanzmatrix D beispielhaft dargestellt.

$$D = \begin{pmatrix} 0 & d_{12} & d_{13} & \dots & d_{1n} \\ d_{21} & 0 & d_{23} & & d_{2n} \\ d_{31} & d_{32} & 0 & & d_{3n} \\ \vdots & & & \ddots & \vdots \\ d_{n1} & d_{n2} & d_{n3} & \dots & 0 \end{pmatrix} \tag{2.1}$$

mit:

d_{ij} Distanz zwischen den Objekten i und j

In dieser Arbeit wird der Definition von Ähnlichkeits- und Distanzmaßen nach BACKHAUS gefolgt:

„**Ähnlichkeitsmaße** spiegeln die Ähnlichkeit zwischen zwei Objekten wider: Je größer der Wert eines Ähnlichkeitsmaßes, desto ähnlicher sind sich zwei Objekte."[210]

„**Distanzmaße** messen die Unähnlichkeit zwischen zwei Objekten: Je größer die Distanz wird, desto unähnlicher sind sich zwei Objekte."[211]

Das Distanzmaß $d(x,y)$ kann gleichwertig zum Ähnlichkeitsmaß $sim(x,y)$ verwendet werden, falls beide Maße kompatibel sind.

$$\boldsymbol{d(x,y) \leq d(u,v) \Leftrightarrow sim(x,y) \leq sim(u,v)} \tag{2.2}$$

mit:

$d(x,y)$ Distanz zwischen den Objekten x und y

$sim(x,y)$ Ähnlichkeit zwischen den Objekten x und y

Dieser Zusammenhang bedeutet: Wenn zwei Objekte x und y ähnlicher zueinander sind als zwei Objekte u und v, so liegen x und y im geometrischen Sinn näher beieinander als u und v. Dabei gilt auch die Umkehrung, d. h., wenn die Entfernung zwi-

---

[210] Backhaus (1987), Multivariate Analysemethoden, S. 399

[211] Backhaus (1987), Multivariate Analysemethoden, S. 399

schen x und y geringer ist als die von u und v, so sind sich x und y ähnlicher als u und v.[212]

Es existiert grundsätzlich eine Vielzahl an verschiedenen Ähnlichkeits- und Distanzmaßen in der Literatur, von denen in bestimmten Anwendungsfällen mehrere geeignet sein können.[213] Welches Maß angewendet werden kann, hängt maßgeblich davon ab, welche Skalierung die Rohdaten haben. Dabei wird zwischen metrischen Skalen, nominalen (binären) und ordinalen Skalen unterschieden.[214] Bei metrischen Skalen werden in der Regel Distanzmaße angewendet, während bei nominalen Skalen üblicherweise Ähnlichkeitsmaße Verwendung finden (vgl. Abbildung 2-24). Sollte eine nominale Variable mehr als zwei Ausprägungen besitzen, wird diese Variable mithilfe einer sogenannten „Dummycodierung“ in binäre Indikatorvariablen transformiert.[215] Binär skalierte Variablen besitzen zwei Ausprägungen, die mit 0 (Eigenschaft ist nicht vorhanden) und 1 (Eigenschaft ist vorhanden) codiert sind. Auch ordinale Variablen werden zur besseren Analyse in binäre Variablen umgewandelt.[216]

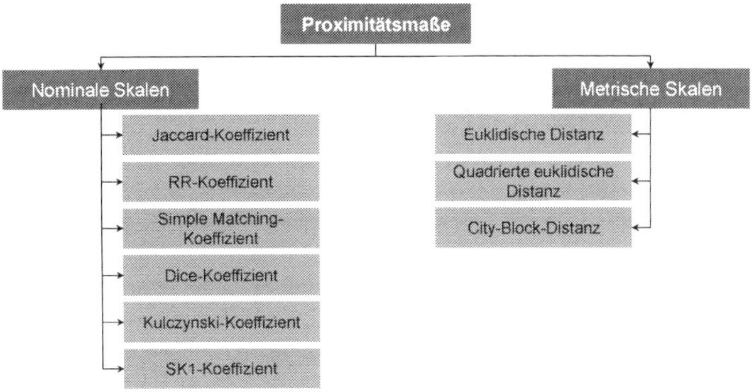

Abbildung 2-24: Überblick über ausgewählte Proximitätsmaße[217]

Bei der Zerlegung von mehrkategorialen Merkmalen in binär skalierte Variablen ist zu beachten, dass bei großer und unterschiedlich großer Anzahl von Kategorien die Ähnlichkeitsmaße zu Verzerrungen führen können, da der gemeinsame Nichtbesitz

[212] Vgl. Stein et al. (2007), Fallbasiertes Schließen – Case-Based Reasoning, S. 25
[213] Vgl. Backhaus (1987), Multivariate Analysemethoden, S. 124
[214] Vgl. Voß et al. (2004), Taschenbuch der Statistik, S. 566
[215] Bortz (1993), Statistik für Sozialwissenschaftler, S. 523
[216] Vgl. Bortz (1993), Statistik für Sozialwissenschaftler, S. 525; Backhaus (1987), Multivariate Analysemethoden, S. 416
[217] In Anlehnung an Backhaus (1987), Multivariate Analysemethoden, S. 118

einer Eigenschaft als Übereinstimmung von Objekten betrachtet wird. Dies ist beispielsweise beim RR- und M-Koeffizienten der Fall.[218]

In den nächsten beiden Abschnitten werden die für die weitere Arbeit relevanten Proximitätsmaße näher vorgestellt.

2.5.2.1 Ähnlichkeitsmaße

Zur Bestimmung der Ähnlichkeit zwischen zwei Objekten wird ein Paarvergleich vorgenommen, d. h. es werden alle Eigenschaftsausprägungen miteinander verglichen. Werden nun zwei Objekte bezüglich einer Eigenschaft, die durch eine binäre Variable codiert ist, verglichen, ergeben sich die vier in Abbildung 2-25 dargestellten Fälle.

		Objekt 1	
		Merkmalsausprägung vorhanden (1)	Merkmalsausprägung nicht vorhanden (0)
Objekt 2	Merkmalsausprägung vorhanden (1)	Anzahl der Merkmalsausprägungen, die bei beiden Objekten vorhanden sind **[a]**	Anzahl der Merkmalsausprägungen, die nur Objekt 2 aufweist **[c]**
	Merkmalsausprägung nicht vorhanden (0)	Anzahl der Merkmalsausprägungen, die nur Objekt 1 aufweist **[b]**	Keines der beiden Objekte weist die Merkmalsausprägung auf **[e]**

Legende:

(1) Binäre Variable für Merkmalsausprägung x von Objekt 1
[a] Fallbezeichnung

Abbildung 2-25: Kombinationsmöglichkeiten binärer Variablen[219]

Die in Abbildung 2-24 dargestellten Proximitätsmaße für nominale Variablen lassen sich größtenteils auf die sogenannte **Ähnlichkeitsfunktion** zurückführen, die im Folgenden vorgestellt wird.[220]

$$S_{ij} = \frac{a + \delta \cdot e}{a + \delta \cdot e + \lambda \cdot (b + c)} \tag{2.3}$$

mit:

S_{ij} Ähnlichkeit zwischen den Objekten i und j

δ, λ mögliche (konstante) Gewichtungsfaktoren

---

[218] Vgl. Backhaus (1987), Multivariate Analysemethoden, S. 119

[219] In Anlehnung an Backhaus (1987), Multivariate Analysemethoden, S. 119

[220] Vgl. Backhaus (1987), Multivariate Analysemethoden, S. 119

Die Variablen a, b, c und e entsprechen den Variablen in Abbildung 2-25 und durch die Wahl der Gewichtungsfaktoren können die verschiedenen Ähnlichkeitsmaße abgeleitet werden. So wird beispielsweise der **Jaccard-Koeffizient** gebildet, indem der Gewichtungsfaktor δ gleich null und der Gewichtungsfaktor λ gleich eins gesetzt wird.

Jaccard-Koeffizient

$$s_{ij} = \frac{a}{a + b + c} \tag{2.4}$$

mit:

s_{ij} Ähnlichkeit zwischen den Objekten i und j

Der Jaccard-Koeffizient ist damit ein Ähnlichkeitsmaß, in welches nur Merkmale einfließen, die bei einem der beiden Objekte vorhanden sind. Der Zähler umfasst lediglich die Anzahl der Merkmalsausprägungen, die bei beiden Objekten vorhanden sind. In den Nenner fließt die Anzahl der Merkmalsausprägungen, die bei einem der beiden Objekte vorkommen. Damit werden Merkmale, die nicht vorhanden sind, nicht betrachtet und dem Nichtvorhandensein der Merkmale kommt keine Bedeutung zu.

Auf eine Beschreibung der weiteren Koeffizienten wird an dieser Stelle verzichtet und es wird stattdessen auf die einschlägige Literatur verwiesen.[221]

2.5.2.2 Distanzmaße

So wie sich die verschiedenen Ähnlichkeitsmaße auf die sogenannte Ähnlichkeitsfunktion zurückführen lassen, stellen die euklidische Distanz und die City-Block-Distanz als Distanzmaße für metrische Variablen Spezialfälle der sogenannten **Minkowski-Metrik** dar. Für diese Arbeit ist jedoch nur die euklidische Distanz relevant, weshalb die Vorstellung an dieser Stelle auf die Minkowski-Metrik im Allgemeinen und die euklidische Distanz im Speziellen beschränkt wird.

[221] Handl et al. (2010), Multivariate Analysemethoden, S. 95

Minkowski-Metrik[222]

$$d_{ij} = \left[\sum_{h=1}^{M} (z_{hi} - z_{hj})^r\right]^{\frac{1}{r}} \qquad (2.5)$$

mit:

d_{ij}	Distanz zwischen den Objekten i und j
z_{hi}, z_{hj}	Wert des Merkmals h bei den Objekten i, j
M	Anzahl der Merkmale
$r \geq 1$	Minkowski-Konstante

In dieser Formel stellt r eine positive Konstante dar, die sogenannte Minkowski-Konstante. Für r = 1 ergibt sich die City-Block-Distanz und für r = 2 die euklidische Distanz, die im Folgenden vorgestellt wird.

Euklidische Distanz

$$d_{ij} = \sqrt{\sum_{h=1}^{M} (z_{hi} - z_{hj})^2} \qquad (2.6)$$

mit:

d_{ij}	Distanz zwischen den Objekten i und j
M	Anzahl der Merkmale
z_{hi}	Wert von Objekt i für Merkmal h

Die euklidische Distanz stellt den direkten Abstand, d. h. die natürliche Distanz zwischen zwei Punkten im Raum dar, was dieses Distanzmaß besonders anschaulich interpretierbar macht.[223] Die Merkmale haben alle den gleichen Stellenwert, weshalb sich dieses Distanzmaß besonders gut eignet, wenn alle Merkmale als gleichgewichtige Indikatoren eines Untersuchungsgegenstandes betrachtet werden sollen. Es ist jedoch für die spätere Anwendung in der Methodik zu beachten, dass eine Verzerrung der Distanzen stattfinden kann, da das Gewicht von Eigenschaften mit der Anzahl der sie repräsentierenden Merkmale oder Merkmalsausprägungen zunimmt.[224]

---

[222] Vgl. Backhaus (1987), Multivariate Analysemethoden, S. 126
[223] Vgl. Borg et al. (2010), Multidimensionale Skalierung, S. 14, 33
[224] Vgl. Voß et al. (2004), Taschenbuch der Statistik, S. 567 f.

Für die Verwendung der euklidischen Distanz in dieser Arbeit sprechen zwei wesentliche Vorteile:

1. Die Darstellung der Konfiguration ist intuitiv interpretierbar, da die euklidische Distanz der Luftlinie im Raum entspricht.

2. Die Konfiguration kann um den Koordinatenursprung gedreht werden, ohne dass sich die Konfiguration, d. h. die Abstände zwischen den Objekten verändern. Die gefundene Lösung ist damit rotationsinvariant. Für die Interpretation hat dies den Vorteil, dass durch den Koordinatenursprung zusätzliche Vektoren gelegt werden können, die das Verständnis erleichtern.

2.5.3 Darstellung von Ähnlichkeiten zwischen Elementen

Eine Möglichkeit, die Ähnlichkeiten und Unterschiede von Objekten darzustellen, besteht in der geometrischen Repräsentation der Objekte in einem mehrdimensionalen, meistens zweidimensionalen Raum. Eines der bekanntesten Verfahren zur Darstellung der Ähnlichkeit von Objekten ist die sogenannte **multidimensionale Skalierung** (MDS), die auch Ähnlichkeitsstrukturanalyse genannt wird. Die Grundidee der multidimensionalen Skalierung ist die „... Modellierung von Ähnlichkeitswahrnehmungen und -urteilen“[225]. Getreu dem Ausspruch „Ein Bild sagt mehr als 1000 Worte“ besteht der Grund des Einsatzes einer multidimensionalen Skalierung darin, komplexe Datenstrukturen dem Auge zugänglich zu machen.[226] Die Visualisierung kann dabei helfen, Muster zu erkennen, die in einer Matrixdarstellung nicht offensichtlich sind.[227] Die Interpretation einer multidimensionalen Skalierung besteht darin, inhaltliches Vorwissen auf die dargestellte Geometrie zu projizieren.[228] Weitere Verfahren zur Darstellung von Ähnlichkeiten sind beispielsweise Dendrogramme oder das Eiszapfendiagramm. Das Dendrogramm dient der Visualisierung der bei einer hierarchischen Clusterung entstehenden Baumstruktur und wird hauptsächlich dazu verwendet, die Zahl der Cluster festzulegen. Auch das Eiszapfendiagramm stellt den Prozess der Clusterbildung grafisch dar und beschreibt den schrittweisen Ablauf der Clusteranalyse. Beide Verfahren legen damit den Fokus eher auf die Beschreibung des Ablaufs der Clusteranalyse und die Identifikation der geeigneten Anzahl an Cluster und weniger auf die intuitive Darstellung der Ähnlichkeiten zwischen Objekten. Für eine detailliertere Vorstellung der Verfahren wird auf die entsprechende Literatur verwie-

[225] Borg et al. (2010), Multidimensionale Skalierung, S. 14
[226] Vgl. Borg (2000), Explorative Multidimensionale Skalierung, S. 44
[227] Vgl. Borg et al. (2005), Modern multidimensional scaling
[228] Vgl. Borg (2000), Explorative Multidimensionale Skalierung, S. 52

sen.[229] Für die vorliegende Arbeit wird die multidimensionale Skalierung als geeignetes Verfahren im Folgenden näher beschrieben.

Üblicherweise wird durch eine multidimensionale Skalierung eine Vielzahl an Kunden, Produkten, Marken, Einstellungen oder Ähnlichem in einer zweidimensionalen grafischen Darstellung visualisiert. Durch die Interpretation können sowohl Aussagen zu den Eigenschaften einzelner Objekte als auch zur Lage der Objekte zueinander getroffen werden.[230] In der Literatur wird zwischen einer metrischen und nichtmetrischen multidimensionalen Skalierung unterschieden. Bei der metrischen multidimensionalen Skalierung wird ausgehend von der Distanzmatrix eine Konfiguration gesucht, welche die Distanzen aus der Distanzmatrix so genau wie möglich widerspiegelt, weshalb diese Form auch in dieser Arbeit vorgezogen wird. Bei der nichtmetrischen multidimensionalen Skalierung wird eine Reihenfolge der Distanzen gesucht, sodass die Reihenfolge der Distanzen aus der Distanzmatrix derjenigen zwischen den Konfigurationspunkten entspricht (Objekte A und B sind sich am nächsten, A und C sind sich am zweitnächsten, etc.).[231]

Anhand eines einfachen Exkurses soll die metrische multidimensionale Skalierung kurz vorgestellt werden.[232] Gegeben sind die Distanzen der schnellsten Autoverbindungen zwischen verschiedenen deutschen Städten (vgl. Abbildung 2-26). Gesucht werden die Koordinaten der Städte in einem zweidimensionalen Raum, vergleichbar einer Landkarte.

Distanzmatrix (Distanzen in km)	Berlin	Frankfurt	Hamburg	Köln	München
Berlin	0	548	289	576	586
Frankfurt	548	0	493	195	392
Hamburg	289	493	0	427	776
Köln	576	195	427	0	577
München	586	392	776	577	0

Abbildung 2-26: Distanzmatrix verschiedener deutscher Städte[233]

Das Ergebnis der multidimensionalen Skalierung, welche durch Statistikprogramme wie SPSS durchgeführt werden kann, liefert Abbildung 2-27. Daraus ist ersichtlich,

[229] Vgl. Handl et al. (2010), Multivariate Analysemethoden, S. 373 ff.; Brosius (2006), SPSS 14, S. 659 f.; Bimler et al. (1998), Perceptual modelling of product similarities, S. 20 ff.

[230] Vgl. Brosius (2006), SPSS 14, S. 807 ff.

[231] Vgl. Handl et al. (2010), Multivariate Analysemethoden, S. 150

[232] In Anlehnung an Handl et al. (2010), Multivariate Analysemethoden, S. 149 ff.

[233] In Anlehnung an Handl et al. (2010), Multivariate Analysemethoden, S. 149 ff.

dass die gefundenen Koordinaten sehr gut die tatsächlichen Abstände zwischen den Städten repräsentieren.

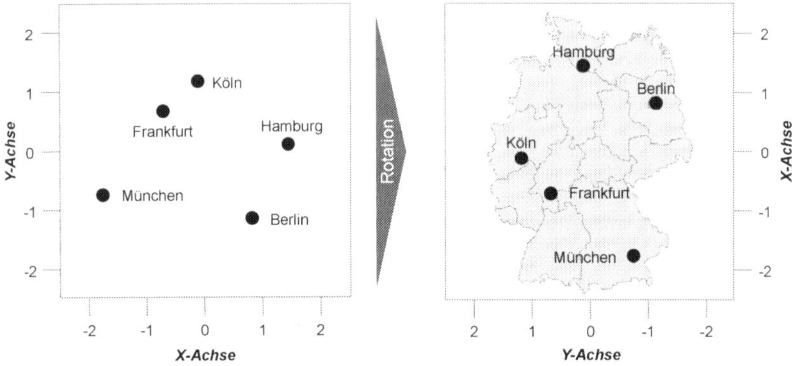

Abbildung 2-27: Darstellung der Entfernungen zwischen verschiedenen deutschen Städten mittels multidimensionaler Skalierung[234]

Im Folgenden wird kurz auf die Erstellung einer multidimensionalen Skalierung eingegangen, bevor anschließend erläutert wird, wie eine multidimensionale Skalierung interpretiert und ausgewertet werden kann. Da die multidimensionale Skalierung eine zentrale Rolle bei der Visualisierung der Konfigurationsergebnisse in dieser Arbeit spielt, ist es an dieser Stelle besonders wichtig, ein einheitliches Verständnis der Grundlagen zu schaffen.

2.5.3.1 Erstellung der multidimensionalen Skalierung

Im Allgemeinen besteht die Erstellung einer multidimensionalen Skalierung aus fünf Schritten, (1) Erfassung der Ähnlichkeiten, (2) Wahl des Distanzmodells, (3) Festlegung der Anzahl der Dimensionen, (4) Ableitung der Konfiguration, (5) Aggregation der Ergebnisse.[235] Diese fünf Schritte werden im Folgenden kurz näher erläutert.

---

[234] In Anlehnung an Handl et al. (2010), Multivariate Analysemethoden, S. 149 ff.

[235] Vgl. Backhaus (1987), Multivariate Analysemethoden, S. 322; Martens (2003), Statistische Datenanalyse, S. 289

Schritt 1: Erfassung der Ähnlichkeiten

Die Erfassung von Ähnlichkeiten wird in der Regel durch die Beschreibung der Objekte durch Datenvektoren möglich. Die Ähnlichkeit der Objekte lässt sich so durch einen paarweisen Vergleich der Merkmale ermitteln.[236]

Schritt 2: Wahl des Distanzmodells

Für die Ermittlung der Ähnlichkeiten oder Distanzen zwischen Objekten lassen sich verschiedene Proximitätsmaße verwenden (vgl. Kapitel 2.5.2). Die euklidische Distanz eignet sich dabei besonders für die Anwendung in der multidimensionalen Skalierung, da sie, wie bereits erwähnt, der natürlichen Distanz entspricht und damit besonders einfach zu interpretieren ist. Für explorative Zwecke, d. h. zur Erforschung der Ähnlichkeiten und Zusammenhänge zwischen den Objekten, ist grundsätzlich nur die euklidische Distanz geeignet.[237]

Schritt 3: Festlegung der Anzahl der Dimensionen

Ziel der multidimensionalen Skalierung ist die visuelle Analyse der Datenstrukturen. Daher ist eine Festlegung auf zwei oder drei Dimensionen notwendig. In dieser Arbeit wird aus Gründen der vereinfachten Interpretation der Daten eine zweidimensionale Darstellung gewählt.[238] Eine relativ anschauliche dreidimensionale Darstellung einer multidimensionalen Skalierung findet sich bei BIMLER ET AL.[239]

Schritt 4: Ableitung der Konfiguration

Bei der Ableitung der Konfiguration wird anhand der Distanzen der Objekte mittels eines iterativen Algorithmus die relative Lage der Objekte zueinander bestimmt. Da aufgrund der begrenzten Dimensionierung der Darstellung nicht immer eine eindeutige Anordnung der Objekte im Raum möglich ist, wird durch das iterative Vorgehen versucht, eine optimale Anordnung zu finden. Dazu wird ein Zielkriterium benötigt, welches den Unterschied zwischen den tatsächlichen Distanzen und den durch die Konfiguration ermittelten Distanzen minimiert. Als Maß hierfür wird die sogenannte **Disparität** verwendet. Demnach muss für eine Ähnlichkeit $u_{kl} > u_{ij}$ auch bei der Disparität $\hat{d}_{kl} \geq \hat{d}_{ij}$ gelten.[240] Das heißt, dass ähnliche Objekte näher aneinander liegen

[236] Vgl. Borg et al. (2010), Multidimensionale Skalierung, S. 29
[237] Vgl. Borg (2000), Explorative Multidimensionale Skalierung, S. 49
[238] Vgl. Backhaus (1987), Multivariate Analysemethoden, S. 327
[239] Vgl. Bimler et al. (2003), Smoke and Mirrors, S. 387
[240] Vgl. Martens (2003), Statistische Datenanalyse, S. 298

sollten als unähnliche Objekte. Die Disparität entspricht dem Mittelwert der Distanzen, für die die zuvor genannte Bedingung nicht gilt.

Der **Stress** wiederum bewertet die Abweichung zwischen der Disparität, die durch die Transformation erzielt wurde, und den eigentlichen Distanzen und kann damit als Gütekriterium für die gefundene Konfiguration verstanden werden (Stress = Standard residual sum of squares). In der Regel wird der Stress-Wert S nach KRUSKAL verwendet.[241]

$$S = \sqrt{\frac{\sum_i \sum_j (d_{ij}^2 - \hat{d}_{ij}^2)}{\sum_i \sum_j \hat{d}_{ij}^2}} \tag{2.7}$$

mit:

d_{ij} Distanz zwischen den Objekten i und j

$\hat{d}_{ij}$ Disparität zwischen den Objekten i und j

Iterativ wird für jede Konfiguration der multidimensionalen Skalierung (MDS-Konfiguration) der Stress-Wert bestimmt, bis keine deutliche Verbesserung des Stress-Wertes mehr zu verzeichnen ist.[242] Eine perfekte multidimensionale Skalierung hat immer einen Stress von null. In diesem Fall repräsentieren die Distanzen der MDS-Konfiguration die Daten exakt im gewünschten Sinn.[243] Ein weiteres Gütekriterium ist das Shepard-Diagramm, auf das an dieser Stelle jedoch nicht näher eingegangen wird.[244]

Schritt 5: Aggregation der Ergebnisse

Bei der Aggregation geht es darum, die angegebenen Ähnlichkeitsdaten verschiedener Objekte zusammenzuführen. Dies geschieht entweder durch eine Mittelwertbildung oder es wird durch eine simultane Verarbeitung eine gemeinsame Konfiguration der aufgenommenen Objekte erstellt. Dieser Schritt ist für die vorliegende Arbeit nicht relevant. Vielmehr wird in dieser Arbeit aufbauend auf der Visualisierung der Ähnlichkeitsdaten die Interpretation der Ergebnisse vorgenommen.

---

241 Kruskal (1964), Multidimensional Scaling

242 Absolute Bewertungen des Stress-Wertes wie z. B. die von Kruskal (1956), Shortest Spanning Subtree führen nach Borg (2000), Explorative Multidimensionale Skalierung, S. 59 in die Irre, weil auch Lösungen mit einem erhöhten Stress (> 0,20) durchaus replizierbare Strukturen aufweisen können. Dies liegt darin begründet, dass der Stress indirekt von vielen Parametern abhängt.

243 Vgl. Borg (2000), Explorative Multidimensionale Skalierung, S. 47

244 Vgl. Borg (2000), Explorative Multidimensionale Skalierung, S. 45

2.5.3.2 Interpretation der multidimensionalen Skalierung

Der folgende Abschnitt beschäftigt sich mit der Interpretation der multidimensionalen Skalierung. Formal wird die Darstellung der multidimensionalen Skalierung in der Ebene durch zwei Achsen aufgespannt, die mit Dimension 1 und Dimension 2 bezeichnet sind. Diese geometrische Darstellung der MDS-Konfiguration ist der Ausgangspunkt für die Interpretation mithilfe von inhaltlichem Vorwissen.[245] Die häufigste Form der Interpretation geschieht auf der Basis von dimensionalen Deutungen. Dabei wird versucht, die Dimensionen mit bestimmten Werten zu hinterlegen.[246] Beispielsweise könnte eine multidimensionale Darstellung von Automarken durch die beiden Achsen Preis und Sportlichkeit interpretiert werden, in Abhängigkeit von den eingeordneten Marken. Wie das Beispiel deutlich macht, sind die Interpretationen stark anwendungsspezifisch und sollten von Experten mit dem notwendigen Fachwissen durchgeführt werden.

Deutlich allgemeiner als die Interpretation von Dimensionen ist der Ansatz nach BORG ET AL., in dem die Interpretation von Regionen erläutert wird. Regionen sind Teilgebiete des MDS-Raumes, die den ganzen Raum abdecken und sich nicht überlappen.[247] Bei empirischen Analysen werden drei Typen von Regionen besonders häufig identifiziert: axiale, modulare und polare Regionen (vgl. Abbildung 2-28).[248]

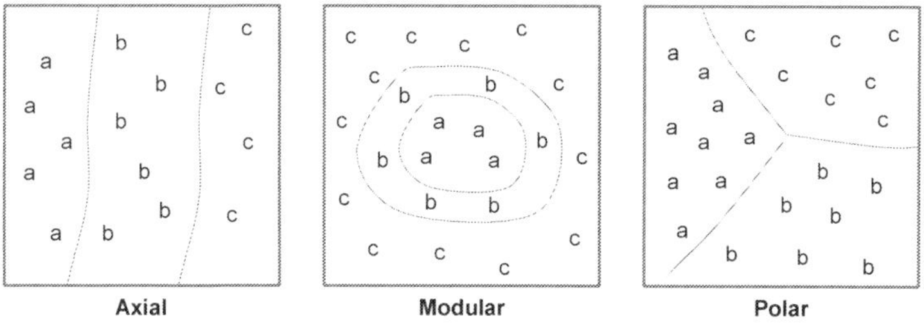

Abbildung 2-28: Prototypische Partitionierungsmuster einer MDS-Ebene[249]

Die Partitionierungen können auch als Kombination auftreten. Eine sehr häufige Aufteilung der Objekte ist die Kombination einer modularen und einer polaren Parti-

[245] Borg (2000), Explorative Multidimensionale Skalierung, S. 52
[246] Borg (2000), Explorative Multidimensionale Skalierung, S. 51
[247] Vgl. Borg (2000), Explorative Multidimensionale Skalierung, S. 50
[248] Vgl. Groenen et al. (2014), The Past, Present, and Future of Multidimensional Scaling
[249] In Anlehnung an Borg (2000), Explorative Multidimensionale Skalierung, S. 51

tionierung mit einem gemeinsamen Ursprung, auch Radex genannt (vgl. Abbildung 2-29).[250]

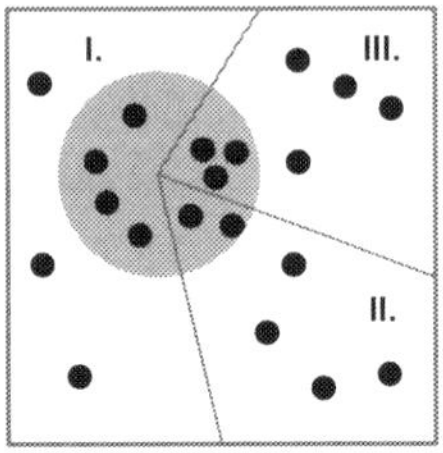

Abbildung 2-29: Kombination einer modularen und einer polaren Partitionierung (Radex)

Abschließend lässt sich für die multidimensionale Skalierung festhalten, dass sie ein geeignetes Mittel ist, um die Ähnlichkeit von Objekten zu visualisieren und eine Interpretation zu ermöglichen. Im Anwendungszusammenhang dieser Arbeit erscheint es sinnvoll, die multidimensionale Skalierung zur Visualisierung der Kunden, Kundenanforderungen und konfigurierten Produkte zu nutzen.

2.6 Zwischenfazit: Grundlagen zur ähnlichkeitsbasierten Produktkonfiguration im Maschinenbau

Zum Abschluss dieses Kapitels wird ein kurzes Zwischenfazit basierend auf den vorgestellten Grundlagen gezogen. Anhand von fünf Thesen zu den jeweiligen Unterkapiteln wird das Kapitel zusammengefasst und zum nächsten Kapitel übergeleitet.

1. Die Auftragsabwicklung des Maschinenbaus ist durch einen starken Engineer-to-Order- bzw. Make-to-Order-Anteil geprägt, da der Kunde bereits in einer frühen Phase des Auftragsabwicklungsprozesses Einfluss auf die Produktgestaltung nimmt. Gleichzeitig wird in der frühen Phase der Produktvariantendefinition ein Großteil der späteren Kosten festgelegt. Die verschiedenen am Auftragsabwicklungsprozess beteiligten Abteilungen werden unterschiedlich stark von der zunehmenden Variantenvielfalt beeinflusst. Den höchsten Einfluss auf die Erhöhung der Skaleneffekte durch eine Verwendung ähnlicher oder gleicher Komponenten oder Module besitzen die Abteilungen Vertrieb, Produktmanagement und Entwicklung. Eine ähnlichkeitsbasierte Produktkonfigura-

[250] Borg (2000), Explorative Multidimensionale Skalierung, S. 53

tion sollte daher in diesen Bereichen ansetzen, um den größtmöglichen Effekt zu erzielen (vgl. Kapitel 2.1).

2. Produktkonfiguratoren werden in der Auftragsabwicklung von Variantenfertigern eingesetzt, um die Skaleneffekte entlang des Auftragsabwicklungsprozesses zu erhöhen. Durch die Konfiguration können (ggf. in Kombination mit Anpassungs- oder Variantenkonstruktionen) neue Produktvarianten erstellt werden, die auf spezifische Kundenbedürfnisse ausgerichtet sind. Konfigurationssysteme können dabei sowohl regel-, modell- als auch fallbasiert aufgebaut sein. Für die ähnlichkeitsbasierte Produktkonfiguration erscheinen die Prinzipien der fallbasierten Konfiguration sehr vielversprechend (vgl. Kapitel 2.2).

3. Um eine Quersubventionierung von exotischen, kundenspezifischen Produktvarianten zu verhindern, müssen Kosten von Produktvarianten verursachungsgerecht ermittelt werden, sodass traditionelle Kostenrechnungsverfahren nicht verwendet werden können. Prozessorientierte Kostenrechnungsverfahren wie das Activity-Based-Costing, die Prozesskostenrechnung oder die ressourcenorientierte Prozesskostenrechnung liefern Ansätze, um Kosten von Produktvarianten verursachungsgerechter zu kalkulieren. In der Praxis scheitern die Ansätze meist am hohen Initialaufwand und an der fehlenden Integration in die betrieblichen Abläufe, insbesondere in der frühen Phase der Definition neuer Produktvarianten (vgl. Kapitel 2.3).

4. Die Kundensegmentierung dient dazu, die bestehenden Kunden in möglichst homogene Segmente aufzuteilen. Die Segmente sollten untereinander möglichst heterogen sein. Zur Ermittlung von Kundensegmenten in dieser Arbeit erscheinen insbesondere deskriptive A-Posteriori-Segmentierungsverfahren wie die multidimensionale Skalierung oder Clusteranalysen als geeignet. Darüber hinaus wurden verschiedene Segmentierungskriterien identifiziert, anhand derer die Segmente gebildet werden können. Neben der Zuordnung von bestehenden und neuen Kunden zu Segmenten ist für die ähnlichkeitsbasierte Produktkonfiguration auch die Bewertung und Beschreibung eines Kunden notwendig. Dazu wurden die Konzepte des Kundenwertes und des Kundenprofils vorgestellt, die es ermöglichen, „strategische" Kunden zu identifizieren und ihre Anforderungen zu beschreiben. Das Produktpositionierungsmodell bildet schließlich die methodische Grundlage für die Visualisierung der Distanzen im Eigenschaftsraum (vgl. Kapitel 2.4).

5. Ähnlichkeitsanalysen werden eingesetzt, um basierend auf einer großen Datenmenge zunächst unsichtbare Strukturen und Zusammenhänge zu identifizieren. In diesem Kapitel wurden verschiedene Ähnlichkeits- und Distanzmaße vorgestellt, die eine Klassifizierung von Objekten mithilfe einer Clusteranalyse ermöglichen. Zur Visualisierung der Ähnlichkeitsstrukturen in den zu untersuchenden Datensätzen wurde die Erstellung und Interpretation einer multidimensionalen Skalierung als geeignetes Hilfsmittel für die ähnlichkeitsbasierte Produktkonfiguration vorgestellt (vgl. Kapitel 2.5).

Das Ziel des Kapitels bestand darin, die Grundlagen zu den relevanten Themenbereichen der Arbeit zu schaffen. Die zusammenfassenden Aussagen zeigen, dass die wesentlichen Grundlagen geschaffen wurden, um im weiteren Verlauf der Arbeit eine Methodik zur ähnlichkeitsbasierten Produktkonfiguration zu entwickeln. Im nachfolgenden dritten Kapitel werden dazu die Herausforderungen in der Praxis dargestellt sowie bestehende Theorien der Wissenschaft vorgestellt und bewertet.

3 Bestehende Ansätze zur ähnlichkeitsbasierten Produktkonfiguration

Im dritten Kapitel werden bestehende Ansätze zur ähnlichkeitsbasierten Produktkonfiguration aufbereitet und bewertet. Zunächst werden die Herausforderungen der Praxis in der Auftragsabwicklung im Maschinenbau dargestellt und erläutert (Kapitel 3.1). Der Hauptteil des Kapitels ist der Aufbereitung und Bewertung der bestehenden Theorien und Ansätze gewidmet (vgl. Kapitel 3.2). Abschließend wird auf der Basis der Bewertung das Forschungsdefizit zur ähnlichkeitsbasierten Produktkonfiguration abgeleitet (vgl. Kapitel 3.3).

3.1 Herausforderungen in der Praxis

Wie bereits in der Einleitung deutlich gemacht wurde, befindet sich ein Variantenhersteller in der schwierigen Positionierung zwischen einem Serienhersteller und einem reinen Auftragsfertiger, da er nahezu kundenindividuelle Produkte zu marktfähigen Preisen anbieten muss, um wettbewerbsfähig zu bleiben. Daraus resultieren die Forderungen nach erhöhter Produktivität, erhöhter Anzahl an Gleichteilen und erhöhten Skaleneffekten. Die Besetzung dieser Position durch Unternehmen geht mit vielen Herausforderungen einher, die in diesem Abschnitt näher beleuchtet werden.

Einleitend offenbart ein Blick auf die Verteilung von Aufträgen nach verschiedenen Produkttypen im Maschinenbau einen zentralen Ansatzpunkt zur Steigerung der Wirtschaftlichkeit von Unternehmen im Maschinenbau (vgl. Abbildung 3-1). Im linken Teil der Abbildung 3-1 ist der Anteil am verkauften Produktprogramm von Unternehmen des deutschen Maschinenbaus im Zeitverlauf dargestellt.[251] Es ist deutlich zu erkennen, dass der Anteil der Standarderzeugnisse im Laufe von acht Jahren von ca. 20 % auf ca. 15 % gesunken ist, während der Anteil von Erzeugnissen nach Kundenspezifikation im gleichen Zeitraum von ca. 50 % auf ca. 60 % angestiegen ist. Die Entwicklungen der vergangenen Jahre haben diesen Trend weiter verschärft. Gleichzeitig könnte ein Großteil der Erzeugnisse nach Kundenspezifikation gemäß ihrer Ähnlichkeit zu bestehenden Aufträgen als Wiederholauftrag eingeordnet werden, was aber mangels strukturiert vorliegender Informationen nicht gemacht

[251] Vgl. Kleinaltenkamp et al. (2000), Technischer Vertrieb, S. 198

wird.[252] Problematisch wird dies, wenn gleichzeitig die verursachten indirekten Kosten betrachtet werden, welche im rechten Teil der Abbildung 3-1 basierend auf den Erkenntnissen aus einem Industrieprojekt im Jahr 2013 bei einem deutschen Maschinenbauunternehmen dargestellt sind. Demnach liegen die verursachungsgerechten indirekten Kosten zwischen einem Standardauftrag und einem Auftrag nach Kundenspezifikation um ein Vielfaches auseinander. Der Ansatzpunkt sollte aus Unternehmenssicht also darin bestehen, den Anteil der Standardprodukte zu erhöhen oder, was heute in der industriellen Anwendung noch nicht oft passiert, die höheren induzierten Kosten bei Erzeugnissen nach Kundenspezifikation transparent zu erfassen und an die Kunden weiterzugeben.

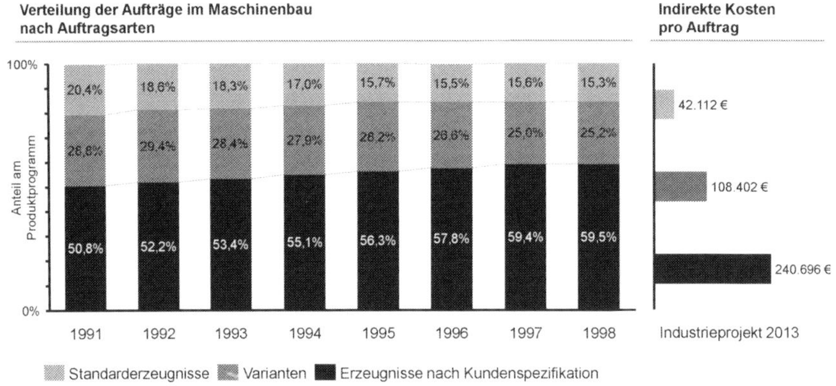

Abbildung 3-1: Entwicklung der Produktprogramme von Unternehmen im deutschen Maschinenbau[253]

Zur detaillierteren Analyse der Herausforderungen in der Praxis wird des Weiteren auf die Erfahrungen diverser am Werkzeugmaschinenlabor WZL der RWTH Aachen durchgeführter Industrieprojekte im Maschinen- und Anlagenbau zurückgegriffen, Dabei werden Praxisbeispiele eines Werkzeugmaschinenherstellers, eines Druckmaschinenherstellers, eines Getränkeautomatenherstellers und eines Freizeitbahnherstellers betrachtet.

[252] Expertengespräch mit dem Produktmanagement eines Komponentenherstellers

[253] Eigene Darstellung in Anlehnung an Kleinaltenkamp et al. (2000), Technischer Vertrieb, S. 198, Abschätzung der indirekten Kosten pro Auftrag auf Basis eines vom Autor durchgeführten Industrieberatungsprojektes bei einem Hersteller von Getränkeautomaten

Folgende Kernerkenntnisse lassen sich aus den Praxiserfahrungen ableiten:

- Es gibt **keine Definition von Kundenstandardmaschinen**, d. h. Konfigurationen für einen bestimmten Unternehmenstyp oder ein bestimmtes Marktsegment, sodass ein Kunde trotz prinzipiell gleicher Anforderungen beispielsweise für verschiedene Werke unterschiedliche Maschinen angeboten bekommt.
- Der **Grad der technischen Detaillierung der Vorzugsvarianten**, d. h. der vordefinierten Standardkonfigurationen des Produktes, ist nicht ausreichend, da diese oftmals nach der Auftragsbestätigung noch stark an die Kundenwünsche angepasst werden und so große Abweichungen vom Standard entstehen.
- Durch die **fehlende systematische Aufnahme von Marktanforderungen** kann keine Abstimmung mit den geplanten Produkten auf Produktprogrammebene erfolgen, was zu einer unvorteilhaften Ausrichtung der Vorzugsvarianten führt.
- Aufgrund des starken Projektgeschäfts, bei dem Mitarbeiter teilweise monatelang nur an einem Auftrag arbeiten, erfolgt **keine systematische Identifikation von Ähnlichkeiten** von Konfigurationen zu bereits bestehenden Konfigurationen. Vielmehr entwickeln Konstruktionsteams teilweise parallel neue, einander sehr ähnliche Konfigurationen, da es an einer einheitlichen Beschreibung der Aufträge mangelt.
- **Dezentrale Entwicklungs- und Vertriebstätigkeiten** erschweren eine Abstimmung zwischen den verschiedenen Kundenaufträgen. Es erfolgt demnach ebenfalls keine systematische Abstimmung zwischen Produktprogramm und Produktarchitektur in Form von Vorzugsvarianten.
- Bei den häufig durchzuführenden Anpassungskonstruktionen herrscht im Vorfeld oft **Unklarheit über die internen Kosten**, die bei der Anpassung für einen Kunden anfallen.

Die dargestellten Defizite in der heutigen Praxis verdeutlichen, dass die Konfiguration von neuen Aufträgen in der frühen Phase des Auftragsabwicklungsprozesses heutzutage unsystematisch gestaltet ist. Das Ergebnis sind Strukturen, mit denen der mögliche strategische Nutzen von Aufträgen und das erreichbare Kommunalitätspotenzial nicht ausgeschöpft werden.

Abschließend werden noch die Herausforderungen in der Abstimmung zwischen den im frühen Auftragsabwicklungsprozess beteiligten Abteilungen adressiert. Insbesondere die Zusammenarbeit zwischen den Bereichen Vertrieb und Entwicklung verläuft hier oft nicht optimal.[254]

- **Zusammenarbeit mit dem Kunden**: Vertriebsmitarbeiter schätzen die Auswirkungen von Änderungen oft nicht richtig ein und verkaufen zu voreilig geänderte Produktvarianten. Gleichzeitig fehlt teilweise die Sensibilität für echte Marktbedürfnisse, indem alle Anforderungen eines Kunden als Muss-Anforderungen fehlinterpretiert werden, anstatt sie vor einem Kosten-Nutzen-Hintergrund zu bewerten. Probleme in der Kommunikation mit dem Kunden führen zu unterschiedlichen Verständnissen von Kundenanforderungen und Produktspezifikationen, die in verlängerten Lieferzeiten, erhöhten Kosten und einem Anstieg der internen Variantenvielfalt resultieren.[255]

- **Zusammenarbeit der benachbarten Abteilungen**: Mangelnde Kommunikation mit den benachbarten Abteilungen ist ein weiterer wesentlicher Faktor, der u. a. dafür sorgt, dass das Konfigurationswissen in den technischen Abteilungen verbleibt.[256] Die Verbreitung des Konfigurationswissens ist auch deshalb so anspruchsvoll, weil dieses stark durch die unterschiedlichen Sichtweisen auf das Produkt beeinflusst wird.[257] Ist ein Produktauftrag jedoch nicht zu Beginn des Auftragsabwicklungsprozesses eindeutig definiert, können später kostspielige Änderungen und Fehler auftreten. Das Besondere im Maschinenbau besteht darin, dass viele Unternehmen den Fokus in der Vergangenheit auf die Realisierung von Taylor-Made-Maschinen gelegt haben und somit eine Vielzahl an unterschiedlichen Produktvarianten entstanden sind.

- **Fehlende Transparenz über vollständiges Sortiment**: Mitarbeiter kennen durch die häufige Projektarbeit oft nur einen begrenzten Ausschnitt des entwickelten und gefertigten Sortiments. Dies wird durch verteilte Entwicklungszentren weiter verstärkt. Auch innerhalb der Entwicklungsabteilung können daher durch mangelnde Transparenz Redundanzen von Produkten, Lösungen oder Teilen auftreten. Das Ergebnis ist, dass es einen Trend zu immer mehr spezifischen Produktdefinitionen und zu immer weniger Standardvarianten gibt, wie bereits einleitend in Abbildung 3-1 deutlich wurde.

---

[254] Vgl. Bongulielmi (2003), Konfigurations- & Verträglichkeitsmatrix, S. 2

[255] Vgl. Du et al. (2003), Customer Need Patterns, S. 388

[256] Vgl. Bongulielmi (2003), Konfigurations- & Verträglichkeitsmatrix, S. 2

[257] Vgl. Bongulielmi (2003), Konfigurations- & Verträglichkeitsmatrix, S. 17f.

Diese Arbeit legt den Fokus darauf, die Abstimmung zwischen den am frühen Auftragsabwicklungsprozess beteiligten Abteilungen zu verbessern, mit dem Ziel, durch die Identifikation von Ähnlichkeiten zu bereits verkauften Produktaufträgen die Anzahl der Standardprodukte und damit die Skaleneffekte entlang des Auftragsabwicklungsprozesses zu steigern.

3.2 Darstellung und Bewertung bestehender Ansätze zur ähnlichkeitsbasierten Produktkonfiguration

Im nachfolgenden Kapitel werden die relevanten Theorien und Ansätze zur ähnlichkeitsbasierten Produktkonfiguration vorgestellt und bewertet. Dazu werden in Kapitel 3.2.1 zunächst Kriterien definiert, anhand derer eine einheitliche, qualitative Bewertung der bestehenden Ansätze in Kapitel 3.2.2 erfolgen kann. In Kapitel 3.2.3 erfolgt basierend auf der Bewertung eine Auswertung, inwiefern die vorgestellten Ansätze adäquate Lösungsansätze bieten und wo die vorliegende Arbeit bezüglich des bestehenden Forschungsbedarfs positioniert werden kann.

3.2.1 Kriterien zur Bewertung bestehender Theorien zur ähnlichkeitsbasierten Produktkonfiguration

Um die bestehenden Forschungsansätze einheitlich qualitativ bewerten zu können, werden im Folgenden verschiedene Kriterien definiert, die sich in die übergeordneten Kategorien Objektbereich, Zielbereich und Lösungshypothese einteilen lassen (vgl. Abbildung 3-2).

Im Hinblick auf den **Objektbereich** wird bewertet, ob folgende Aspekte Gegenstand der Forschung sind:

- **Fokus auf den Maschinenbau:** Die Methode soll auf die besonderen Anforderungen eines Variantenfertigers im Maschinenbaus ausgerichtet sein.
- **Fokus auf die frühe Phase des Auftragsabwicklungsprozesses:** Die Methode soll in der frühen Phase des Auftragsabwicklungsprozesses ansetzen.
- **Fokus auf die Kunden-, Anforderungs- und Produktebene:** Die Methode soll die drei relevanten Sichten bei der Produktkonfiguration, die Beschreibung des Kunden, die Kundenanforderungen und die Produktstruktur, beinhalten.
- **Fokus auf die Variantenvielfalt:** Die Methode soll die interne und externe Variantenvielfalt adressieren.

- **Berücksichtigung der strategischen Bedeutung von Aufträgen:** Die Methode soll die Bedeutung des Auftrags bzw. des Kunden für das produzierende Unternehmen berücksichtigen.
- **Berücksichtigung der Variantenkosten:** Die Methode soll die durch die Vielfalt induzierten Variantenkosten berücksichtigen.

Außerdem wird im Hinblick auf den **Zielbereich** bewertet, ob der Ansatz ein Ergebnis zu einem der folgenden Ziele beiträgt:

- **Ermittlung der optimalen Produktkonfiguration:** Die Methode soll den Anwender dazu befähigen, in der frühen Phase des Auftragsabwicklungsprozesses eine Kosten-Nutzen-optimale Produktkonfiguration zu ermitteln.
- **Optimierung der Skaleneffekte:** Durch die Identifikation von ähnlichen Produktaufträgen sollen die Skaleneffekte entlang des Auftragsabwicklungsprozesses gesteigert werden.
- **Visualisierung der Variantenvielfalt:** Durch die Visualisierung der Variantenvielfalt soll die Transparenz über die Auswirkungen von Produktkonfigurationen erhöht werden.
- **Sicherstellung der Praxistauglichkeit:** Die Methode soll durch die einfache und aufwandsarme Anwendbarkeit die Praxistauglichkeit sicherstellen.

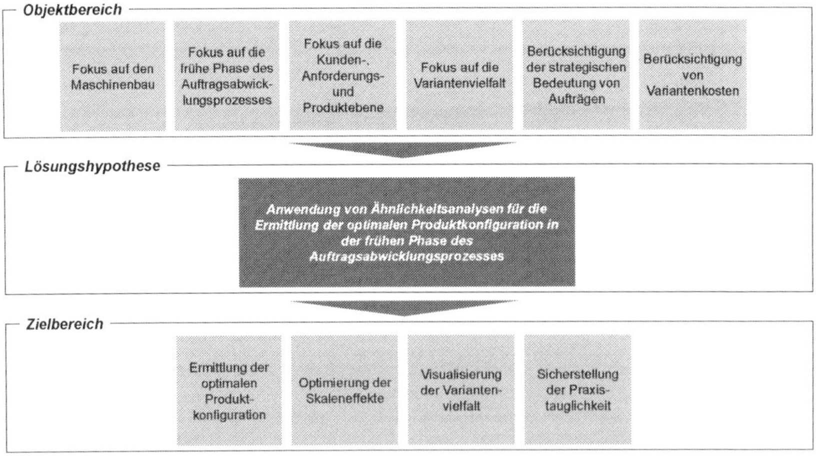

Abbildung 3-2: Kriterien zur Bewertung bestehender Theorien in der Literatur

Die grundsätzliche Lösungshypothese dieser Arbeit basiert auf dem Einsatz von Ähnlichkeitsanalysen in der frühen Phase des Auftragsabwicklungsprozesses, um eine integrierte, ähnlichkeitsbasierte Produktkonfiguration zu ermöglichen. Ähnlichkeitsanalysen unterstützen dabei die Optimierung der Skaleneffekte durch einen erhöhten Anteil der verkauften Standardvarianten. Die der Arbeit zugrunde liegende **Lösungshypothese** lautet wie folgt:

Mithilfe der ähnlichkeitsbasierten Produktkonfiguration lassen sich die Skaleneffekte entlang des Auftragsabwicklungsprozesses sowie die interne Komplexität optimieren. Durch die integrierte Berücksichtigung der strategischen Bedeutung von Aufträgen, der Kundenanforderungen und der definierten Vorzugsvarianten können kundenspezifische Kosten-Nutzen-optimale Produktkonfigurationen bestimmt werden.

3.2.2 Bestehende Theorien zur ähnlichkeitsbasierten Produktkonfiguration

Im folgenden Kapitel werden relevante in der Literatur bestehende Theorien vorgestellt und entsprechend der definierten Objektbereiche, Zielbereiche und der verwendeten Lösungshypothese bewertet. In Kapitel 3.2.3 werden die Bewertungen übersichtlich zusammengefasst und es wird kritisch analysiert, inwiefern die bestehenden Ansätze die Objekt- und Zielbereiche erfüllen bzw. die Lösungshypothese der vorliegenden Arbeit verwenden. Darüber hinaus werden in einer zweidimensionalen Darstellung die bestehenden Ansätze sowie die vorliegende Arbeit positioniert. Die Vorstellung der bestehenden Ansätze in diesem Kapitel ist aufgeteilt in Ansätze zur Variantenplanung auf der Kunden-, der Anforderungs- und der Produktebene, Ansätze zur Produktkonfiguration und Variantenkostenermittlung, ähnlichkeitsbasierte Ansätze und eigene ähnlichkeitsbasierte Ansätze des Autors in diesem Themenfeld.

3.2.2.1 Ansätze zur Variantenplanung auf der Kunden-, der Anforderungs- und der Produktebene

Der erste Abschnitt beschäftigt sich mit Ansätzen der Variantenplanung auf den drei in dieser Arbeit fokussierten Ebenen, der Kunden-, der Anforderungs- und der Produktebene. Dabei sind insbesondere die Zusammenhänge zwischen den Ebenen, z. B. der Zusammenhang zwischen der Kunden- und der Anforderungsebene, für die Entwicklung der Methodik in der vorliegenden Arbeit relevant.

Methodik zur markt- und kostenorientierten Variantenplanung nach KORRECK

KORRECK[258] entwickelt in dieser Arbeit eine systematische Methodik zur markt- und kostenorientierten Variantenplanung. Mit der Methodik soll der Variantenplanungsprozess in Unternehmen optimiert werden, um unnötige Variantenvielfalt zu vermeiden und damit die Anzahl der Varianten sowohl auf der Produkt-, als auch auf der Baugruppen- und Teileebene gering zu halten. Darüber hinaus wird ein formaler Entscheidungsprozess über neue Varianten entwickelt und die Auswirkungen neuer Varianten für die gesamte Wertschöpfungskette werden bewertet. Der Fokus der Arbeit liegt auf der initialen Variantenplanungsphase eines Produktprogramms im Maschinenbau und damit nicht auf dem Auftragsabwicklungsprozess und der Produktkonfiguration. Alle in dieser Arbeit adressierten Ebenen werden berücksichtigt (von der Marktsicht bis zur Baugruppen- und Teilesicht), es werden jedoch keine Ähnlichkeiten zwischen Produktvarianten ermittelt. Das in diesem Ansatz vorgestellte Entscheidungsmodell für Varianten beantwortet die Fragestellung, ob eine Variante auf Produkt-, Baugruppen- oder Teileebene entwickelt wird. Dabei werden externe und interne Auswirkungen berücksichtigt, jedoch immer in der Planungsphase, d. h. ohne eine konkrete Anfrage eines Kunden. Auf die entwickelten Ansätze zur Kosten- und Nutzenbewertung kann in der vorliegenden Arbeit aufgebaut werden.

Mapping Customer Segments for Personal Financial Services nach HARRISON

HARRISON[259] beschreibt in diesem Ansatz die Möglichkeit, einen Markt aus Sicht des Unternehmens in Kundensegmente bezogen auf die Profitabilität aufzuteilen. Die Methodik fokussiert dabei den Sektor der Finanzdienstleistungen. Kunden werden anhand von drei Hauptkriterien bewertet, (1) Kenntnis im Bereich der Finanzdienstleistungen, (2) Selbstbewusstsein in Finanzangelegenheiten und (3) Interesse an der Auseinandersetzung mit Finanzdienstleistungen. Durch die Analyse dieser drei Kriterien können die Kunden in vier Kundentypen mit einem unterschiedlichen Wert für das Unternehmen eingeteilt werden. Dieser Ansatz zielt darauf ab, Kunden unterschiedlichen Segmenten zuzuordnen, für die anschließend passende Produkte bzw. Vermarktungsstrategien eingesetzt werden können. Ähnliche Kunden haben dabei vergleichbare Anforderungen an ein Produkt. Da die Ermittlung von Kundensegmenten den Finanzdienstleistungsbereich adressiert, bleiben Kriterien wie die Variantenvielfalt oder die Skaleneffekte unberücksichtigt.

[258] Vgl. Korreck (2002), Methodik zur markt- und kostenorientierten Variantenplanung
[259] Vgl. Harrison (1994), Mapping Customer Segments

Segmentation of Bank Customers by Expected Benefits and Attitudes nach MACHAUER und MORGNER

Die Methode nach MACHAUER und MORGNER[260] zielt darauf ab, Kundensegmente im Bereich der Finanzdienstleistungen zu identifizieren. Während im Bankensektor üblicherweise A-Priori-Segmentierungen vorgenommen werden, wird in dieser Methodik vorgeschlagen, auch Post-hoc-Segmentierungen zu nutzen. MACHAUER und MORGNER argumentieren, dass in der Regel ein Zusammenhang zwischen den Charakteristiken und den Anforderungen eines Kunden besteht. Durch diese Art der Segmentierung können Gruppen identifiziert werden, die anhand von demografischen Kriterien nicht differenzierbar gewesen wären. Der Ansatz fokussiert die Kunden- und die Anforderungsebene, da hauptsächlich Eigenschaften des Kunden sowie die Anforderungen an Produkte im Mittelpunkt stehen. Die Ähnlichkeitsanalysen werden in diesem Ansatz im Sinne von homogenen Marktsegmenten mit ähnlichen Anforderungen genutzt. Die segmentspezifische Planung der Marketingstrategie beschreibt die differenzierte Behandlung von verschiedenen Kundensegmenten.

Key Metrics System for Variety Steering in Mass Customization nach BLECKER ET AL.

Der Ansatz nach BLECKER ET AL.[261] verfolgt das Ziel, ein Kennzahlensystem für die Steuerung von Vielfalt in Mass Customization zu entwickeln. Dabei wird zwischen objektiven und subjektiven Kundenbedürfnissen unterschieden. Die subjektiven Kundenbedürfnisse sind die individuell formulierten Anforderungen, während die objektiven Anforderungen die realen Anforderungen, die aus einer neutralen Perspektive wahrgenommen werden, darstellen. Der Ansatz zeigt, dass sich die angebotene Vielfalt an den objektiven Kundenbedürfnissen orientieren muss. Das entwickelte Kennzahlensystem unterstützt den Anwender dabei, den Grad der objektiven Kundenbedürfniserfüllung besser zu ermitteln. Außerdem wird gezeigt, wie dieses Modell zur Entscheidungsfindung bei der Einführung oder Ablösung von Produktvarianten verwendet werden kann. Der Ansatz fokussiert lediglich die Anforderungsebene und bewertet, inwiefern die Bedürfnisse des Kunden erfüllt werden. Der Fokus liegt eindeutig auf der Entwicklung des Kennzahlensystems zur Steuerung der insgesamt angebotenen Produktvielfalt und nicht auf der Steuerung der Produktkonfiguration eines einzelnen Auftrags. Ähnlichkeiten, Variantenkosten, Skaleneffekte sowie Techniken zur Visualisierung der Vielfalt werden nicht adressiert.

---

[260] Vgl. Machauer et al. (2001), Segmentation of Bank Customers

[261] Vgl. Blecker et al. (2003), Key Metrics System for Variety Steering

An intelligent hybrid system for customer requirements analysis and product attribute targets determination nach FUNG ET AL.

FUNG ET AL.[262] unterstützen mit ihrer Methodik die systematische Analyse der Kundenanforderungen und die anschließende Überführung in Produktmerkmale. Der Ansatz baut auf den bestehenden Ansätzen des Quality-Function-Deployment, der Hierarchisierungsprozesse und der Fuzzy-Ansätze auf. Mithilfe des Quality-Function-Deployment wird die „Stimme des Kunden" in technische Merkmale überführt, die bei der Entwicklung berücksichtigt werden. Die Visualisierung der Zuordnung zwischen Kundenanforderungen und Produktmerkmalen erfolgt durch eine abgewandelte Form des House-of-Quality. Die durch Fragebögen, Interviews oder auch Feedback von Verkäufern festgelegten Kundenanforderungen und die zugehörige Konfiguration des Produktes werden als Vektoren dargestellt. Die einzelnen Anforderungen werden mit Gewichtungen versehen, um die Bedeutung der Anforderung für den Kunden zu beschreiben. Nach der Festlegung der Vektoren werden Regeln für die Beschreibung der Zusammenhänge zwischen Kunden- und Produktmerkmalen ermittelt. Zusammenhänge zwischen den Kundenanforderungen (Input, z. B. Endgeschwindigkeit > 200 km/h und Personenkapazität > 5 Personen) und den Produktmerkmalen (Output, z. B. Motorleistung > 230 PS) werden im Sinne von „Wenn-Dann-Beziehungen" beschrieben. Der vorliegende Ansatz beschäftigt sich eingehend mit dem Einfluss der Kundenanforderungen auf das Produkt, indem diese den Beschaffenheitsmerkmalen des Produktes gegenübergestellt werden. Im Bereich der anforderungsgerechten Produktgestaltung können so durch die Analyse der ermittelten Vektoren und Regeln Produkte entwickelt werden, die den aufgenommenen Kundenanforderungen entsprechen. Aufgrund der Validierung des Beispiels an einem Motor liegt eine gewisse Nähe zum Maschinenbau vor. Jedoch werden Themen wie Variantenvielfalt, Skaleneffekte und Produktkonfiguration nicht adressiert.

Das Richtige auf Lager haben nach FISHER ET AL.

In diesem Ansatz zur Sortimentsplanung nach FISHER ET AL.[263] wird untersucht, wie Konsumenten auf die Veränderung eines Sortiments reagieren. Durch verschiedene Analysetechniken wird untersucht, welche Produktmerkmale vom Kunden gewünscht werden und es wird prognostiziert, welche Absätze von bestimmten Produktvarianten verkauft werden. Gleichzeitig wird analysiert, wie hoch die Wahrscheinlichkeit ist, dass ein Kunde auf ein Alternativangebot zurückgreift, wenn sein gewünschtes Produkt nicht vorrätig ist. Unternehmen können durch diesen Ansatz besser entscheiden, wann Produkte durch andere Produkte ersetzt werden sollten.

[262] Vgl. Fung et al. (1998), Customer Requirements Analysis

[263] Vgl. Fisher et al. (2013), Das Richtige auf Lager haben

Außerdem können Einzelhändler Sortimente erstellen, die an die Gegebenheiten einzelner Filialen angepasst sind. Die Methode adressiert damit den Einzelhandel und nicht den Maschinenbau, da die initiale Sortimentsplanung und nicht die Identifikation der optimalen Produktkonfiguration für einen einzelnen Kunden im Vordergrund steht. Für die vorliegende Arbeit können jedoch die Ansätze zur Clusterung von Produktvarianten auf der Kunden- und Anforderungsebene als Grundlage dienen.

Integriertes Variantenmanagement nach BAYER

BAYER[264] stellt einen Ansatz vor, der eine frühzeitige und bereichsübergreifende Analyse und Bewertung der Variantenkosten anhand von Komplexitätsfaktoren ermöglicht. Unternehmensspezifisch zu erhebende Komplexitätstreiber werden mit einer statistischen Faktorenanalyse zu übergeordneten Komplexitätsfaktoren verdichtet. Diese bestimmen die Systematik der prozessorientierten Variantenkostenanalyse entlang der gesamten Wertschöpfungskette. Die ermittelten einmaligen Aufwände zur Einführung neuer Varianten und die laufenden Aufwände für alle aktiven Varianten werden zur Bewertung der Vorteilhaftigkeit des Einsatzes verschiedener Methoden verwendet. In dieser Arbeit werden umfassend verschiedene Formen der Variantenkostenrechnung dargelegt und verschiedene Methoden des Variantenmanagements bewertet. Diese Vorarbeiten dienen der Unterstützung bei der Umsetzung eines integrierten Variantenmanagements im Unternehmen, indem der Einsatz verschiedener Methoden und die organisatorische Umsetzung bewertet werden. Der Fokus liegt nicht auf der Identifikation der optimalen Produktkonfiguration und auf der Visualisierung der Variantenvielfalt. Die Betrachtung der Ähnlichkeit von Produktaufträgen wird ebenfalls vernachlässigt.

Customer-Oriented Approaches to Identifying Product-Markets nach DAY ET AL.

Die Methode nach DAY ET AL.[265] zielt darauf ab, Marktlücken zu identifizieren und bestehende Märkte hinsichtlich ihres Potenzials zu bewerten. Die Märkte für die Produkte werden dabei ermittelt, indem die Sichtweise des Kunden eingenommen wird. Es wird davon ausgegangen, dass Kunden die Kaufentscheidung in Abhängigkeit vom Nutzen und nicht in Abhängigkeit eines konkreten Produktes treffen. Der Nutzen hängt dabei davon ab, für welche Anwendung ein Produkt gekauft wird. Eine Gruppe von Produkten mit vergleichbaren Anforderungen wird „Product-Market" (Produktmarkt) genannt. Die Ermittlung von Produktmärkten erfolgt durch eine vergangenheitsgerichtete Analyse des Kauf- und Nutzenverhaltens, während Ansätze

[264] Vgl. Bayer (2010), Integriertes Variantenmanagement

[265] Vgl. Day et al. (1979), Identifying Product-Markets

der Kundeneinschätzung dazu genutzt werden, Verhaltensmuster der Kunden bei der Entscheidungsfindung in aufgenommenen Entscheidungsprozessen zu identifizieren. Basierend darauf wird versucht, zukünftige Entscheidungen vorherzusagen. Die Methodik besteht aus drei Schritten, (1) Herstellung einer Verbindung zwischen Nutzungssituationen und Anforderungen in der Sondierungsphase, (2) Aufstellung einer Design-by-Usage-Matrix zur Typologie der Nutzungssituationen für die Hauptkomponenten und (3) abschließende Bewertung der Einsatzsituationen des Produktes und möglicher Konkurrenzprodukte. Der Ansatz adressiert im Kern die Vorhersehbarkeit von Kundenentscheidungen, um strategische Entscheidungen unterstützen zu können. Hierbei wird aus den Anforderungen beziehungsweise Nutzungssituationen ein Produkt abgeleitet, welches bereits in der Vergangenheit den Anforderungen in einem ähnlichen Umfeld entsprochen hat. Themen der Variantenvielfalt sowie der Skaleneffekte werden nicht adressiert und es erfolgt keine Berücksichtigung der Auftragsabwicklung im Maschinenbau.

Product platform design through sensitivity analysis and cluster analysis nach DAI ET AL.

Der von DAI ET AL.[266] vorgestellte Ansatz beschäftigt sich mit der Produktarchitekturgestaltung und speziell mit der Gestaltung von effizienten und effektiven Produktplattformen. Dazu werden Sensitivitätsanalysen und Clusteranalysen verwendet, um gemeinsame Komponenten oder Designvarianten zu bestimmen, die von mehreren Produktvarianten verwendet werden können, ohne dass die Leistung einzelner Produktvarianten zu stark beeinträchtigt wird. Die Arbeit ist dementsprechend in der frühen Phase der Sortimentsplanung einzuordnen. Eine Betrachtung einzelner Produktkonfigurationen findet nicht statt. Die Ähnlichkeiten zwischen den verschiedenen Produktvarianten der Produktplattform werden durch Dendrogramme dargestellt. Basierend auf diesen Dendrogrammen können Gruppen von Produktvarianten ermittelt werden.

Benefit Structure Analysis: A New Tool for Product Planning nach MYERS

Der Ansatz von MYERS[267] zielt darauf ab, durch eine Nutzenanalyse Potenziale für Produkteinführungen zu identifizieren. Darüber hinaus werden Defizite eines Produktes aufgedeckt, indem der Einfluss verschiedener Nutzentreiber und Produktmerkmale auf den Kunden untersucht wird. Die Anforderungen und Nutzungssituationen werden durch eine Kundenbefragung ermittelt. Bei der Erstellung des Nutzenprofils wird erfragt, inwieweit ein Produkt die Anforderungen erfüllt hat. Die Er-

[266] Vgl. Dai et al. (2007), Product platform design
[267] Vgl. Myers (1976), Benefit Structure Analysis

gebnisse werden in einer mehrdimensionalen Matrix (complete benefit matrix) festgehalten. Die Matrix beinhaltet mehrere Dimensionen wie z. B. geforderter und erhaltener Nutzen, geforderte und erhaltene Produktmerkmale etc. Nach der Datenerhebung können die Differenzen zwischen dem geforderten und dem erhaltenen Nutzen in eine Defizit-Matrix überführt werden, die die Ausgangsbasis für mögliche Produktverbesserungen bei einer Neuentwicklung ist. Die Product-by-Use-Matrix (Gegenüberstellung von Produkten und Nutzungssituationen) hilft bei der Zuordnung von Produkten und Anforderungen. Der Fokus des Ansatzes liegt damit eindeutig im Bereich der Neuentwicklung und nicht in der kundenspezifischen Konfiguration. Da der Ansatz im Bereich der Haushaltsmittel validiert wurde, ist kein Bezug zum Maschinenbau ableitbar.

A Customer-Oriented Approach for Determining Market Structures nach SRIVASTAVA ET AL.

Der Ansatz von SRIVASTAVA ET AL.[268] ist im Bereich der Finanzdienstleistungen angesiedelt und verbindet Kundencharakteristiken, Nutzungssituationen von Produkten und Produktmerkmale in einem integrierten Ansatz. Die Methodik besteht aus zwei Hauptschritten. Im ersten Schritt wird eine Verbindung zwischen Produkten und Nutzungssituationen hergestellt, indem Kunden verschiedene Nutzungssituationen zu gegebenen Produkten angeben. Anschließend werden die Situationen geclustert, in denen dasselbe Produkt verwendet wurde. Im zweiten Schritt wird anschließend betrachtet, welche Kunden welche Produkte und Services in Anspruch nehmen. Die Beschreibung des Kunden erfolgt hier unter Verwendung von demografischen und psychografischen Merkmalen. Da in diesem Ansatz Merkmale zur Beschreibung des Kunden, zur Beschreibung der Anwendungssituation und Produktmerkmale verwendet werden, handelt es sich um einen integrierten Ansatz der drei Ebenen. Dagegen fehlen der Bezug zum Maschinenbau und die Berücksichtigung der Optimierung der Skaleneffekte.

Identifying customer need patterns for customization and personalization nach DU ET AL.

Der Ansatz nach DU ET AL.[269] verfolgt das Ziel, Kundensegmente zu entwickeln, für die dann spezielle Produkte bereitgestellt werden. Damit sollen Kundenpräferenzen und -anforderungen schnell und präzise in Produktmerkmale überführt werden können. Die Grundannahme des Ansatzes ist, dass Kundencharakteristiken einen Einfluss auf die Kaufentscheidung haben. Daher werden mithilfe von Data Mining und Profi-

[268] Vgl. Srivastava et al. (1984), Determining Market Structures
[269] Vgl. Du et al. (2003), Customer Need Patterns

lierungsmethoden auf Basis von demografischen Merkmalen und Kundenpräferenzen Verhaltensmuster abgeleitet, um die kundenspezifische Auslegung eines Produktes zu unterstützen. Anhand von Vektoren werden die Kundenanforderungen, Funktionsanforderungen, Designparameter und Prozessvariablen beschrieben. Ein Basisprodukt lässt sich dabei durch einen zentralen Vektor darstellen, der zur kundenspezifischen Anpassung gewisse Freiheitsgrade zulässt. Durch die Kenntnis der Zusammenhänge zwischen den verschiedenen Sichtweisen ergibt sich während der kundenspezifischen Produktentwicklung die Möglichkeit, Trade-offs bei der Produktgestaltung zu identifizieren. Der Ansatz behandelt im Detail die Zusammenhänge zwischen Kundenanforderungen, funktionalen Anforderungen und Produktmerkmalen. Durch die Anpassung von Basisprodukten können kundenspezifische Lösungen abgeleitet werden. Da der Ansatz ebenfalls eine Standardisierung des hinterlegten Konstruktionsprozesses beinhaltet, werden zusätzlich die Skaleneffekte im Sinne der internen Komplexität optimiert. Offen bleibt die Berücksichtigung von Variantenkosten, die Visualisierung der Variantenvielfalt sowie die Anwendung von Ähnlichkeitsanalysen.

3.2.2.2 Ansätze zur Produktkonfiguration und Variantenkostenermittlung

In diesem Abschnitt werden kurz relevante Ansätze vorgestellt, die sich mit den Themen der Produktkonfiguration und der Variantenkostenermittlung beschäftigen. Teile der vorgestellten Ansätze dienen als relevanter Input für die in dieser Arbeit entwickelte Methodik.

Matrix Based Method for Maintaining Configuration Knowledge nach NUMMELA

NUMMELA[270] stellt eine Methode zur Erhaltung von Konfigurationsregeln vor und präsentiert das Konzept der Konfigurationsmatrix als integrierenden Faktor in einem Unternehmen. Das Hauptziel besteht darin, mithilfe der Konfigurationsmatrix einen systematischen Konfigurationsprozess zu unterstützen. Die Konfigurationsmatrizen helfen außerdem dabei, den aktuellen Stand der Produktstruktur sowie der aktiven Teile und Komponenten zu untersuchen. Dabei wird der Fokus auf die Definition der verschiedenen Module und Optionen sowie deren Kombinationsge- und -verbote gelegt. Es wird vernachlässigt, inwiefern diese Konfigurationsmatrizen für die Ermittlung der optimalen Produktkonfiguration genutzt werden können. Ähnlichkeiten zwischen Produktvarianten werden ebenso wie Variantenkosten nicht berücksichtigt.

[270] Vgl. Nummela (2004), Matrix Based Method for Maintaining Configuration Knowledge

Evaluating Design Alternatives for Feature Recommendations in Configuration Systems nach MANDL ET AL.

Der von MANDL ET AL.[271] vorgestellte Ansatz untersucht, inwiefern unterschiedliche Darstellungen von Empfehlungen in Konfigurationssystemen einen Einfluss auf das Auswahlverhalten eines Kunden haben. Am Beispiel eines Konfigurators für Mobilfunkgeräte werden verschiedene Formen der Darstellung von Default-Einstellungen oder ähnlichen systemseitigen Empfehlungen untersucht. Die Arbeit ist nicht im Bereich des Maschinenbaus verortet, sondern beschäftigt sich rein mit dem Konfigurationssystem und den Auswirkungen auf den Nutzer durch einen geführten Konfigurationsprozess zur Ermittlung der optimalen Produktkonfiguration. Variantenkosten und Techniken zur Visualisierung der Produktvielfalt werden nicht betrachtet.

Managing Configuration Options for Build-to-Order highly Customized Products with Application to Specialty Vehicles nach GALLARDO

Der Ansatz nach GALLARDO[272] erlaubt es, Konfigurationsoptionen im Build-to-Order-Geschäft zu bewerten. Dazu wird ein sogenanntes Option-Strategy-Model vorgestellt, welches Konfigurationsoptionen anhand verschiedener Bewertungskriterien (z. B. Einfachheit der Implementierung) evaluiert und so Unternehmen im Management der angebotenen Vielfalt unterstützt. Die statistischen Analysen zur Auswertung der Optionen wurden am Beispiel eines Anbieters von Spezialfahrzeugen durchgeführt. Der Ansatz ist dazu geeignet, retrospektiv die angebotenen Optionen zu analysieren und daraus Implikationen für den in Zukunft angebotenen Konfigurationsraum zu liefern. Die Ähnlichkeit und die Kosten von Produktvarianten werden nur am Rande betrachtet. Das Ziel liegt nicht in der Identifikation der optimalen Produktkonfiguration für einen Kunden, sondern in der Optimierung des Produktsortiments. Verschiedene visuelle Techniken, wie z. B. die Netzwerkdarstellung von Optionen, werden eingesetzt, um die Variantenvielfalt zu visualisieren.

Iterative product configuration with fuzzy logic nach BARAJAS ET AL.

BARAJAS ET AL.[273] stellen eine iterative Produktkonfigurationsmethodik vor, die dazu bestimmt ist, durch Anwendung der Fuzzy-Logik eine Produktkonfiguration zu verbessern. Dazu werden Eigenschaften, die weniger interessant für einen Kunden sind, durch Funktionen ersetzt, die der Kunde vorzieht. Fuzzy-Relationen werden verwendet, um während des Produktkonfigurationsprozesses die verschiedenen Konfigurationen zu bewerten. Die Zufriedenheit des Kunden wird durch eine Kundenzu-

[271] Vgl. Mandl et al. (2011), Evaluating Design Alternatives
[272] Vgl. Gallardo (2010), Managing Configuration Options
[273] Vgl. Barajas et al., Iterative product configuration with fuzzy logic

friedenheitsrate gemessen. Diese Methodik liefert damit einen Ansatz, um eine kundenoptimale Produktkonfiguration zu identifizieren. Die Besonderheiten des Maschinenbaus sowie die Bewertung der Variantenkosten werden nicht betrachtet. Gleiches gilt für die Optimierung der Skaleneffekte durch Verwendung ähnlicher Produkte sowie für die Visualisierung der Variantenvielfalt.

Kostenermittlung für Mass Customization Products nach WONGVASU ET AL.

Der von WONGVASU ET AL.[274] entwickelte Ansatz zur Kostenermittlung von Mass Customization Products basiert auf dem Prinzip des fallbasierten Schließens. Unter dem fallbasierten Schließen ist das Zurückgreifen auf einen bestehenden, ähnlichen Fall zum Finden der Lösung für ein neues Problem zu verstehen. Die Grundlage des Ansatzes bildet die Hypothese, wonach ähnliche, bereits in der Vergangenheit produzierte Produkte eine ähnliche Kostenstruktur wie eine neue Variante aufweisen. Ein Suchalgorithmus wird dazu eingesetzt, anhand der Produktkonfiguration ähnliche Produkte sowie deren Kosteninformationen aus einer Datenbank herauszusuchen. Falls kein exakter Treffer ermittelt werden kann, wird der ähnlichste Fall ausgewählt und die gesuchten Werte (z. B. Kosten) werden anhand von vier verschiedenen Strategien manuell adaptiert. Die Methodik berücksichtigt keine indirekten Kosten und ist ausschließlich für die Ähnlichkeit auf der Produktarchitekturebene geeignet.

Kontextsensitives Kosteninformationssystem zur Unterstützung frühzeitiger Kostenexpertisen nach RÖSLER

Der Ansatz nach RÖSLER[275] basiert ebenfalls auf dem fallbasierten Schließen. Innerhalb einer Organisation werden dazu alle Merkmale eines Produktes (technische sowie kalkulatorische) kontinuierlich gesammelt und strukturiert abgelegt. Auch bei unscharfen Produktinformationen können durch eine Ähnlichkeitsanalyse die Produktkosten eines neuen Produktes annäherungsweise bestimmt werden. Der Ansatz beschränkt sich auf die Bestimmung der Produktkosten und vernachlässigt die Anpassungskosten, die bei der Ableitung einer neuen Variante anfallen.

Verfahren zur Montagekostenprognose von Maschinenbauprodukten nach GIANNOULIS

GIANNOULIS[276] beschreibt ein Verfahren, mit dem in der frühen Phase der Produktentstehung die Montagekosten eines Maschinenbauproduktes in Einzelfertigung ermittelt werden können. Den Kern der Methode bildet ein Kostenrechnungsmodell, das auf Basis der in Anspruch genommenen Ressourcen die Montagekosten abschätzt.

---

[274] Vgl. Wongvasu et al. (2003), Case-based Reasoning

[275] Vgl. Rösler (2005), Kontextsensitives Kosteninformationssystem

[276] Vgl. Giannoulis (2006), Modellgestützte Montagekostenprognose

Die Kosten neuer Produkte werden auf Basis bestehender Produkte durch die Bestimmung von Ähnlichkeiten bestimmt.

3.2.2.3 Ähnlichkeitsbasierte Ansätze

Der dritte Abschnitt beschäftigt sich mit Ansätzen, die auf der Basis von Ähnlichkeitsanalysen entwickelt wurden. Da die Anwendung von Ähnlichkeitsanalysen im Kern der Lösungshypothese der vorliegenden Arbeit steht, liefern die bestehenden Ansätze grundlegende Zusammenhänge und Bausteine für die Entwicklung der Methodik.

Methodik zur Planung vielfaltsoptimierter Produktfamilien nach SCHUBERT

SCHUBERT[277] stellt eine Methodik zur Planung vielfaltsoptimierter Produktfamilien vor, die auf einer rechnerbasierten Ähnlichkeitsanalyse der Kundenwünsche basiert. Zur Formulierung der Kundenwünsche werden Produktmerkmale und Ausprägungen genutzt, da diese sowohl vom Kunden formulierbar als auch vom Unternehmen in Produkte überführbar sind. Durch die Methodik können Produktfamilien so geplant werden, dass die geforderte externe Vielfalt auf der Basis einer minimalen internen Vielfalt realisiert werden kann. Kostenabschätzungen werden bezogen auf Produktmerkmale durchgeführt. Die Arbeit fokussiert die Planungsphase von Produktarchitekturen und liefert einen Beitrag zu ihrer optimierten Gestaltung. Die frühe Phase des Auftragsabwicklungsprozesses und die Identifikation einer optimierten Produktkonfiguration für einen einzelnen Kunden werden nicht betrachtet.

Identifying Bundles of Product Options using Mutual Information Clustering nach PERLICH ET AL.

Im Ansatz von PERLICH ET AL.[278] wird eine Methodik vorgestellt, um die Anzahl an Optionen für komplexe Produktkonfigurationen zu verringern und dadurch die Standardisierung und die Skaleneffekte von Produkten zu steigern. Dazu werden, basierend auf der statistischen Analyse von bestehenden Aufträgen, Sets oder Cluster an Optionen ermittelt, die häufig zusammen gewählt wurden. Die Visualisierung dieser Sets erfolgt durch Dendrogramme. Ein weiterer Fokus der Arbeit liegt in der Untersuchung der Auswirkung verschiedener Ähnlichkeitsmaße auf die Möglichkeit, sinnvolle Cluster zu identifizieren. Der Ansatz liefert einen Beitrag zu einer gezielten Verbesserung des Konfigurationsprozesses in einem Unternehmen, indem Optionen kombiniert werden und damit der Auswahlprozess für einen Kunden erleichtert wird. Variantenkosten werden in dem Ansatz nicht betrachtet.

---

[277] Vgl. Schubert (2013), Methodik zur Planung vielfaltsoptimierter Produktfamilien
[278] Vgl. Perlich et al. (2007), Identifying Bundles of Product Options

Rough Set-Based Approach to Feature Selection in Customer Relationship Management nach TSENG und HUANG

TSENG und HUANG[279] leiten in ihrem Ansatz aus den historischen Entscheidungen von Kunden relevante Produktmerkmale ab. Anhand der Kaufhistorie und der Merkmale gekaufter Produkte werden Präferenzen für Produktmerkmale ermittelt, indem Entscheidungsregeln aus den vorliegenden Daten extrahiert werden. Dadurch können Kundenwünsche vorhergesagt werden. Die Voraussetzung für die Analyse ist, dass Produkte auf eine möglichst kleine Anzahl an Merkmalen reduziert werden, sodass immer noch Unterschiede zwischen den Produkten erkennbar sind. Jedes Objekt oder Produkt kann durch mehrere verschiedene Reduktionen beschrieben werden. Eine Reduktion ist die minimale Anzahl an Merkmalen, die benötigt wird, um ein Objekt zu beschreiben. Die Anwendung von Algorithmen führt anschließend zu einer Minimierung der Abstände zwischen den reduzierten Produkten, um ähnliche oder gleiche Reduktionen in unterschiedlichen Objekten zu ermitteln. Die Ähnlichkeiten zwischen Produkten werden ermittelt, indem Merkmale entsprechend ihrer Wichtigkeit bewertet werden.

Die Methodik nach TSENG und HUANG zielt auf die Unterstützung bei der Neuentwicklung von Produkten ab und adressiert nicht den kundenspezifischen Auftragsabwicklungsprozess. Die Validierung der Methodik erfolgt anhand eines Beispiels der Computerspiele-Branche. Ähnlichkeiten werden auf der Ebene der Produktmerkmale ermittelt, indem Reduktionen von Objekten hinsichtlich ihrer Ähnlichkeiten bewertet werden. Eine Visualisierung der Ähnlichkeiten wird nicht vorgenommen.

Systematische Ableitung von Produktmerkmalen aus Marktbedürfnissen nach EVERSHEIM ET AL.

EVERSHEIM ET AL.[280] schlagen in ihrer Methodik einen dreischrittigen Ansatz bestehend aus Produktstrategieplanung, Produktprofilplanung und Produktkonzeptplanung vor, um eine fehlerhafte Produktdefinition zu verhindern. Während der Produktstrategieplanung werden durch eine Faktorenanalyse Zielgruppen ermittelt und Marktpotenziale aufgedeckt. Durch die grafische Darstellung können einzelne Zielgruppen identifiziert und die eigene Wettbewerbsposition analysiert werden. Je nach Zielgruppe muss ein Produkt ein bestimmtes Eigenschaftsprofil vorweisen, welches segmentspezifische Ausprägungen besitzt. Produktmerkmale, welche eine Differenzierung verursachen, werden im Rahmen einer Gruppendiskussion mit erfahrenen Anwendern des Produktes extrahiert. Anschließend wird unter Verwendung von in-

---

[279] Vgl. Tseng et al. (2007), Rough Set-Based Approach to Feature Selection

[280] Vgl. Eversheim et al. (1994), Ableitung von Produktmerkmalen

direkten Verfahren wie dem Conjoint-Measurement die Bedeutung der einzelnen Merkmale festgelegt. Aus den gewichteten Eigenschaften wird in der Produktprofilplanung das Lastenheft abgeleitet, welches mithilfe der Methode des Quality-Function-Deployment in der Produktkonzeptplanung in das Pflichtenheft überführt wird. Die Methodik betrachtet die durchgehende Kette vom Markt über die Anforderungen bis zum Produkt, adressiert jedoch die Produktneugestaltung und nicht den kundenspezifischen Produktabwicklungsprozess. Die Faktorenanalyse und die multidimensionale Skalierung als Methoden der Ähnlichkeitsanalyse werden in Teilschritten verwendet.

Design by customers for mass customization products nach TSENG und DU

TSENG und DU[281] unterstützen mit ihrer Methodik die Integration des Design-by-Customer-Ansatzes in die kundenspezifische Produktentwicklung von Mass Customization Produkten. Ziel ist es, eine optimale Konstellation zwischen Kundenanforderungen, Fähigkeiten des Unternehmens und Entwicklungsmöglichkeiten des Unternehmens zu schaffen. Dabei wird von einer Produktarchitektur ausgegangen, die basierend auf einem Basisprodukt die kundenspezifische Erweiterung durch einzelne Module zulässt. Während des Konfigurationsprozesses wird die Konfigurierbarkeit stetig geprüft und es werden die resultierenden Kosten ausgegeben. Der Gesamtnutzen des Produktes für den Kunden wird formelbasiert berechnet. Mithilfe des Design-by-Customer-Ansatzes werden die Kunden durch den Konfigurationsprozess geleitet, sodass ein Produkt entsteht, welches die Kosten-, Zeit- und Nutzenanforderungen des Kunden abbildet und auch von dem Unternehmen zur Verfügung gestellt werden kann. Der Ansatz wird an der Anpassung einer Stromversorgung validiert. Durch den Ansatz wird der Einfluss der Kundenanforderungen auf ein Produkt sehr gut dargestellt. Die Verwendung von Basisprodukten als Ausgangspunkt für die kundenspezifische Anpassung kommt der Idee der Verwendung von ähnlichen Vorzugsvarianten sehr nahe. Die Optimierung der Vielfalt und der Skaleneffekte wird nicht adressiert.

Functional interdependence and product similarity based on customer needs nach MCADAMS ET AL.

MCADAMS ET AL.[282] untersuchen in ihrer Methodik Produkte auf funktionaler Ebene. Ziel ist die Verbindung der Kundenanforderungen mit den Funktionen und der Produktgestaltung, indem Interdependenzen zwischen den genannten Bereichen sicht-

281 Vgl. Tseng et al. (1998), Design by Customers

282 Vgl. McAdams et al. (1999), Functional Interdependence and product similarity, McAdams et al. (2002), A Quantitative Similarity Metric for Design-by-Analogy

bar gemacht werden. Funktionale Ähnlichkeiten bilden dabei die Grundlage, um die Skaleneffekte in der Entwicklung und der Produktion zu steigern. Durch die Ähnlichkeitsanalyse von eigenen Produkten mit Konkurrenzprodukten kann darüber hinaus eine Benchmark-Auswahl leichter getroffen werden. Die Funktionsstruktur sowie die Kundenanforderungen bilden den Input für die Methodik. Zunächst werden die funktionalen Produktdaten einzelner Produkte ermittelt, bevor eine Eingrenzung der Produktgruppen erfolgt. Die Eingrenzung erfolgt dabei auf Basis einer Hierarchisierung, welche die Produkte anhand ihrer Grundfunktion aufteilt. Anschließend werden interdependente Funktionen ausgewählt. Den Abschluss der Methodik bildet die Identifizierung von Funktionsgruppen mit hohem Kundenwert. Die Ähnlichkeit zwischen zwei Produkten wird ermittelt, indem die Wichtigkeit der einzelnen Funktionen von Produkt A nacheinander mit denen des Produktes B verglichen werden. Ziel ist es, bei besonders hohen Ähnlichkeitswerten gemeinsame Lösungsansätze für die Produkte zu entwickeln. Der vorliegende, stark theoretisch geprägte Ansatz beschäftigt sich primär mit der Betrachtung von funktionalen Ähnlichkeiten von Produkten. Durch die Identifikation solcher Ähnlichkeiten sollen Produktfamilien gebildet werden, um Skaleneffekte durch die Nutzung gleicher Module zu erhöhen und die interne Variantenvielfalt zu verringern. Die Methodik fokussiert bei der Betrachtung verschiedene Haushaltsgeräte, sodass die Branche des Maschinenbaus nicht betrachtet wird. Darüber hinaus wird keine kundenspezifische bzw. segmentspezifische Konfiguration eines Produktes abgeleitet.

Analyse der Kommunalität von Modulen durch Dendrogramme nach HÖLTTÄ-OTTO ET AL.

Die Ansätze von HÖLTTÄ-OTTO ET AL.[283] setzen in der Konzeptphase eines Baukastens an, indem das Ziel verfolgt wird, ähnliche Module innerhalb eines Produktes und zwischen Produkten zu identifizieren. Dazu werden Module zu Clustern zusammengefasst und Dendrogramme werden dazu genutzt, ähnliche Module innerhalb einer Produktfamilie zu identifizieren. Die Ähnlichkeiten werden basierend auf den Inputs und Outputs der Module berechnet. Während die Bestimmung der Ähnlichkeiten zwischen Modulen als Input für diese Arbeit verwendet werden kann, so weicht die Zielsetzung des Ansatzes stark von der Zielsetzung dieser Arbeit ab. Ziel ist es nicht, für einen konkreten Auftrag die optimale Produktkonfiguration zu entwickeln, sondern es sollen in der Planungsphase einer Produktarchitektur Module bestmöglich gestaltet werden.

[283] Vgl. Hölttä-Otto et al. (2008), Analyzing module commonality for platform design using dendrograms; Hölttä et al. (2003), Modularizing Product Architectures using Dendrograms

Analyse der Kommunalität von Modulen durch Dendrogramme nach PEDERSEN

Der Ansatz nach PEDERSEN[284] dient der Definition von Produktfamilien, indem ebenfalls eine Clusterung basierend auf Dendrogrammen vorgenommen wird. Der Ansatz basiert auf Komponenten in existierenden Produkten und kann daher nicht in der Architekturphase eines Baukastens, dafür aber während der Nutzungsphase verwendet werden.

Perceptual Modeling of Product Similarities Using Sorting Data nach BIMLER und KIRKLAND

Das Ziel der Methode nach BIMLER und KIRKLAND[285] besteht darin, die Kundensicht eines Produktes bzw. die Wettbewerbsposition zu bestimmen. Dazu werden geometrische Visualisierungen sowie Dendrogramme genutzt, um die Positionierung der Produkte oder Marken visuell darzustellen. Durch die Analyse können Produktmerkmale identifiziert werden, die differenzierend zum Wettbewerb wirken. Die Methodik besteht aus zwei Schritten, (1) der Datenerhebung über die wahrgenommene Ähnlichkeit durch den Kunden und (2) die zwei- bzw. dreidimensionale Darstellung der Ergebnisse. Die Ähnlichkeitsanalyse wird auf der Produkt- bzw. Markenebene vorgenommen. Wie ähnlich sich zwei Produkte sind, wird mithilfe des Rangordnens auf Basis subjektiver Kundeneinschätzungen ermittelt. Die Validierung der Methodik erfolgt anhand des Marktes für Dosengetränke. Die Beschriftung der Dimensionen der multidimensionalen Skalierung erfolgt im Nachgang der Analyse auf der Basis von Expertenwissen. Die Nähe zweier Punkte zueinander spiegelt die Ähnlichkeit und damit in diesem konkreten Fall auch die Intensität des Wettbewerbs wider.

Der Ansatz beschäftigt sich vor allem mit der kundenseitigen Wahrnehmung verschiedener Produkte und Marken, um basierend auf der Ähnlichkeit zwischen Produkten Aussagen über den Wettbewerb und differenzierende Faktoren ableiten zu können. Es wird weder die Variantenvielfalt noch die Konfiguration von Produkten adressiert. Auch die segmentspezifische Ableitung von Produkten wird nicht betrachtet.

Die Konfigurations- & Verträglichkeitsmatrix als Beitrag zur Darstellung konfigurationsrelevanter Aspekte im Produktentstehungsprozess nach BONGULIELMI

Das Konzept der Konfigurations- und Verträglichkeitsmatrix wurde in einem Forschungscluster von PULS[286], BONGULIELMI[287] und HENSELER[288] erarbeitet und mit ver-

---

[284] Vgl. Pedersen (1999), Designing Platform Families

[285] Vgl. Bimler et al. (1998), Perceptual modelling of product similarities

[286] Vgl. Puls (2002), Die Konfigurations- und Verträglichkeitsmatrix

schiedenen Schwerpunkten jeweils als Dissertation veröffentlicht. Da die vorgestellte Methodik sich jeweils sehr stark ähnelt, wird an dieser Stelle exemplarisch der Ansatz nach BONGULIELMI vorgestellt und bewertet.

In der Konfigurations- & Verträglichkeitsmatrix (K-&V-Matrix) wird die kundennahe Funktionssicht der produktnahen technischen Sicht gegenübergestellt. Dabei ermittelt die K-Matrix Korrelationen zwischen den beiden Sichtweisen, während die V-Matrix die Kombinierbarkeit der Elemente der beiden Sichtweisen überprüft (vgl. Abbildung 3-3).

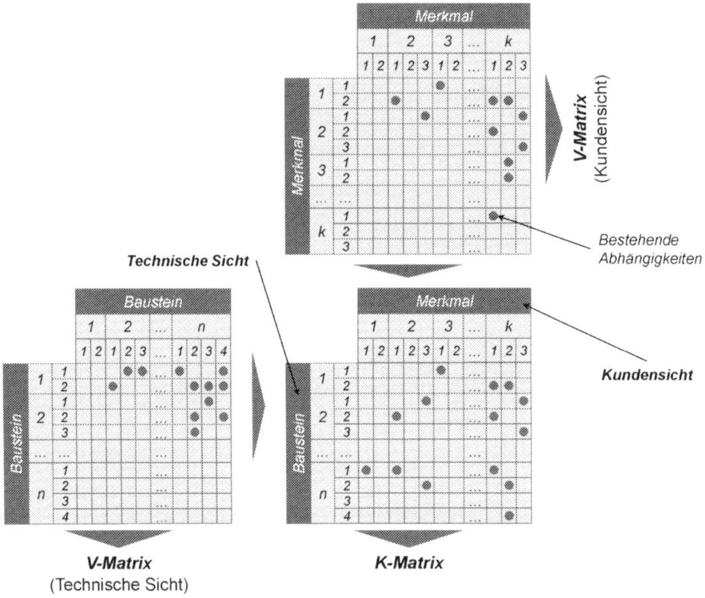

Abbildung 3-3: Schematische Darstellung der K-&V-Matrix[289]

Die K-Matrix bildet durch die kundenorientierte und technische Sicht die Grundlage für ein Konfigurationsmodell und unterstützt damit den Vertrieb und die Entwicklung. In der V-Matrix werden die Anforderungen und Produktmerkmale aufgeführt, welche der Kunde während des Konfigurationsprozesses angeben kann. Durch die

[287] Vgl. Bongulielmi (2003), Konfigurations- & Verträglichkeitsmatrix
[288] Vgl. Henseler (2004), Die Konfigurations- und Verträglichkeitsmatrix
[289] Vgl. Bongulielmi (2003), Konfigurations- & Verträglichkeitsmatrix, S. 62 f.

Integration der verschiedenen Sichtweisen wird die Weitergabe des Konfigurationswissens an den Vertrieb sowie die Kommunikation zwischen Vertrieb und Entwicklung verbessert. Dieser Ansatz beschreibt umfassend die Übertragung der Kundenanforderungen auf die Baugruppen und unterstützt gleichzeitig die Kommunikation der beteiligten Abteilungen in der frühen Phase des Auftragsabwicklungsprozesses. Die Bildung von Kundensegmenten und Anforderungsclustern wird nicht berücksichtigt. Auch auf die Optimierung der Skaleneffekte ist die Arbeit nicht primär ausgerichtet. Die verschiedenen Matrizen können jedoch als Grundlage für die zu entwickelnde Methodik dienen.

3.2.2.4 Eigene Ansätze zur ähnlichkeitsbasierten Produktkonfiguration

Der letzte Abschnitt beschäftigt sich mit den eigenen Veröffentlichungen des Autors im Kontext der ähnlichkeitsbasierten Produktkonfiguration. Während der Erstellung der Dissertation wurden Teilergebnisse bereits veröffentlicht sowie auf Konferenzen vorgestellt. Diese bestehenden Ansätze bilden demnach eine Art „Brücke“ zur vorliegenden Dissertation und werden im Folgenden kurz vorgestellt.

Similarity-based Product Configuration nach SCHUH ET AL.

Der Ansatz nach SCHUH ET AL.[290] verfolgt das Ziel, die optimale Produktkonfiguration eines Auftrags im Maschinenbau in der frühen Phase des Auftragsabwicklungsprozesses zu identifizieren. Dazu wird eine Methodik entwickelt, die basierend auf existierenden Produktvarianten die Ableitung einer neuen Produktvariante erlaubt. Dabei werden alle in dieser Arbeit adressierten Sichtweisen auf ein Produkt (Kunden-, Anforderungs- und Produktebene) betrachtet. Lediglich die Variantenkosten und die Optimierung der Skaleneffekte werden nicht umfassend adressiert. Der Ansatz stellt die Grundidee der vorliegenden Arbeit dar, ohne jedoch im Detail die Ausarbeitung einzelner Schritte vorzustellen.

Identifying preferable product variants using similarity analysis nach SCHUH ET AL.

Der Ansatz nach SCHUH ET AL.[291] verfolgt das Ziel, Vorzugsvarianten in verschiedenen Produktsegmenten zu identifizieren und zu visualisieren. Dazu wird eine Methodik entwickelt, die es erlaubt, Produktvarianten aus verschiedenen Sichtweisen basierend auf Ähnlichkeiten zwischen Produktvarianten zu beschreiben. Ähnlichkeiten werden dabei auf der Kundenebene und auf der Anforderungsebene ermittelt. Die Visualisierung der Ähnlichkeiten erfolgt mithilfe der multidimensionalen Skalierung. Nicht umfassend betrachtet werden die Produktebene sowie die verursachten Va-

---

[290] Vgl. Schuh et al. (2014), Similarity-based Product Configuration

[291] Vgl. Schuh et al. (2014), Identifying preferable product variants

riantenkosten. Die optimale Produktkonfiguration sowie die Optimierung der Skaleneffekte stehen ebenfalls nicht im Mittelpunkt des Ansatzes.

Komplexitätskostenoptimierung neuer Produktvarianten durch Ähnlichkeitsanalysen nach SCHUH ET AL.

Der Ansatz nach SCHUH ET AL.[292] stellt eine Methodik dar, welche die Minimierung und die verursachungsgerechte Ermittlung indirekter Kosten für neue Produktvarianten vereint. Diese ganzheitliche Methodik ermöglicht eine verbesserte Zusammenarbeit zwischen den Abteilungen Vertrieb, Produktmanagement und Entwicklung bei der Preis- und Kostengestaltung neuer Produktvarianten in der frühen Phase des Auftragsabwicklungsprozesses. Auf diese Weise können die tatsächlich anfallenden indirekten Kosten einer neuen Produktvariante mit deutlich geringerem Aufwand bestimmt werden. Das Kernelement der Methodik ist der Rückschluss von der Produktähnlichkeit auf die anfallenden indirekten Kosten. Die Beschreibung des Kunden wird in dem Ansatz ebenso wenig verfolgt wie die Visualisierung der entstehenden Variantenvielfalt.

3.2.3 Zusammenfassung und Positionierung der Arbeit

Im Anschluss an die Vorstellung der bestehenden Ansätze werden diese abschließend den in Kapitel 3.2.1 vorgestellten Kriterien gegenübergestellt, um ein Fazit abzuleiten, inwiefern die bestehenden Ansätze die Kriterien erfüllen. Die Gegenüberstellung ist in Abbildung 3-4 dargestellt.

[292] Vgl. Schuh et al. (2014), Smart Product Variety

		Objektbereich								Zielbereich				LH
		Maschinenbau	Frühe Phase des Auftragsabwick-lungsprozesses	Kundenebene	Anforderungsebene	Produktebene	Variantenvielfalt	Strategische Bedeutung von Produktaufträgen	Berücksichtigung von Variantenkosten	Ermittlung der optimalen Produkt-konfiguration	Optimierung der Skaleneffekte	Visualisierung der Variantenvielfalt	Sicherstellung der Praxistauglichkeit	Anwendung von Ähnlichkeitsanalysen
I	KORRECK	●	○	●	●	◑	●	○	●	○	◕	◑	◑	○
I	HARRISON	○	○	●	●	○	○	○	○	◑	○	○	○	◑
I	MACHAUER ET AL.	○	○	●	●	○	○	◑	○	◔	○	◔	○	◑
I	BLECKER ET AL.	◕	○	◕	●	○	◕	○	○	◔	○	○	◔	○
I	FUNG ET AL.	◔	○	◑	●	○	○	○	○	◑	○	◔	○	○
I	FISHER ET AL.	○	○	◑	●	○	◕	○	○	○	○	○	◔	◕
I	BAYER	●	○	○	◑	◑	●	○	●	○	◑	○	◔	○
I	DAY ET AL.	◔	○	○	●	●	○	○	○	○	○	○	○	◑
I	DAI ET AL.	●	○	○	●	●	◑	○	○	○	◑	◑	◑	◔
I	MYERS	○	○	○	●	○	○	○	○	○	○	○	○	○
I	SRIVASTAVA ET AL.	○	○	●	●	●	○	○	○	○	○	○	○	◑
I	DU ET AL.	●	◑	●	●	●	◑	○	○	◑	◑	○	○	○
II	NUMMELA	◑	◕	○	●	◑	◑	○	○	○	◔	○	◕	○
II	MANDL ET AL.	○	◕	○	●	○	◑	○	○	◕	○	○	◕	○
II	GALLARDO	◑	○	○	●	○	◑	○	◑	○	◑	◑	◑	◑
II	BARAJAS ET AL.	○	◕	◕	●	○	○	○	○	◕	○	○	○	○
II	WONGVASU ET AL.	●	◕	○	◔	●	◔	○	◑	◑	◕	○	○	●
II	RÖSLER	●	◑	○	◔	●	○	○	◑	◑	◕	○	○	●
II	GIANNOULIS	●	◑	○	○	●	○	○	●	◑	◔	○	○	●
III	SCHUBERT	●	○	◑	●	◑	◑	○	◑	○	◑	◔	◔	◕
III	PERLICH ET AL.	●	◔	○	●	○	◕	○	○	○	◕	◑	◑	●
III	TSENG/ HUANG	○	○	○	●	○	○	○	○	○	○	○	○	◕
III	EVERSHEIM ET AL.	●	○	●	●	●	◑	○	○	○	◑	◑	○	◑
III	TSENG/ DU	◑	◕	○	●	◑	◔	○	◑	◑	◔	○	○	◕
III	MCADAMS ET AL.	○	○	○	◑	◑	◑	○	○	○	◑	◔	○	◕
III	HÖLTTÄ-OTTO ET AL.	●	○	○	○	●	◑	○	○	○	○	◕	◑	◕
III	PEDERSEN	●	○	○	○	●	◑	○	○	○	◑	◕	◑	◕
III	BIMLER/ KIRKLAND	○	○	○	●	○	○	○	○	○	○	◕	○	●
III	BONGULIELMI	●	◕	○	●	●	◕	○	○	○	○	◑	◑	◑
IV	SCHUH ET AL.	●	◑	◕	◕	◕	◑	○	◑	◕	◑	◕	◕	●
IV	SCHUH ET AL.	●	◑	●	●	○	◑	○	◑	◑	◑	◕	◕	●
IV	SCHUH ET AL.	●	○	○	◑	●	◑	○	●	◑	◑	◔	◕	●

Legende

○ = nicht erfüllt ◔ = kaum erfüllt ◑ = teilweise erfüllt ◕ = nahezu erfüllt ● = vollumfänglich erfüllt

I. Ansätze zur Variantenplanung auf der Markt-, der Anforderungs- und der Produktebene
II. Produktkonfiguration und Variantenkostenermittlung
III. Ähnlichkeitsbasierte Ansätze
IV. Eigene Ansätze zur ähnlichkeitsbasierten Produktkonfiguration
LH: Lösungshypothese

Abbildung 3-4: Bewertung der relevanten Ansätze

Abbildung 3-4 zeigt, dass einige Ansätze bereits wichtige Teilaspekte der vorgestellten Kriterien adressieren. Gleichzeitig wird deutlich, dass kein bestehender Ansatz alle notwendigen Kriterien vollumfänglich erfüllt.

Die vorgestellten Ansätze werden zum Abschluss dieses Kapitels in einer zweidimensionalen Darstellung positioniert, um die verschiedenen Einflüsse und Forschungsgebiete der vorliegenden Arbeit anschaulich darzustellen und die Positionierung dieser Arbeit abzuleiten. Dazu wird eine **Forschungslandkarte** entwickelt, in der die vorgestellten Ansätze in Form einer multidimensionalen Skalierung eingeordnet werden. Wie beim Vorgehen der multidimensionalen Skalierung von Objekten üblich, repräsentiert jeder Punkt in der Abbildung 3-5 einen Ansatz.[293] Ansätze, die nah beieinanderliegen, sind sich hinsichtlich des Erfüllungsgrades der zuvor definierten Kriterien (Objektbereiche, Zielbereiche und Lösungshypothese) sehr ähnlich, während weit auseinanderliegende Ansätze sehr unähnlich sind. In der Abbildung 3-5 wird deutlich, dass mindestens drei verschiedene Cluster von Ansätzen, d. h. Gruppierungen von ähnlichen Ansätzen, existieren. Die erste Gruppe von Ansätzen beschäftigt sich vornehmlich mit der Variantenplanung sowie der Produktkonfiguration. Die zweite Gruppe von Ansätzen besteht hauptsächlich aus den ähnlichkeitsbasierten Ansätzen sowie einigen Ansätzen zur Variantenkostenermittlung. Im rechten Bereich der Abbildung sind die eigenen Ansätze, die unter Mitarbeit des Autors der vorliegenden Arbeit entstanden sind, eingeordnet. Diese Arbeiten bilden bildlich gesprochen die Brücke zu der in der äußersten oberen rechten Ecke dargestellten, angestrebten Positionierung der vorliegenden Dissertation. In den eigenen Ansätzen wurden jeweils bereits Teilaspekte der Methodik dargestellt, die in der vorliegenden Arbeit zum Teil integriert sind.

[293] Die Zwischenschritte zur Ermittlung der Darstellung werden an dieser Stelle nicht näher ausgeführt, sondern im Anhang A.2 erläutert. Es sei nur kurz erwähnt, dass die in Abbildung 3-4 dargestellten Erfüllungsgrade für die Ermittlung der Distanzmatrix in Werte zwischen 0 und 1 umgewandelt wurden. So steht die Bewertung „nicht erfüllt" für 0, die Bewertung „kaum erfüllt" für 0,25, die Bewertung „teilweise erfüllt" für 0,5, die Bewertung „nahezu erfüllt" für 0,75 und die Bewertung „vollumfänglich erfüllt" für 1. Basierend auf dem Vergleich jeweils zweier Ansätze können so Distanzen ermittelt werden, die in eine Distanzmatrix eingetragen werden. Mithilfe des Verfahrens der multidimensionalen Skalierung kann die Distanzmatrix in die vorliegende Darstellung umgewandelt werden.

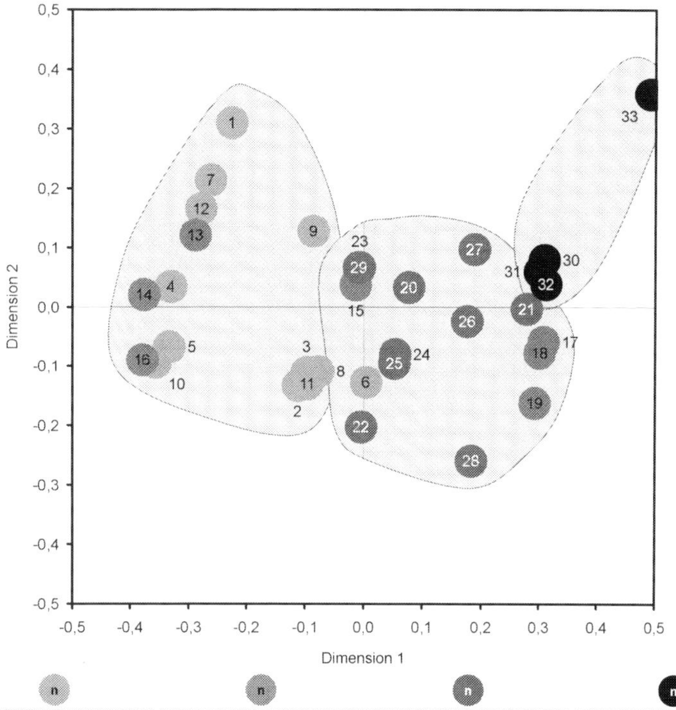

Ansätze zur Variantenplanung	Ansätze zur Produktkonfiguration und Variantenkostenermittlung	Ähnlichkeitsbasierte Ansätze	Eigene Ansätze des Autors
1. Korreck	13. Nummela	20. Schubert	30. Schuh, Riesener, Rudolf
2. Harrison	14. Mandl, Felfernig, Tiihonen	21. Perlich, Rosset	31. Schuh, Riesener, Rudolf
3. Machauer, Morgner	15. Gallardo	22. Tseng, Huang	32. Schuh, Riesener, Rudolf
4. Blecker, Abdelkafi, Kaluza, Friedrich	16. Barajas, Agard	23. Eversheim, Schmidt, Saretz	33. Vorliegende Arbeit
5. Fung, Popplewell, Xie	17. Wongvasu, Kamarthi, Zeid	24. Tseng, Du	
6. Fisher, Vaidyanathan	18. Rösler	25. McAdams, Stone, Wood	
7. Bayer	19. Giannoulis	26. Hölttä-Otto, Tang, Otto	
8. Day, Shocker, Srivastava		27. Pedersen	
9. Dai, Scott		28. Bimler, Kirkland	
10. Myers		29. Bongulielmi	
11. Srivastava, Alpert, Shocker			
12. Du, Jiao, Tseng			

Abbildung 3-5: Forschungslandkarte und Positionierung der vorliegenden Arbeit

3.3 Zwischenfazit: Forschungsbedarf zur ähnlichkeitsbasierten Produktkonfiguration

Zu Beginn wurde in Kapitel 3.1 festgehalten, dass in der heutigen Praxis Defizite bei der Konfiguration von neuen Aufträgen vorliegen, da die Produktkonfiguration in der frühen Phase des Auftragsabwicklungsprozesses heutzutage oft unsystematisch gestaltet ist. Das Ergebnis sind Strukturen, mit denen der mögliche strategische Nutzen von Aufträgen und die erreichbaren Skaleneffekte nicht ausgeschöpft werden. Die Analyse der bestehenden wissenschaftlichen Ansätze in Kapitel 3.2 hat gezeigt, dass trotz intensiver Forschung in den vergangenen Jahren weiterhin ein **Theoriedefizit in der systematischen Steuerung des Produktkonfigurationsprozesses** besteht. Bezogen auf die Ansätze zur Produktkonfiguration und Variantenkostenermittlung kann festgestellt werden, dass bislang **weder praxisnahe noch integrierte Lösungen** bestehen, um die frühe Phase des Auftragsabwicklungsprozesses datenbasiert zu unterstützen. Abstimmungen erfolgen zumeist nur bilateral, wodurch eine **ganzheitliche Entscheidungsfindung im Angebotserstellungsprozess erschwert** wird. Den Ansatz einer ähnlichkeitsbasierten Bewertung verwenden bereits einige Autoren, jedoch fokussieren viele Ansätze den Consumer Goods-Bereich oder den Finanzsektor. Nur wenige der Ansätze sind dem Maschinenbau mit den spezifischen Anforderungen wie Kleinserienproduktion, Variantenvielfalt oder kundenindividuellen Produkten zuzuordnen. Forschungsbedarf besteht ebenfalls in der **nutzergerechten und nutzenoptimalen Darstellung umfangreicher und unstrukturiert vorliegender Daten**. Bislang benötigen die Ansätze immer eine zeitaufwendige Aufbereitung der Daten, wodurch oft keine Entscheidungen in Echtzeit getroffen werden können. In der produzierenden Industrie werden datenbasierte Ansätze trotz der bestehenden großen Potenziale im Gegensatz zu vielen anderen Branchen noch nicht häufig eingesetzt. Ähnlichkeitsanalysen werden bislang noch nicht systematisch im Bereich des Maschinenbaus und des Angebotserstellungsprozesses angewendet, obwohl die Potenziale aufgrund der industrieseitigen Forderung nach hohen Skaleneffekten durch Ähnlichkeiten im Produkt und im Prozess evident sind.

Ziel des folgenden Kapitels ist es daher, ein Konzept zu entwickeln, welches auf die Identifikation der optimalen Produktkonfiguration in der frühen Phase des Auftragsabwicklungsprozesses im Maschinenbau abzielt. Dazu sollen die Ähnlichkeiten von Produktaufträgen auf verschiedenen Ebenen ermittelt und visualisiert werden, um so die Steuerung des Produktkonfigurationsprozesses zu unterstützen.

4 Konzeption der Methodik zur ähnlichkeitsbasierten Produktkonfiguration

In den vergangenen Kapiteln wurden die wesentlichen Grundlagen geschaffen und die relevanten bestehenden Ansätze aus der Theorie vorgestellt. Basierend auf diesen Vorarbeiten dient das folgende Kapitel entsprechend dem Forschungsprozess nach ULRICH der Entwicklung des Grobkonzeptes der Methodik zur ähnlichkeitsbasierten Produktkonfiguration.[294] Nach EHRLENSPIEL bezeichnet der übergeordnete Begriff Methodik eine „planmäßige Verfahrensweise zur Erreichung eines bestimmten Ziels nach einem Vorgehensplan unter Einschluss von Strategien, Methoden, Werkzeugen und Hilfsmitteln".[295] Gemäß dieser Definition werden zunächst inhaltliche und formale Anforderungen an die Methodik definiert (Kapitel 4.1). Diese stellen u. a. sicher, dass die entwickelte Methodik zu den vorgestellten Zielbereichen und Objektbereichen passt und die Praxis- und Theoriedefizite entsprechend adressiert werden. Anschließend werden die Nutzenpotenziale der ähnlichkeitsbasierten Produktkonfiguration dargestellt (Kapitel 4.2), bevor das Grobkonzept und die wesentlichen Schritte der Methodik vorgestellt werden (Kapitel 4.3). Darauf aufbauend werden die Teilmodelle abgeleitet (Kapitel 4.4), bevor das Kapitel mit einem Zwischenfazit schließt (Kapitel 4.5).

4.1 Anforderungen an die Methodik

Ziel dieses Kapitels ist es, die inhaltlichen und formalen Anforderungen an die zu entwickelnde Methodik abzuleiten, damit anschließend systematisch das Grobkonzept zur ähnlichkeitsbasierten Produktkonfiguration entwickelt werden kann.

4.1.1 Inhaltliche Anforderungen

Die inhaltlichen Anforderungen bilden die Basis für die systematische Ableitung des Grobkonzepts und dienen zwei unterschiedlichen Zwecken. Erstens hilft die Definition der Anforderungen dabei, systematisch und zielgerichtet das Grobkonzept zu entwickeln und alle relevanten Aspekte zu berücksichtigen. Zweitens führen die de-

[294] Vgl. Ulrich et al. (1976), Wissenschaftstheoretische Grundlagen der Betriebswirtschaftslehre - Teil II, S. 348

[295] Vgl. Ehrlenspiel (2009), Integrierte Produktentwicklung, S. 142

finierten Anforderungen dazu, die entwickelte Methodik in der Validierung in Kapitel 6 bewerten zu können. Die inhaltlichen Anforderungen leiten sich sowohl aus der Zielsetzung der Arbeit (vgl. Kapitel 1.2 und 3.2.1), dem Objektbereich der Arbeit (vgl. Kapitel 3.2.1), den Defiziten der Praxis (vgl. Kapitel 3.1) und den Defiziten der Theorie (vgl. Kapitel 3.3) her (vgl. Abbildung 4-1).

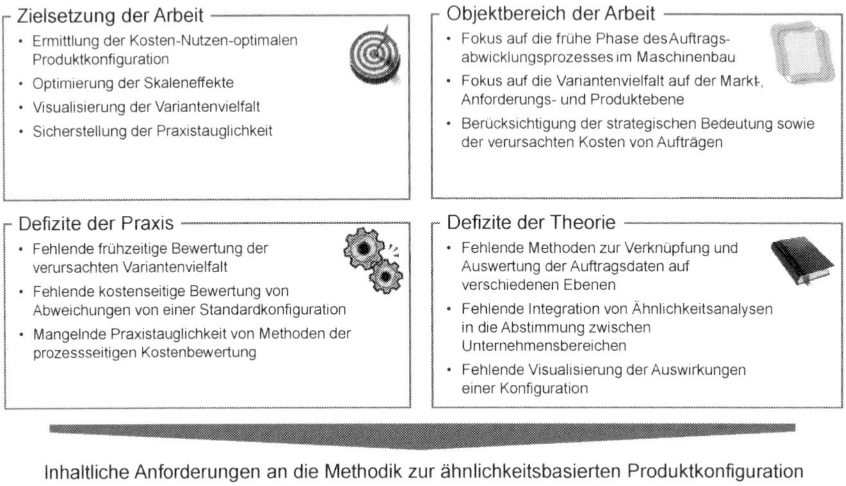

Abbildung 4-1: Inputfaktoren zur Ableitung der inhaltlichen Anforderungen

Aus der **Zielsetzung der Arbeit** folgt, dass die zu entwickelnde Methodik die Ermittlung einer Kosten-Nutzen-optimalen Produktkonfiguration ermöglichen soll. Dabei ist besonders darauf zu achten, dass die Skaleneffekte durch die Wiederverwendung von bestehenden Produkten bzw. Baugruppen optimiert werden. Darüber hinaus soll die durch die verschiedenen Produktkonfigurationen verursachte Variantenvielfalt nutzergerecht visualisiert werden, um die Steuerung des Produktkonfigurationsprozesses zu erleichtern. Ferner soll die Praxistauglichkeit dadurch sichergestellt werden, dass alle für den Konfigurationsprozess relevanten Informationen (z. B. Kundenanforderungen, indirekte und direkte Kosten, Baugruppen) weitestgehend automatisiert zur Verfügung gestellt oder einfach erhoben werden können.

Aus dem dargestellten **Objektbereich der Arbeit** lässt sich ableiten, dass der Fokus der Methodik auf der frühen Phase des Auftragsabwicklungsprozesses im Maschinenbau liegen sollte. Der Branchenfokus beinhaltet auch, dass die spezifischen Rahmenbedingungen des Maschinenbaus (z. B. die typische Anzahl an Aufträgen, die Einbindung des Kunden in den Auftragsabwicklungsprozess) beachtet werden müssen. Durch die Methodik ist die Variantenvielfalt auf verschiedenen Ebenen zu adressieren, d. h. auf der Kunden-, der Anforderungs- und der Produktebene. Um eine Kosten-Nutzen-optimale Produktkonfiguration zu ermöglichen, sind sowohl die strategische Bedeutung eines Auftrags als auch die verursachten direkten und indirekten Kosten zu betrachten.

Die dargestellten **Defizite der Praxis** sollen durch die Methodik aufgelöst werden, sodass sich als eine erste Anforderung ergibt, dass die verursachte Variantenvielfalt bereits sehr früh im Auftragsabwicklungsprozess bewertet werden muss. Insbesondere die kostenseitige Bewertung von Abweichungen von einer Standardkonfiguration sollte dabei fokussiert werden. Die mangelnde Praxistauglichkeit bei der verursachungsgerechten Ermittlung von Variantenkosten soll durch eine effiziente und hinreichend genaue Abschätzung der verursachten Kosten in der Methodik adressiert werden.

Aus den **Defiziten der Theorie** leiten sich abschließend weitere inhaltliche Anforderungen ab. Bislang bestehen keine Methoden zur Verknüpfung und Auswertung der Auftragsdaten auf verschiedenen Ebenen, da die Beschreibungssprache nicht einheitlich ist. Darüber hinaus existiert bislang keine Möglichkeit, um Ähnlichkeitsanalysen in die Abstimmung zwischen Unternehmensbereichen zu integrieren. Schließlich werden Auswirkungen einer Produktkonfiguration bislang nicht systematisch visualisiert.

4.1.2 Formale Anforderungen

Neben den inhaltlichen Anforderungen muss die zu entwickelnde Methodik ebenfalls formale Anforderungen erfüllen. So wird gewährleistet, dass das Modell neben den spezifischen Fragestellungen auch den grundsätzlichen und allgemeingültigen Anforderungen an ein Modell entspricht. Dies stellt die Anwendbarkeit und Richtigkeit der zu entwickelnden Methodik sicher. Die relevanten formalen Anforderungen werden nachfolgend in Anlehnung an PATZAK[296] aufgeführt und jeweils kurz erläutert:

- Die **formale Richtigkeit** stellt sicher, dass getätigte Aussagen reproduzierbar und widerspruchsfrei sind. Somit ist die Nachprüfbarkeit des Modells gewährleistet.
- Die **empirische Richtigkeit** ist dann gegeben, wenn die Abbildungseigenschaften des Modells und die Realität eine hinreichend genaue Ähnlichkeit aufweisen.

[296] Vgl. Patzak (1982), Systemtechnik, S. 309; Rudolf (2014), Produktionsgerechte Baukastengestaltung, S. 93

Dies setzt voraus, dass eine hohe Übereinstimmung zwischen der Realität und der Systemstruktur bzw. den Systemelementen gegeben ist.

- Die **Nutzerfreundlichkeit** dient dazu, eine ausreichende Akzeptanz des Modells in der Praxis sicherzustellen. Dazu muss das Modell leicht anwendbar sein und die Strukturen und die Ergebnisse des Modells vom Anwender müssen leicht interpretierbar sein.
- Das Modell sollte aus Sicht des Anwenders sowohl formal, als auch inhaltlich brauchbar sein, damit die Forderung nach der **Zweckbezogenheit** erfüllt wird.
- Die **optimale Wirksamkeit** unterstreicht, dass ein sinnvolles Aufwand-Nutzen-Verhältnis bei der Modellerstellung gegeben sein muss. Einem vertretbaren Aufwand bei der Modellerstellung muss ein möglichst großer Modellnutzen in Form einer adäquaten Aussagequalität gegenüberstehen.

Der Vergleich der formalen Anforderungen verdeutlicht, dass diese teilweise Zielkonflikten unterliegen können, die gegeneinander abzuwägen oder aufzulösen sind. Beispielsweise kann die Forderung nach der empirischen Richtigkeit und somit einer hohen Realitätsnähe des Modells im Widerspruch zur optimalen Wirksamkeit des Modells stehen. Eine Möglichkeit, um diesen Konflikt aufzulösen, besteht in der zielorientierten Vereinfachung des Modells. Bezüglich der Einhaltung der formalen Anforderungen stellt generell insbesondere das Verhältnis zwischen den Vereinfachungen bei der Modellerstellung und -anwendung und dem damit einhergehenden Verlust an Genauigkeit einen zentralen zu beachtenden Aspekt dar. Hier ist auf ein ausgewogenes Verhältnis zu achten, um sowohl die Praxistauglichkeit als auch die formale Richtigkeit sicherzustellen.[297]

Bevor das Grobkonzept der Methodik in Kapitel 4.3 skizziert werden soll, werden im nächsten Kapitel die angestrebten Nutzenpotenziale einer ähnlichkeitsbasierten Produktkonfiguration definiert.

4.2 Angestrebte Nutzenpotenziale einer ähnlichkeitsbasierten Produktkonfiguration

Nach PÜMPIN bezeichnet der Begriff des Nutzenpotenzials „eine in der Umwelt, im Markt oder in der Unternehmung latent oder effektiv vorhandene Konstellation, die durch Aktivitäten der Unternehmung zum Vorteil aller Bezugsgruppen erschlossen

[297] Vgl. Lenders (2009), Beschleunigung der Produktentwicklung durch Lösungsraum-Management, S. 103

werden kann".[298] Bezogen auf die vorliegende Arbeit soll daher in diesem Kapitel die Idealkonstellation eines Produktkonfigurationsprozesses im Maschinenbau dargestellt werden, die als Leitbild für die zu entwickelnde Methodik dient.

Verschiedene Autoren befassen sich mit der Formulierung von Nutzenpotenzialen durch den Einsatz von auf die Vermeidung von Varianten ausgerichteten Konfigurationsprozessen. BONGULIELMI sieht die Zielsetzung in der Entwicklung eines entsprechenden „Werkzeugpakets (Methode und Tool)"[299] darin, eine zugängliche technische Wissensbasis über Variantenprodukte für alle Mitarbeiter zu schaffen, die von der Variantenproblematik betroffen sind. Insbesondere die Verbesserung der Kommunikation zwischen Verkauf und Entwicklung sowie die Verkürzung der Auftragsabwicklungszeiten werden von ihm hervorgehoben. Die Schaffung einer intuitiven, verständlichen und visuellen Modellierungsumgebung von Konfigurationswissen für Entwicklungsteams und -ingenieure ist ebenfalls ein relevantes Nutzenpotenzial.[300]

FIRCHAU stellt als Wirkungen der variantenoptimierten Entwicklung Potenziale entlang der Wertschöpfungskette dar, die auch durch einen optimierten Produktkonfigurationsprozess erschlossen werden können. Eine frühe Steuerung der variantenoptimierten Entwicklung führt beispielsweise zu mehr Norm-, Gleich- und Wiederholteilen, weniger Sonderausführungen, bewährten Verkaufsargumenten im Vertrieb, einer besseren Preispolitik (bevorzugte Varianten begünstigen, Sonderausführungen vermeiden) und zu reduzierten Lieferzeiten.[301] Darüber hinaus können die Gemeinkosten für kundenspezifische Anpassungskonstruktionen bereits im Angebot berücksichtigt werden. Ferner bedeuten Abweichungen vom Standard bei einer entsprechenden Steuerung einen Mehraufwand für den Vertriebsmitarbeiter und werden daher vermieden.[302]

KORTMANN stellt drei relevante Potenzialfelder heraus, die von Unternehmen durch den Einsatz von Produktkonfiguratoren erschlossen werden können. Zunächst kann die Geschwindigkeit des Auftragsabwicklungsprozesses erheblich erhöht werden, da Angebote und Aufträge schneller erstellt werden können. Dies führt insbesondere zu Kostenreduzierungen im Vertrieb und in der Entwicklung. Darüber hinaus kann durch die Wiederverwendung von Komponenten die Komplexität bereits an der Schnittstelle zum Markt beherrscht werden, sodass das Variantenmanagement nach-

[298] Pümpin (1992), Das Dynamik-Prinzip, S. 47
[299] Bongulielmi (2003), Konfigurations- & Verträglichkeitsmatrix, S. 20
[300] Vgl. Bongulielmi (2003), Konfigurations- & Verträglichkeitsmatrix, S. 20
[301] Vgl. Firchau (2003), Variantenoptimierende Produktgestaltung, S. 60
[302] Vgl. Firchau (2003), Variantenoptimierende Produktgestaltung, S. 169

haltig unterstützt wird. Schließlich gewährleisten Konfigurationssysteme technisch und preislich validierte Angebote.[303]

FELFERNIG ET AL. stellen darüber hinaus fest, dass eine Unterstützung des Kunden durch personalisierte Voreinstellungen zu einer höheren Zufriedenheit im Konfigurationsprozess führt.[304]

Auch wenn die wirklich realisierten Nutzenpotenziale von der tatsächlichen, unternehmensspezifischen Umsetzung abhängen, so lassen sich einige generische Vorteile des Einsatzes von Produktkonfiguratoren aufführen. Die Anwendungen und damit die Nutzenpotenziale können sich deutlich unterscheiden, da ein Konfigurator beispielsweise zur vollständig automatisierten Konfiguration, zur Verifikation von interaktiv entwickelten Lösungen, zur Unterstützung der Vertriebsabteilung bei der Angebotserstellung oder zur technischen Aufbauplanung genutzt werden kann.[305] Die Steigerung der Skaleneffekte entlang des Auftragsabwicklungsprozesses kann als übergeordnetes Ziel des Einsatzes von Produktkonfiguratoren bezeichnet werden, beispielsweise durch einen erhöhten Anteil an Wiederholteilen. Wie groß der tatsächlich realisierte Nutzen des Einsatzes eines Produktkonfigurators ist, hängt jedoch maßgeblich von der semantischen Qualität des Klassifikationssystems ab. Es ist also entscheidend, wie umfassend und wie verständlich die Wissensbasis und die Restriktionen beschrieben sind.[306]

In Abbildung 4-2 sind exemplarisch einige Nutzenpotenziale entlang des Auftragsabwicklungsprozesses aufgeführt. Im Vertrieb bzw. Produktmanagement besteht der Hauptnutzen darin, dass Produktprogramme gesteuert entwickelt werden. Außerdem können Kunden durch den Produktauswahlprozess geführt werden. Gleichzeitig ergibt sich durch den Einsatz eines Produktkonfigurators bereits zu einem frühen Zeitpunkt ein deutlich erhöhter Konkretisierungsgrad des Produktes und durch die Konfigurationsüberprüfung wird die technische Machbarkeit sichergestellt. Die Definition von Optionsbündeln (d. h. die vorgegebene Kombination von ausgewählten Optionen) ist durch Produktkonfiguratoren ebenfalls leicht möglich und Untersuchungen haben gezeigt, dass Kunden durch Bündel an Merkmalen häufiger Optionen wählen, als wenn diese einzeln angeboten werden.[307] Die Entwicklung profitiert

[303] Vgl. Kortmann (2009), Strategien zur profitablen Variantenkonfiguration, S. 60
[304] Vgl. Felfernig et al. (2010), Personalized user interfaces for product configuration
[305] Vgl. Felfernig et al. (1999), Intelligente Produktkonfiguratoren, S. 202; Stumptner (1997), An overview of knowledge-based configuration, S. 112
[306] Vgl. Pahl et al. (1997), Konstruktionslehre
[307] Vgl. Hamilton et al. (2008), Choosing options for products

beim Einsatz von Konfiguratoren von der automatisierten Erstellung von Stücklisten und von der Reduktion von Sonder- und Anpassungsentwicklungen. In der Arbeitsvorbereitung können durch den Einsatz von Produktkonfiguratoren Arbeitspläne automatisiert erstellt werden, Produktionsfaktoren werden reduziert und die Anzahl technischer Rückfragen wird durch den bereits zu Beginn sehr hohen Konkretisierungsgrad geringer. In der Beschaffung können durch den erhöhten Verkauf von Standardvarianten die Stückzahlen gesteigert werden und damit Skaleneffekte im Einkauf erzielt werden. Die Skaleneffekte werden auch in der Produktion gesteigert, indem Prozessalternativen reduziert werden.

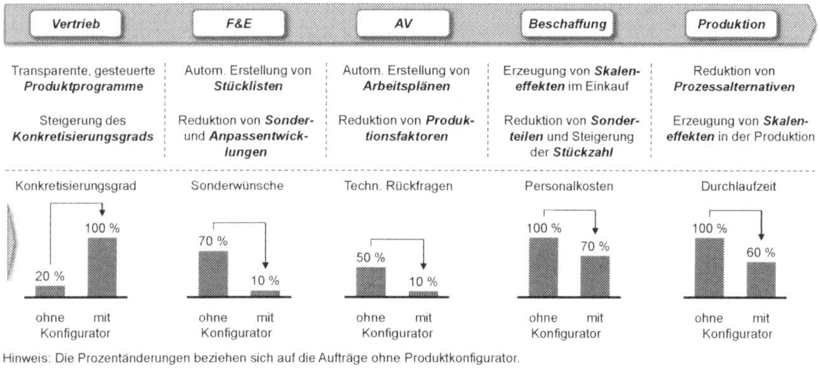

Abbildung 4-2: Nutzenpotenziale durch Produktkonfiguratoren[308]

Über die dargestellten Effekte hinausgehende Potenziale können abschließend noch durch Vorteile wie die einfache Wahl des Detaillierungsgrades, die automatische Übermittlung der Konfiguration an andere Unternehmensbereiche und Informationssysteme oder die Integration mehrerer Landessprachen genannt werden.[309]

Basierend auf diesen generellen Nutzenpotenzialen von Produktkonfiguratoren lässt sich für diese Arbeit das folgende Leitbild für das Nutzenpotenzial der ähnlichkeitsbasierten Produktkonfiguration ableiten. Die vorliegende Arbeit erhebt dabei nicht den Anspruch, diesen Zielzustand endgültig zu erreichen, sondern soll einen wissenschaftlichen Beitrag mit ausgeprägter Praxisrelevanz dazu leisten. Im Folgenden sollen 13 Nutzenpotenziale der ähnlichkeitsbasierten Produktkonfiguration vorgestellt

[308] In Anlehnung an Hüllenkremer (2009), Rationalisierung von Vertrieb bis Produktion, S. 64

[309] Vgl. Buchner et al. (1995), Elektronische Kataloge im Investitionsgütervertrieb, S. 15 f.; Rust (1998), Effiziente Verkaufsgespräche, S. 1 f.

werden, die durch die zu entwickelnde Methodik adressiert werden (vgl. Abbildung 4-3).

- **Ankereffekte bei der Produktauswahl** verringern die ungesteuerte Definition von Produktvarianten durch den Kunden im Vertriebsprozess und führen zu einer Steigerung des Absatzes von Standardvarianten.[310]
- Durch **Wiederverwendung** von Bauteilen, Zeichnungen, Arbeitsplänen etc. **steigen die Skaleneffekte** entlang des Auftragsabwicklungsprozesses.
- Die **Identifikation von Ähnlichkeiten zu bestehenden Produktaufträgen** führt zur Verringerung der Anzahl ungeplanter neuer Produktvarianten und erhöht ebenfalls die zuvor genannte Wiederverwendung.
- Eine **praktikable, verursachungsgerechte Kostenermittlung** neuer Produktvarianten durch eine angepasste Prozesskostenrechnung verdeutlicht die mit Exotenvarianten einhergehenden Kosten und verringert die Attraktivität der Exotenvarianten für den Kunden und den Vertriebsmitarbeiter.
- Durch eine **Darstellung der Vorteilhaftigkeit von Vorzugsvarianten** (z. B. hinsichtlich des Kostenunterschiedes) werden diese häufiger abgesetzt, sodass die Skaleneffekte entlang des Auftragsabwicklungsprozesses steigen.
- Die **Incentivierung der Auswahl von Standardvarianten** für den Kunden und den Vertriebsmitarbeiter führt ebenfalls zu einem erhöhten Absatz von standardnahen Produktvarianten.
- Die Methodik zur ähnlichkeitsbasierten Produktkonfiguration lässt **keine preisneutralen Sonderausführungen** zu, sondern weist die Kosten verursachungsgerecht aus.
- Der automatisierte Vergleich mit ähnlichen bestehenden Produktvarianten ermöglicht eine **frühzeitige Kostenabschätzung**.
- Durch die zielgerichtete Anpassung von Standardvarianten an die kundenspezifischen Anforderungen ist eine **hohe Praktikabilität der Produktkonfiguration** gewährleistet.

[310] Als Ankereffekt wird ein Phänomen in der Kognitionspsychologie beschrieben, bei dem Menschen bei bewusst getroffenen Wahlen von vorhandenen Umgebungsinformationen beeinflusst werden, ohne dass ihnen dieser Einfluss bewusst ist. TVERSKY und KAHNEMAN nennen als Ursache für den Ankereffekt eine nicht ausreichende Korrektur der vom Anker beeinflussten Auswahl (vgl. Tversky et al. (1974), Judgment under Uncertainty: Heuristics, S. 1124 ff.).

- Eine **vorschlagsbasierte Produktkonfiguration** leitet den Kunden und/oder Vertriebsmitarbeiter zur Kosten-Nutzen-optimalen Produktkonfiguration.
- Durch eine einheitliche Beschreibungssprache mit verschiedenen Sichten sowie durch die transparente Darstellung von Auswirkungen einer Produktkonfiguration besteht **keine Informationsasymmetrie zwischen Vertrieb und Entwicklung**.
- Eine neuartige, **intuitive und verständliche Darstellung der bestehenden und verursachten Vielfalt** erleichtert die Kommunikation zwischen Vertrieb und Entwicklung.
- Die Speicherung aller Aufträge in einer **durchgängigen Wissensbasis** verhindert die Neukonstruktion bereits bestehender, aber an anderer Stelle entwickelter bzw. verkaufter Produkte.

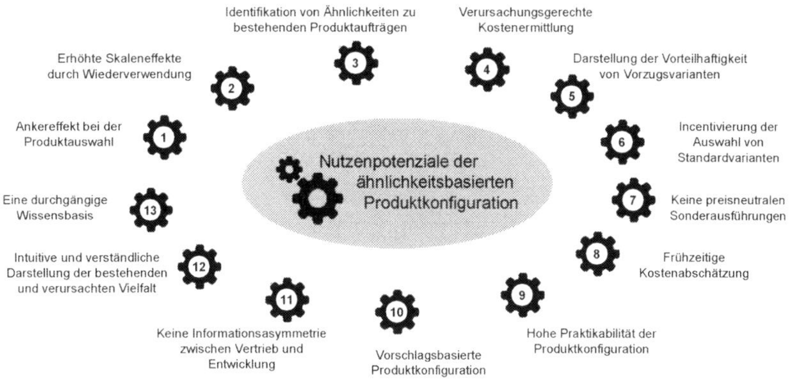

Abbildung 4-3: Nutzenpotenziale der ähnlichkeitsbasierten Produktkonfiguration

Die vorgestellten Nutzenpotenziale werden durch die zu entwickelnde Methodik adressiert, deren Grobkonzept im folgenden Kapitel 4.3 dargestellt wird.

4.3 Grobkonzept zur ähnlichkeitsbasierten Produktkonfiguration

Der folgende Abschnitt bildet den Kern des vierten Kapitels, da im Folgenden das Grobkonzept der zu entwickelnden Methodik vorgestellt wird (vgl. Abbildung 4-4). Dazu werden die vier Hauptschritte der Methodik näher erläutert.

Zur Beschreibung der Aufträge auf der Kunden-, der Anforderungs- und der Produktebene bedarf es zunächst einer einheitlichen Beschreibungssprache. Dazu müssen die notwendigen Merkmale und Ausprägungen definiert werden, die für die praxistaugliche Beschreibung notwendig sind (vgl. Kapitel 4.3.1).

Sind die Merkmale zur Beschreibung von Aufträgen komplexer Produkte auf den drei genannten Ebenen definiert, können die Aufträge hinsichtlich ihrer Ähnlichkeit zueinander klassifiziert werden. Ziel dabei ist es, Ähnlichkeiten zwischen Aufträgen zu identifizieren, Gruppen von Aufträgen zu bilden und die Ähnlichkeiten zwischen Aufträgen zu visualisieren. Dazu wird auf Methoden der Ähnlichkeitsanalyse zurückgegriffen, um die Ähnlichkeiten zwischen Produktaufträgen ermitteln zu können. Die multidimensionale Skalierung wird dazu verwendet, die Ähnlichkeiten zwischen Produktaufträgen nutzergerecht zu visualisieren (vgl. Kapitel 4.3.2).

Im dritten Schritt werden die Änderungssensitivitäten der Produktkonfiguration untersucht. Es wird erklärt, wie sich Änderungen an Produktvarianten hinsichtlich der strategischen Bedeutung eines Produktauftrags, der Ähnlichkeit zu bestehenden Aufträgen und der verursachten Kosten auswirken. Dabei wird insbesondere analysiert, wie ausgehend von der Einordnung der Kunden auf der Kundenebene passende Vorzugsvarianten auf der Anforderungsebene ermittelt werden können. Des Weiteren wird in diesem Modell erklärt, wie die Ähnlichkeiten zwischen Produktaufträgen auf den unterschiedlichen Ebenen in Verbindung zueinander stehen (vgl. Kapitel 4.3.3).

Die Steuerung des Konfigurationsprozesses wird im vierten Schritt modelliert. Ziel ist es, basierend auf den Vorarbeiten aus den ersten drei Schritten den Konfigurationsprozess so zu steuern, dass die Kosten-Nutzen-optimale Produktkonfiguration identifiziert werden kann (vgl. Kapitel 4.3.4).

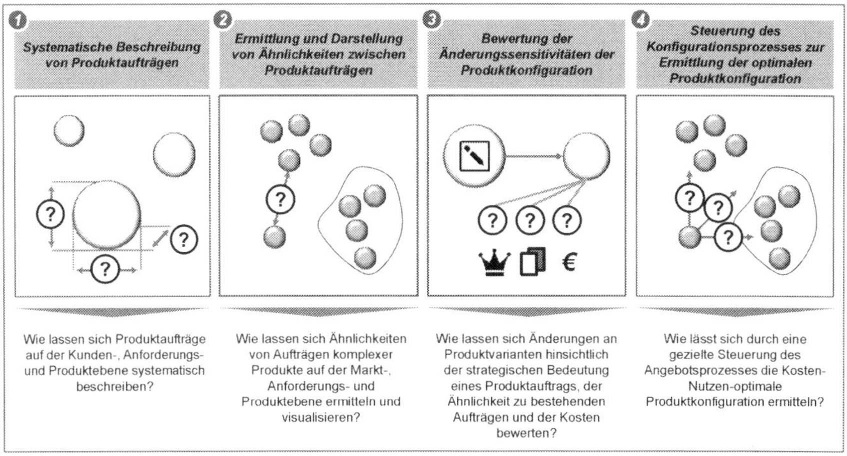

Abbildung 4-4: Grobkonzept zur ähnlichkeitsbasierten Produktkonfiguration

In den folgenden Abschnitten werden die einzelnen Schritte des Grobkonzeptes kurz vorgestellt und in den Gesamtzusammenhang gebracht. Die Detaillierung der Schritte erfolgt anschließend in Kapitel 5.

4.3.1 Systematische Beschreibung von Produktaufträgen

Ein systematisches und generisches Beschreibungsmodell, mithilfe dessen die Variantenvielfalt im Auftragsabwicklungsprozess des Maschinenbaus strukturiert abgebildet werden kann, stellt eine maßgebliche methodische Grundlage für die zu entwickelnde Methodik dar. Der erste Schritt dient daher dazu, Produktaufträge im Maschinenbau einheitlich auf verschiedenen Ebenen zu beschreiben. Dazu werden **Beschreibungsprofile** auf der Kunden-, der Anforderungs- und der Produktebene (Kundenprofile, Anforderungsprofile, Produktprofile) entwickelt, die eine einheitliche und produktunabhängige Beschreibung von Produktaufträgen ermöglichen und die die Grundlage für die Bestimmung der Ähnlichkeiten im zweiten Arbeitspaket bilden. Der Detaillierungsgrad des beschriebenen Produktes nimmt dabei von der Kunden- bis zur Produktebene zu (vgl. Abbildung 4-5).

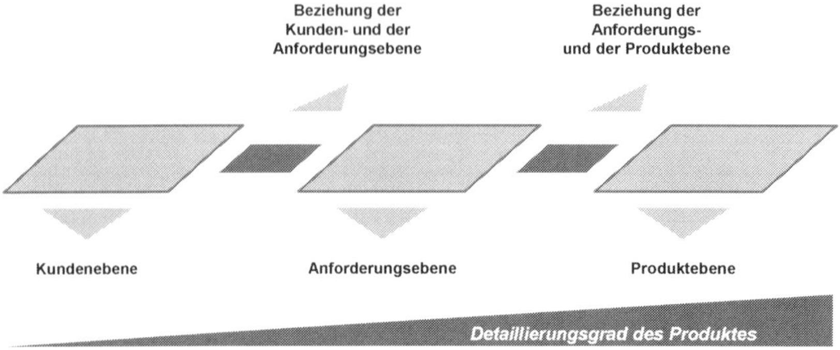

Abbildung 4-5: Konzept zur Beschreibung von Produktaufträgen auf verschiedenen Ebenen

Zur Bestimmung der **Kundenprofile** werden allgemeingültige Merkmale ermittelt, anhand derer sich Kunden unterscheiden lassen. Beispielsweise könnte ein Kunde anhand der Kriterien Preisbewusstsein, Sicherheitsbewusstsein oder Qualitätsbewusstsein klassifiziert werden. Diese Merkmale können anschließend unternehmensspezifisch angepasst werden. Ziel ist es, einen Kundenvektor zu entwickeln (im Sinne eines Spaltenvektors aus der Mathematik), der es erlaubt, verschiedene Kunden einheitlich und damit vergleichbar zu beschreiben. Dabei ist zu berücksichtigen, dass dieser Kundenvektor für eine spätere Ähnlichkeitsanalyse zwischen Kunden verwendet werden kann.

Im Anschluss wird eine geeignete Methode entwickelt, mit der Kundenanforderungen an unterschiedliche Produkte einheitlich aufgenommen und so beschrieben werden können, dass später eine ähnlichkeitsbasierte Auswertung durchgeführt werden kann. Ziel ist die Entwicklung eines Anforderungsvektors, der es erlaubt, verschiedene **Anforderungsprofile** von Kunden abzubilden. Dabei liegt der Fokus im Gegensatz zum bereits vorgestellten Kundenprofil nicht auf der Beschreibung des Kunden, sondern es wird ein Beschreibungssystem aufgebaut, das eine quantitative Beurteilung von Kundenanforderungen (an das Produkt) erlaubt. Kundenanforderungen könnten bei einer Werkzeugmaschine beispielsweise der Vorschub, die Drehzahl oder die Größe sein. Für die Ausprägungen der verschiedenen Kundenanforderungen werden in einem einheitlichen Vorgehen basierend auf bestehenden Ansätzen[311] generische Bewertungsgrößen ermittelt, die als Grundlage für die Vergleichbarkeit und Konsolidierung der Kundenanforderungsausprägungen notwendig sind. Die Bewertung der

[311] Vgl. Albers (2007), Optimale Auswahl von Produkteigenschaften

Kundenanforderungen erfolgt in einem einheitlichen Maßstab, um die Vergleichbarkeit zwischen den Kundenanforderungen und über die betrachteten Produkte sicherzustellen.

Abschließend liegt der Fokus in diesem Schritt auf der Produktebene. Ziel ist es hier, eine Beschreibung eines Produktes in der Form zu ermöglichen, dass die Ähnlichkeiten zwischen Produkten rechnerisch ermittelt werden können. Die Herausforderung hierbei besteht darin, aus verschiedenen Stücklisten mit unterschiedlichen Stücklistenebenen die entsprechenden Einträge für die **Produktprofile** zu extrahieren. Dazu wird ein Produktvektor gebildet, der eine Produktvariante anhand der relevanten Baugruppen beschreibt und damit einen Vergleich zu anderen Produktvarianten ermöglicht.

Der Innovationsgrad des zu entwickelnden Beschreibungsmodells ist im Kern die zusammenhängende Modellierung der Variantenvielfalt von Produktaufträgen im Maschinenbau auf Kunden-, Anforderungs- und Produktebene. Die abgeleiteten **Kunden-, Anforderungs- und Produktprofile** bilden die Basis für die Ermittlung der Ähnlichkeiten, die Gegenstand von Kapitel 4.3.2 sind. Darüber hinaus werden die Beziehungen zwischen den verschiedenen Ebenen untersucht und modelliert, um in den späteren Schritten auf die Relationen zwischen den Beschreibungsebenen zurückgreifen zu können.

4.3.2 Ermittlung und Darstellung von Ähnlichkeiten zwischen Produktaufträgen

Sind die Produktaufträge eines Unternehmens im Maschinenbau einheitlich beschrieben, sollen diese in einem zweiten Schritt hinsichtlich ihrer Ähnlichkeit zueinander untersucht werden. Dazu wird durch Anwendung von Ähnlichkeitsanalysen (z. B. Distanzberechnungen, multidimensionale Skalierung) basierend auf den Kunden-, Anforderungs- und Produktprofilen aus dem ersten Schritt untersucht, wie Ähnlichkeiten auf der Kunden-, Anforderungs- und Produktebene ermittelt und dargestellt werden können. Da die zur Beschreibung von Produkten notwendigen Merkmale unternehmensspezifisch sind, wird ein allgemeines Vorgehen vorgestellt, mit dem je nach Produkt die Ähnlichkeiten auf den Ebenen ermittelt und visualisiert werden können (vgl. Abbildung 4-6). Verfahren wie die Ähnlichkeitsanalyse oder die multidimensionale Skalierung bilden einen geeigneten Ansatz, um Ähnlichkeiten zwischen Objekten mathematisch zu ermitteln und diese Ähnlichkeiten grafisch abzubilden. Die grafische Abbildung bildet einen ersten Ansatzpunkt, um darauf aufbauend Cluster von ähnlichen Produktaufträgen zu identifizieren.

In diesem Schritt wird untersucht, welche Proximitätsmaße (z. B. (quadrierte) euklidische Distanz, City-Block-Distanz, etc.) geeignet sind, um die Ähnlichkeiten zwischen Kundenprofilen, Anforderungsprofilen und Produktprofilen zu ermitteln. Dazu muss beachtet werden, welche Skalierung die Rohdaten haben, wobei zwischen nominalen, ordinalen und metrischen Skalen unterschieden wird. Je nach Ebene (Kunden-, Anforderungs- oder Produktebene) können andere Proximitätsmaße sinnvoll und zielführend sein. Darüber hinaus wird der Problematik Rechnung getragen, dass verschiedene Merkmale unterschiedlich stark gewichtet werden sollten, um eine sinnvolle Ähnlichkeitsbestimmung durchzuführen. Beispielsweise sind sich zwei Produkte ähnlicher, wenn sie sich nur in einem kleinen, eher unbedeutenden Bauteil unterscheiden, als wenn eine der Hauptkomponenten unterschiedlich ist, da sich zum Beispiel die damit einhergehenden Änderungskosten deutlich unterscheiden. Daraus ergibt sich die Anforderung, dass einzelne kundenbeschreibende Merkmale, Anforderungen oder Baugruppen unterschiedliche Gewichtungen besitzen müssen, um aussagekräftige Ähnlichkeitsmaße auf den verschiedenen Ebenen zu erhalten. Ziel ist es damit, Gewichtungsfaktoren für die Ähnlichkeitsanalyse zu ermitteln, die für die ähnlichkeitsbasierte Produktkonfiguration verwendet werden können.

Um der Anforderung einer transparenten und abteilungsübergreifenden Abbildung der bestehenden Produktvarianten nachzukommen, wird in diesem Schritt außerdem das Ziel verfolgt, die Ähnlichkeiten zwischen Produktaufträgen zu visualisieren und damit leicht nachvollziehbar zu machen. Dazu wird auf die Methode der multidimensionalen Skalierung zurückgegriffen. Diese Methode ermöglicht eine intuitiv verständliche Darstellung der Vielfalt auf der Kunden-, Anforderungs- und Produktebene, da anhand der in einer zweidimensionalen Darstellung abgebildeten Punkte Cluster von Produktaufträgen gut erkennbar sind (vgl. Abbildung 4-6).

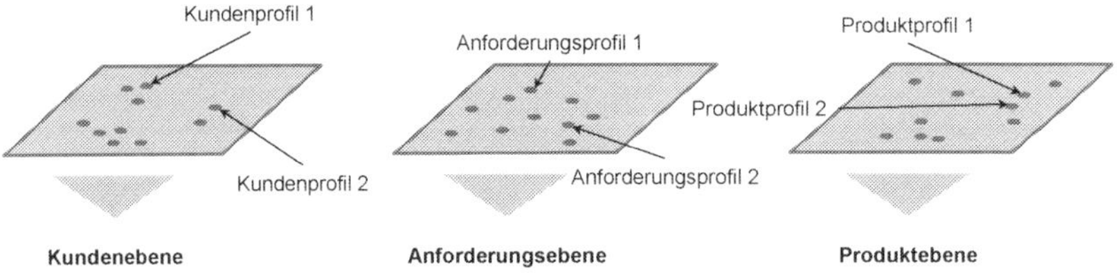

Abbildung 4-6: Ermittlung und Darstellung von Ähnlichkeiten zwischen Produktaufträgen

Die Herausforderung besteht dabei darin, Ausreißer in den Produktaufträgen zu erkennen und den Umgang mit ihnen zu definieren, um eine lesbare grafische Auswertung zu erhalten. Mögliche Ausreißeranalysen nach BUTTLER basieren beispielsweise auf dem Median, der Standardabweichung oder Abstandssummen.[312]

4.3.3 Bestimmung der Änderungssensitivitäten der Produktkonfiguration

Im zweiten Schritt wurden die Ähnlichkeiten zwischen Produktaufträgen ermittelt, wodurch eine Einordnung eines Kunden im Bezug zu bereits bestehenden Kundenaufträgen möglich ist. Im dritten Schritt stehen die Auswirkungen auf die Erfüllung der Kundenanforderungen und die resultierenden Kosten im Mittelpunkt, die entstehen, wenn eine Vorzugsvariante, d. h. eine vordefinierte Standardkonfiguration des Produktes, an die kundenspezifischen Anforderungen angepasst wird. Ziel ist es, basierend auf den ermittelten Ähnlichkeiten zwischen Produktaufträgen aus Schritt 2 die **Änderungssensitivitäten** einer Produktkonfiguration für den restlichen Auftragsabwicklungsprozess zu ermitteln.

Dazu wird im Sinne einer Sensitivitätsanalyse untersucht, welche Auswirkungen Änderungen der Produktkonfiguration auf bestimmte Größen, z. B. die indirekten Kosten, haben. Sensitivitätsanalysen dienen der Ermittlung der Reaktion der Elemente eines Gesamtsystems (Output) auf die Variation bzw. Anregung eines spezifischen Elements des Systems (Input). Dazu wird beispielsweise untersucht, wie sich die direkten und indirekten Kosten einer Produktkonfiguration bei einer Änderung der Ausgangskonfiguration verändern (vgl. Abbildung 4-7).

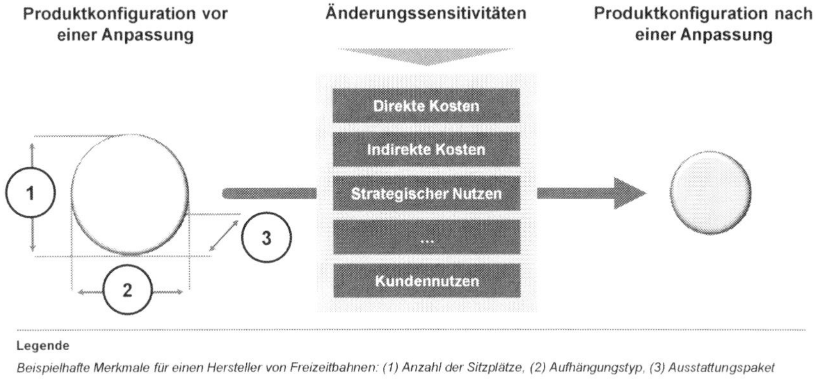

Abbildung 4-7: Änderungssensitivitäten der Produktkonfiguration

[312] Vgl. Buttler (1996), Ein einfaches Verfahren zur Identifikation von Ausreißern bei multivariaten Daten

Es wird ein Bewertungsmodell entwickelt, mit dessen Hilfe die Änderungen der direkten und indirekten Kosten einer Produktkonfiguration kalkuliert werden können. Dabei fließen beispielsweise die in der multidimensionalen Skalierung dargestellten Ähnlichkeiten zwischen den Profilen in die Ermittlung der Anpassungskosten ein. Das Modell schließt auch die effiziente Ermittlung der Kostenparameter im Sinne einer verursachungsgerechten Prozesskostenrechnung mit ein. Dazu werden bestehende Verfahren bezogen auf die Anwendbarkeit in der industriellen Praxis weiterentwickelt und angepasst. Darüber hinaus wird durch die Berücksichtigung der direkten Kosten ein ganzheitliches Modell entwickelt, das eine transparente Kostenprognose zulässt. Neben der Betrachtung der direkten und indirekten Kosten werden als weitere Bewertungsdimensionen der Kundennutzen einer Produktkonfiguration sowie der strategische Nutzen eines Produktauftrags ermittelt. Die Änderungssensitivitäten unterstützen die Mitarbeiter in der frühen Phase des Auftragsabwicklungsprozesses und dienen als Grundlage für die Steuerung des Konfigurationsprozesses im vierten Schritt (vgl. Kapitel 4.3.4).

4.3.4 Steuerung des Konfigurationsprozesses zur Ermittlung der optimalen Produktkonfiguration

Die Herausforderung bei der Optimierung der Produktkonfiguration besteht in der Bewältigung einer Vielzahl theoretisch möglicher Lösungen und in der Berücksichtigung der Anforderungen der verschiedenen Stakeholder, die am Produktkonfigurationsprozess beteiligt sind (Kunde, Vertrieb, Produktmanagement, F&E). Um diese Herausforderung zu adressieren, wird im letzten Schritt ein Gestaltungsmodell entwickelt, welches basierend auf einem algorithmischen Verfahren die iterative Optimierung der Produktkonfiguration ermöglicht. Dieses Arbeitspaket bündelt die Ergebnisse der ersten drei Schritte und führt diese in einem Modell zusammen. So fließen sowohl die Beschreibungsvektoren (vgl. Kapitel 4.3.1), die Ähnlichkeitsanalysen und -visualisierungen (vgl. Kapitel 4.3.2) als auch die Änderungssensitivitäten der Produktkonfiguration (vgl. Kapitel 4.3.3) in das Steuerungsmodell ein.

Der erste Schritt besteht darin, einen Kunden zu Beginn des Auftragsabwicklungsprozesses methodisch bestmöglich einzuordnen. Dabei sollte durch die Einordnung ein möglichst genaues **Kundenprofil** (basierend auf demografischen und psychografischen Merkmalen sowie Merkmalen zum Kaufverhalten) identifiziert werden, um dieses im Vergleich zu den im zweiten Schritt festgelegten Marktsegmenten (Clustern) einordnen zu können. Der Neuheitsgrad im Vergleich zu bestehenden Verfahren der Kundenanalyse besteht in der systematischen Abstraktion des Kundenbildes auf zentrale, charakterisierende Eigenschaften zur Einordnung in die bestehende

Kundenlandschaft. Darauf aufbauend wird eine Methodik entwickelt, mit der aus dem Kundenprofil ein erwartetes Anforderungsprofil, das sogenannte **Annahmeprofil**, abgeleitet werden kann. Dieses Annahmeprofil sollte so festgelegt werden, dass es statistisch gesehen am ehesten zu den Charakteristiken des Kunden, d. h. zum Kundenprofil, passt. Für die Verbindung zwischen der Anforderungs- und der Produktebene wird auf bestehende Ansätze in der Wissenschaft zurückgegriffen (z. B. der Merkmal- und Variantenbaum nach SCHUH), die auf den speziellen Fall dieser Anwendung angepasst werden. Auf der Anforderungs- und auf der Produktebene sind dabei **Vorzugsprofile** zu definieren, die bevorzugt verkauft werden sollten.

Für den iterativen Algorithmus muss berücksichtigt werden, dass ein Kunde im Laufe des Konfigurationsprozesses Anpassungen an dem statistisch erwarteten Profil (Annahmeprofil) bzw. an dem angebotenen Profil (Vorzugsprofil) vornehmen können muss, um systematisch zwischen den geforderten Kundenanforderungen und den verursachten Mehrkosten abwägen zu können. Dazu wird ein algorithmisches Verfahren entwickelt, welches iterativ die Produktkonfiguration optimiert. Dabei wirken die verursachten indirekten und direkten Kosten, die Kundenanforderungen sowie der strategische Nutzen der Produktkonfiguration als Stellhebel für die Ermittlung einer optimalen Produktkonfiguration. Abbildung 4-8 visualisiert die verschiedenen Zwischenstufen (t_1, t_2, t_3) auf dem Weg zur optimalen Produktkonfiguration. Das iterative Verfahren ist außerdem angelehnt an den typischen Angebotserstellungsprozess eines Unternehmen des Maschinenbaus, in dem schrittweise das Produkt konkretisiert wird. Die Visualisierung der verursachten Vielfalt in Form der multidimensionalen Skalierung ermöglicht eine Diskussion zwischen den Verhandlungspartnern und führt dazu, dass in einer Mehrzahl der Fälle die verursachte Produktvielfalt durch den Einsatz des Verfahrens sinkt (vgl. Abbildung 4-8).

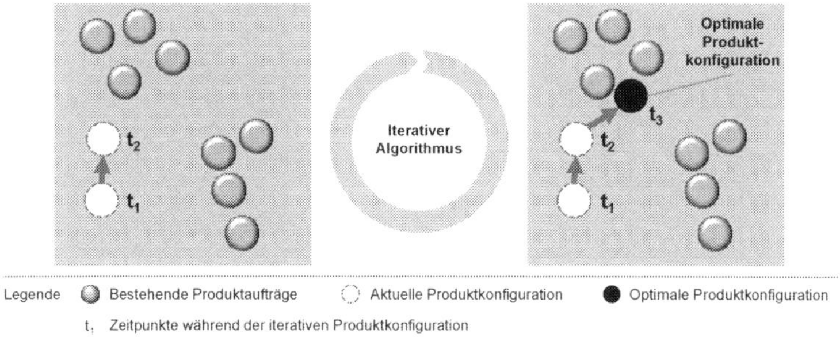

Abbildung 4-8: Steuerung des Konfigurationsprozesses zur Ermittlung der optimalen Produktkonfiguration

Abschließend werden basierend auf den zuvor entwickelten Zusammenhängen generische Strategien entwickelt, die als Leitlinien für den Angebotserstellungs- und Auftragsabwicklungsprozess dienen. Die Anwendung dieser Normstrategien befähigt Unternehmen des Maschinenbaus dazu, transparent die Entscheidungsdimensionen zu formulieren und an ihre Mitarbeiter zu kommunizieren. Wissenschaftlich ergibt sich darüber hinaus ein Mehrwert bezüglich der zusammenhängenden Beschreibung der relevanten Entscheidungsdimensionen im Auftragsabwicklungsprozess eines weitgehend durch den Kunden beeinflussten industriellen Unternehmens.

4.4 Ableitung von Teilmodellen

In diesem Kapitel werden die zur Realisierung der dargestellten Ziele notwendigen Partialmodelle näher vorgestellt. Ein Modell dient dabei dem Ziel, die komplexe Realität in einem vereinfachten Abbild wiederzugeben.[313] Nach STACHOWIAK können Modelle hinsichtlich ihres Zweckes durch drei Hauptmerkmale beschrieben werden: Abbildungsmerkmal, Verkürzungsmerkmal und pragmatisches Merkmal. Das Abbildungsmerkmal beschreibt, dass Modelle den Inhalt von Originalen wiedergeben. In Kombination mit dem zweiten Merkmal, dem Verkürzungsmerkmal, ist dies so zu verstehen, dass die Abbildung zumeist anders gestaltet ist als das Original und im Vergleich zu diesem vereinfacht ist. Darüber hinaus verdeutlicht das Verkürzungsmerkmal, dass das Abbild lediglich die für den Modellersteller oder -nutzer relevanten Merkmale enthält, im Vergleich zum Original jedoch eine verkürzte Darstellung liefert. Durch das pragmatische Merkmal eines Modells wird ausgedrückt, dass ein Modell immer nur einem konkreten Zweck dienen sollte. Dies lässt sich aus der Verkürzung ableiten, da die Modellinhalte auf die für den Zweck notwendigen Attribute fokussiert sein sollten.[314]

Zur Realisierung der Zielsetzung werden vier Partialmodelle benötigt, die im Folgenden jeweils kurz vorgestellt werden (vgl. Abbildung 4-9). Das Modell zur Beschreibung von Produktaufträgen auf der Kunden-, der Anforderungs- und der Produktebene ist als Beschreibungsmodell anzusehen, da in Beschreibungsmodellen bestimmte Größen erfasst und abgebildet werden. Die so beschriebenen Produktaufträge werden in einem nächsten Schritt hinsichtlich der Ähnlichkeiten untersucht. Das Erklärungsmodell liefert dabei Antworten auf die Frage, warum sich zwei Produktaufträge ähnlich sind. Dabei werden Ähnlichkeiten zwischen Produktaufträgen formalisiert, um Gruppen von Aufträgen zu bilden und die Ähnlichkeiten zwischen

[313] Vgl. Wöhe et al., Einführung in die allgemeine Betriebswirtschaftslehre, S. 36 ff.
[314] Vgl. Stachowiak (1973), Allgemeine Modelltheorie, S. 131 ff.

Produktaufträgen zu visualisieren. Ein weiteres Erklärungsmodell dient der Formalisierung der Sensitivitäten verschiedener Parameter im Konfigurationsprozess. So wird beispielsweise untersucht, wie sich die direkten und indirekten Kosten bei der Anpassung der Produktkonfiguration verändern. Abschließend fließen die Ergebnisse der verschiedenen Modelle in das Gestaltungsmodell zur Steuerung des Konfigurationsprozesses ein. Dieses Gestaltungsmodell unterstützt den Anwender bei der Identifikation der optimalen Produktkonfiguration eines Produktauftrags.

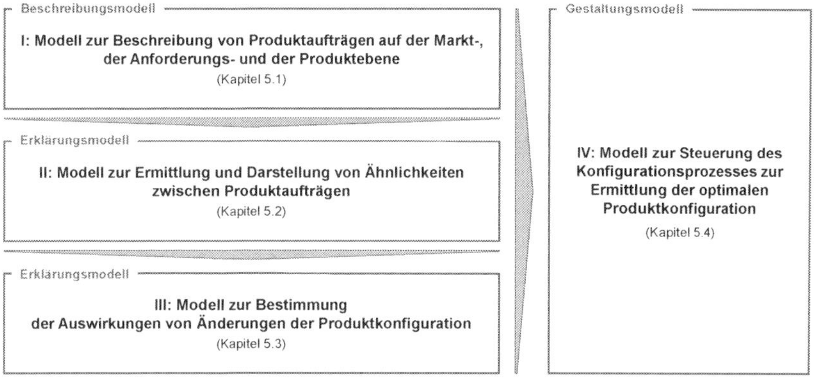

Abbildung 4-9: Partialmodelle zur ähnlichkeitsbasierten Produktkonfiguration

Durch die Darstellung des Lösungsansatzes in Form von Partialmodellen wurde eine Basis für die Detaillierung des Grobkonzeptes in Kapitel 5 geschaffen.

4.5 Zwischenfazit: Grobkonzept zur ähnlichkeitsbasierten Produktkonfiguration

Einleitend wurden in Kapitel 4.1 die inhaltlichen und formalen Anforderungen an die Methodik dargestellt. Während sich die inhaltlichen Anforderungen aus den Ziel- und Objektbereichen der Arbeit sowie dem Theorie- und Praxisdefizit ableiten lassen, stellen die formalen Anforderungen die Anwendbarkeit und Richtigkeit der zu entwickelnden Methodik sicher.

In Kapitel 4.2 wurden die Nutzenpotenziale einer ähnlichkeitsbasierten Produktkonfiguration vorgestellt. Im Wesentlichen ist dabei der Ankereffekt im Vertrieb zu nennen, der dabei hilft, die Entstehung ungeplanter Vielfalt früh einzugrenzen. Darüber hinaus können durch eine angepasste und praxisnähere Prozesskostenrechnung

Kosten neuer Produktvarianten einfacher abgeschätzt und Kostenunterschiede zwischen einer kundenspezifischen Produktvariante und einer standardisierten Vorzugsvariante besser dargestellt werden. Eine entsprechende Visualisierung kann dabei unterstützen, die Anwendbarkeit der Methodik sicherzustellen.

In Kapitel 4.3 wurde das Grobkonzept der Methodik zur ähnlichkeitsbasierten Produktkonfiguration vorgestellt. Die Methodik besteht aus vier Schritten, die aufeinander aufbauen. Der erste Schritt dient der einheitlichen Beschreibung von Produktaufträgen auf verschiedenen Ebenen. Im zweiten Schritt werden die Ähnlichkeiten zwischen Produktaufträgen analysiert und visualisiert. Der dritte Schritt adressiert die Änderungssensitivitäten, die bei einer Anpassung einer Produktkonfiguration eine Rolle spielen. Im vierten und letzten Schritt wird in einem iterativen Verfahren die optimale Produktkonfiguration ermittelt. Relevante wissenschaftliche Ansätze, die in den Schritten Verwendung finden, sind beispielsweise Ähnlichkeitsanalysen, multidimensionale Skalierung und Sensitivitätsanalysen.

Im Anschluss konnten vier für die ähnlichkeitsbasierte Produktkonfiguration relevante Teilmodelle abgeleitet werden (vgl. Kapitel 4.4), deren Detaillierung Gegenstand des fünften Kapitels ist.

5 Detaillierung der Methodik zur ähnlichkeitsbasierten Produktkonfiguration

Im fünften Kapitel wird die Methodik zur ähnlichkeitsbasierten Produktkonfiguration ausdetailliert. Die Detaillierung gliedert sich in die vier in Kapitel 4.3 vorgestellten Hauptschritte der Methodik (vgl. Abbildung 5-1). Im ersten Schritt werden Beschreibungskriterien erarbeitet, anhand derer Produktaufträge im Maschinenbau produktunabhängig aus verschiedenen Sichtweisen beschrieben werden können (Kapitel 5.1). Dazu werden Kunden-, Anforderungs- und Produktprofile definiert, die eine einheitliche Beschreibung der Produktaufträge sicherstellen. Der zweite Schritt beschäftigt sich mit der Ermittlung und Darstellung von Ähnlichkeiten zwischen Produktaufträgen. Dazu werden Proximitätsmaße und Gewichtungsfaktoren für die Ähnlichkeitsanalyse entwickelt und die ermittelten Ähnlichkeiten werden mithilfe der multidimensionalen Skalierung in eine zweidimensionale Darstellung überführt, die eine visuelle Auswertung ermöglicht (Kapitel 5.2).

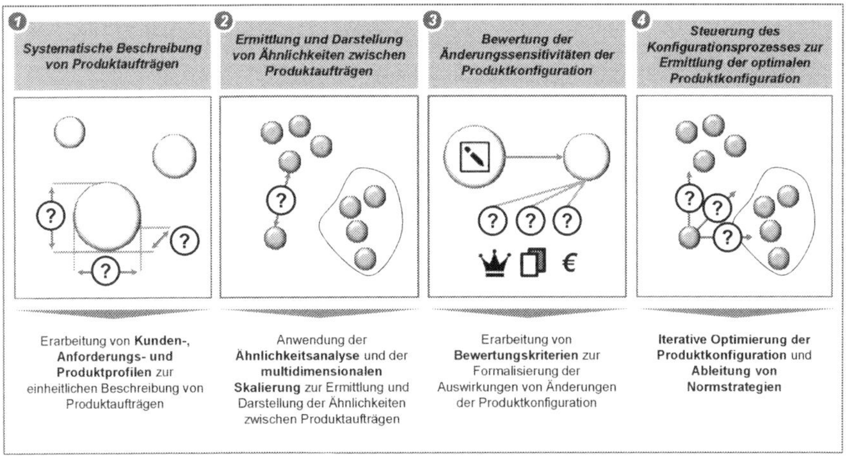

Abbildung 5-1: Vorgehensweise zur ähnlichkeitsbasierten Produktkonfiguration

Basierend auf den ersten beiden Schritten können anschließend Änderungssensitivitäten der Produktkonfiguration bestimmt werden (Kapitel 5.3). Diese Änderungssensitivitäten in Form von Bewertungskriterien, z. B. hinsichtlich der direkten und indirekten Kosten, beschreiben die Auswirkungen von Änderungen der Produktkonfiguration. Sie bilden die Grundlage für die Steuerung des Konfigurationsprozesses zur iterativen Ermittlung der Kosten-Nutzen-optimalen Produktkonfiguration und für die Ableitung von Normstrategien für den Auftragsabwicklungsprozess im vierten und letzten Schritt der Methodik (Kapitel 5.4). Das Kapitel schließt mit einem Zwischenfazit zum Detailkonzept (Kapitel 5.5).

5.1 Beschreibung von Produktaufträgen auf der Kunden-, der Anforderungs- und der Produktebene

Ein wesentliches Ziel der Methodik liegt in der Wiederverwendung von bestehenden Produktaufträgen für neue Kundenanfragen. Um ähnliche Produktaufträge identifizieren zu können, ist es in einem ersten Schritt notwendig, Produktaufträge in einem Unternehmen einheitlich zu beschreiben (vgl. Abbildung 5-2).

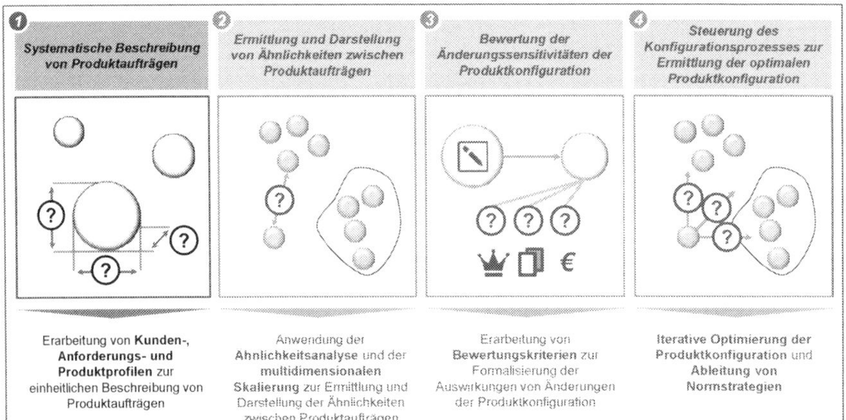

Abbildung 5-2: Systematische Beschreibung von Produktaufträgen

An die einheitliche Beschreibung der Produktaufträge für die frühe Phase des Auftragsabwicklungsprozesses werden einige zentrale Anforderungen gestellt. Erstens müssen alle Sichtweisen der am Prozess beteiligten Abteilungen abgebildet werden, um eine effiziente Kommunikation untereinander zu ermöglichen. Beispielsweise müssen sowohl die Sichtweise des Vertriebs und des Produktmanagements als auch die der Entwicklung berücksichtigt werden. Zweitens sollte die Beschreibung ausreichend abstrakt sein, um den in der frühen Konkretisierungsphase teilweise recht ungenauen Vorstellungen der Kunden zu entsprechen. Drittens muss die Beschreibungsform dazu geeignet sein, als Grundlage für die Ähnlichkeitsanalysen im nächsten Schritt zu dienen. Dazu müssen die Beschreibungen in nominale, ordinale oder kardinale Werte übersetzt werden können, die als Input für Proximitätsmaße verwendet werden können. Dies stellt sicher, dass die Methodik leicht anwendbar ist und wiederholgenau durch verschiedene Anwender durchgeführt werden kann.

Um die einleitend erwähnte Forderung nach verschiedenen Sichtweisen auf einen Produktauftrag abbilden zu können, werden im Folgenden die drei relevanten Ebenen vorgestellt, auf die an mehreren Stellen in der Methodik zurückgegriffen wird (vgl. Abbildung 5-3). Auf der **Kundenebene** wird ein Produktauftrag dadurch beschrieben, dass der dahinter stehende Kunde durch kundenbeschreibende Merkmale klassifiziert wird. Beispiele für kundenbeschreibende Merkmale wären im Falle eines Herstellers von Achterbahnen für Freizeitparks beispielsweise das Preisbewusstsein oder der Erfahrungsgrad des Kunden mit diesen Anlagen. Die **Anforderungsebene** wiederum dient der Aufnahme der konkreten Kundenanforderungen an ein Produkt. In diesem Beispiel wäre dies beispielsweise die Anzahl der Sitze oder das Sitzmaterial. Auf der **Produktebene** werden Produktvarianten durch die verwendeten Baugruppen beschrieben, z. B. durch den Klemmentypen oder die Aufhängung.

Die Aufteilung in die drei Bereiche adressiert ebenfalls die Anforderung, wonach unterschiedliche Detaillierungsgrade in der frühen Phase ermöglicht werden müssen, um der teilweise recht ungenauen Vorstellungen der Kunden zu entsprechen. Ein Kunde, der noch nicht in der Lage ist, seine konkreten Anforderungen an ein Produkt vollständig zu beschreiben, kann zunächst auf der Kundenebene klassifiziert werden, während Kunden mit konkreten Anforderungen diese äußern können und auf der Anforderungsebene eingeordnet werden.

Die Adressierung der Anforderung hinsichtlich der Überführung der Beschreibungen in **Kunden-, Anforderungs- und Produktprofile**, die für die Ähnlichkeitsanalyse verwertbar sind, sowie die Detaillierung der drei Ebenen ist Gegenstand der folgenden Abschnitte.

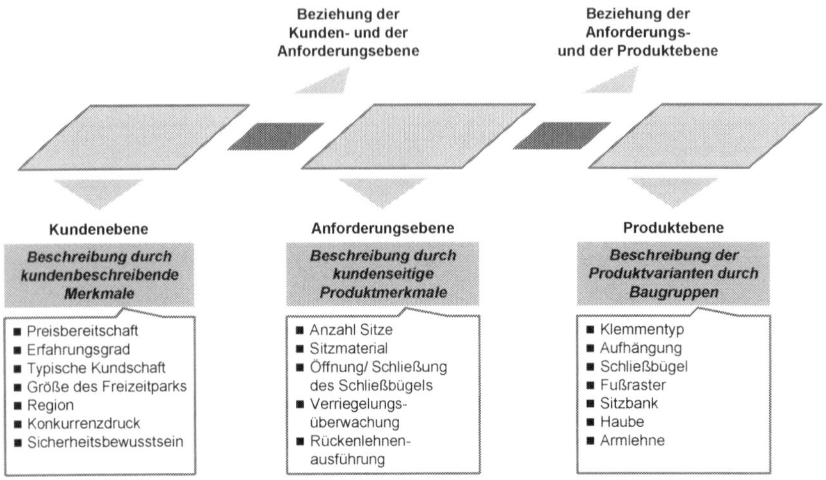

Abbildung 5-3: Ebenen zur Beschreibung von Produktaufträgen am Beispiel eines Herstellers von Freizeitbahnen

5.1.1 Beschreibung der Kundenprofile

Nach EVERSHEIM ET AL. sind aus der Vielzahl der Produkteigenschaften zunächst die Eigenschaften zu ermitteln, die durch den Kunden zur Beurteilung eines Produktes herangezogen werden.[315] Einige Jahre später wurde von MACCARTHY ET AL. das Konzept der Key Value Attributes entwickelt.[316] Die Hauptidee des Konzeptes besteht darin, dass Kunden genau dann Vielfalt fordern, wenn sie sich in bestimmten Produkteigenschaften hinsichtlich ihrer Präferenzen von anderen Kunden unterscheiden. Kundenpräferenzen sind relativ stabile Erkenntnisse und Überzeugungen (z. B. Sicherheit, Spaß und Genuss), die von Kunde zu Kunde variieren. Die Attribute von Produktkonfigurationen, in denen zwischen den Kunden große Unterschiede hinsichtlich der Präferenz herrschen, sind die sogenannten Key Value Attributes.[317] Bezogen auf diese Arbeit gilt es demnach herauszufinden, welche Kriterien herangezogen werden können, um Kunden von Variantenfertigern im Maschinenbau zu klassifizieren und um ihnen in einem nächsten Schritt basierend auf dem Vergleich mit anderen Kunden passende Produkte anbieten zu können.

[315] Vgl. Eversheim et al. (1994), Ableitung von Produktmerkmalen, S. 67
[316] Vgl. MacCarthy et al. (2002), Key value attributes in mass customization
[317] Vgl. Blecker et al. (2003), Key Metrics System for Variety Steering, S. 15

Die Merkmale, anhand derer ein Unternehmen seine Kunden klassifiziert, sind weitestgehend branchen- oder unternehmensspezifisch zu definieren, um die Besonderheiten einer Branche oder eines Unternehmens korrekt abzubilden. An dieser Stelle werden Beispiele für allgemeine und unternehmensspezifische Merkmale gegeben (vgl. Abbildung 5-4). Allgemeine Merkmale sind beispielsweise der Erfahrungsgrad mit dem Produkt oder das Sicherheitsbewusstsein des Kunden, während ein spezifisches Merkmal für einen Werkzeugmaschinenhersteller die seitens des Kunden geforderte Produktionsmenge ist. Wichtig bei der Definition der Merkmale, die durch Expertengespräche im Unternehmen erfolgen sollte, ist, dass die wichtigsten Differenzierungskriterien der Kunden im Sinne einer Kundensegmentierung (vgl. Kapitel 2.4) erfasst werden. Dabei wird auf der Kundenebene bewusst auf kundenbeschreibende Eigenschaften, d. h. nicht produktbeschreibende Merkmale, zurückgegriffen. Dies ermöglicht im weiteren Verlauf der Methodik die Identifikation von ähnlichen Kunden auf der Kundenebene.

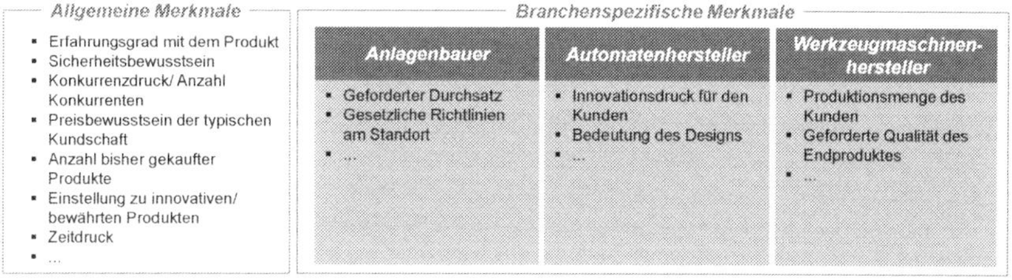

Abbildung 5-4: Beispiele für allgemeine und spezifische kundenbeschreibende Merkmale

Die Bewertung, wie ein Kunde hinsichtlich der Merkmale eingeschätzt wird, kann anhand einer Likert-Skala gemessen werden. Likert-Skalen werden insbesondere in der empirischen Sozialforschung verwendet und ermöglichen die Messung persönlicher Einstellungen.[318] Diese Einstellungen werden mittels sogenannter Items (positiv oder negativ formulierte Aussagen) abgefragt. Die Teilnehmer äußern ihre Zustimmung oder Ablehnung gegenüber den Items in vorher definierten, äquidistanten Antwortmöglichkeiten.[319] Die Anzahl der Stufen kann dabei frei gewählt werden, wobei eine zu geringe Anzahl an Stufen dazu führt, dass keine Unterschiede zwischen den Befragten festgestellt werden können, während eine zu hohe Anzahl an Stufen die Differenziertheit der Befragung übersteigt. Aus den genannten Gründen

[318] Vgl. Schnell et al. (2005), Methoden der empirischen Sozialforschung, S. 187 f.
[319] Vgl. Schnell et al. (2005), Methoden der empirischen Sozialforschung, S. 187 f.

haben sich vier- bis neunstufige Skalen etabliert.[320] In dieser Arbeit wird eine fünfstufige Likert-Skala zur Bewertung der kundenbeschreibenden Merkmale verwendet. Der Erfüllungsgrad 1 steht dabei für eine niedrige Bedeutung, während der Erfüllungsgrad 5 eine hohe Bedeutung der jeweiligen Eigenschaft darstellt. Exemplarisch sind in Abbildung 5-5 zwei verschiedene Kunden eines Werkzeugmaschinenherstellers hinsichtlich allgemeiner und unternehmensspezifischer Merkmale eingeordnet. Durch die Einordnung entsteht für jeden Kunden ein sogenanntes **Kundenprofil**, welches ihn hinsichtlich seiner Präferenzen kategorisiert.

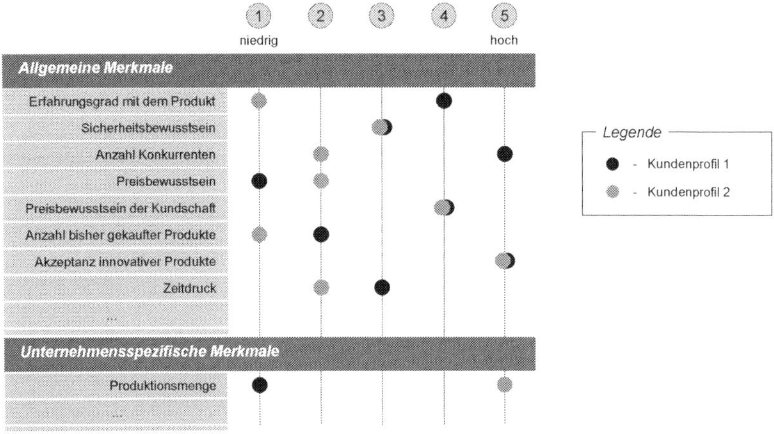

Abbildung 5-5: Exemplarische Beschreibung von Kunden durch Merkmale

Um der einleitend definierten Anforderung gerecht zu werden, dass die Beschreibungen durch Ähnlichkeitsanalysen ausgewertet werden können, werden die entstehenden Kundenprofile in Vektorform dargestellt. Der **Kundenvektor** des Kunden i wird wie folgt definiert:

$$\vec{\mathbf{k}}_{\mathbf{i}} = \begin{pmatrix} \mathbf{k_{i.1}} \\ \mathbf{k_{i.2}} \\ \mathbf{k_{i.3}} \\ \vdots \\ \mathbf{k_{i.m}} \end{pmatrix} \textbf{mit } \mathbf{k_{i.m}} \in \{\mathbf{1}; \mathbf{2}; \mathbf{3}; \mathbf{4}; \mathbf{5}\} \tag{5.1}$$

mit:

i Nummer des zu beschreibenden Kunden

m Anzahl kundenbeschreibender Merkmale

[320] Vgl. Hussy et al. (2010), Forschungsmethoden in Psychologie und Sozialwissenschaften, S. 75 f.

Zum Ende einzelner Abschnitte oder an besonders relevanten Stellen des Detailkonzeptes werden Definitionen, Erläuterungen oder Zusammenhänge in Form eines Piktogramms verbunden mit einer kurzen Beschreibung hervorgehoben, um die Nachvollziehbarkeit der Methodik für den Leser zu erhöhen. Abschließend für diesen Abschnitt wird somit das Kundenprofil definiert.

Das **Kundenprofil** beschreibt anhand von kundenbeschreibenden Merkmalen und Ausprägungen einen Produktauftrag.

5.1.2 Beschreibung der Anforderungsprofile

Dieser Abschnitt beschäftigt sich mit der externen Produktvielfalt, d. h. der Sicht des Kunden auf ein Produkt. Die externe Produktvielfalt ist charakterisiert durch die Kundenanforderungen, die durch Merkmale und Ausprägungen beschrieben werden können. ANDERSON unterscheidet dabei zwischen nützlicher und unnötiger Produktvielfalt. Nützliche Produktvielfalt wird vom Kunden geschätzt und trägt zu seiner Zufriedenheit bei. Unnötige Produktvielfalt führt beim Kunden zu negativen Effekten wie z. B. Kundenüberforderung oder -verwirrung.[321] Die Herausforderung eines Variantenfertigers besteht daher darin, nur nützliche Produktvielfalt anzubieten, da diese ansonsten zu erhöhten internen Kosten führt.[322] Kunden belohnen ein sehr breites Produktprogramm nicht per se, sondern sie möchten ein Produkt angeboten bekommen, welches ihren Anforderungen entspricht.[323] Sie akzeptieren ein Preispremium für kundenspezifische Produktvarianten lediglich, wenn sie der Überzeugung sind, dass sie einen zusätzlichen Vorteil dadurch erhalten.[324] Unternehmen müssen sich also intensiv mit den Kundenanforderungen auseinandersetzen, um am Markt erfolgreich zu sein. Kundenanforderungen wiederum können nach objektiven und subjektiven Kundenanforderungen unterschieden werden. Während die subjektiven Kundenanforderungen die individuell realisierten und artikulierten Kundenwünsche sind, bezeichnen objektive Kundenanforderungen die Kundenwünsche, wie sie von einer neutralen Sicht aus gesehen würden.[325] Üblicherweise besteht aus drei Gründen eine Diskrepanz zwischen subjektiven und objektiven Kundenanforderungen: Erstens kennen Kunden in der Regel nicht ihre wirklichen Bedürfnisse. Zwei-

[321] Vgl. Anderson (1997), Agile Product Development for Mass Customization
[322] Vgl. Blecker et al. (2003), Key Metrics System for Variety Steering, S. 3
[323] Vgl. Blecker et al. (2003), Key Metrics System for Variety Steering, S. 2
[324] Vgl. Piller et al. (2002), Mythos Mass Customization
[325] Vgl. Blecker et al. (2003), Key Metrics System for Variety Steering, S. 4

tens können Kunden ihre Bedürfnisse nicht korrekt ausdrücken bzw. formulieren. Drittens interpretiert das anbietende Unternehmen oft die formulierten Kundenbedürfnisse falsch.[326] Ein erweiternder Ansatz zur Klassifikation von Kundenanforderungen, der auch die Bedeutung einzelner Kundenanforderungen mit einbezieht, besteht im KANO-Modell. Hier werden Funktionen und Module in Begeisterungs-, Leistungs- und Basismerkmale eingeteilt.[327]

Wie einleitend beschrieben wurde, dient die Anforderungsebene in dieser Arbeit dazu, die Kundenanforderungen bezüglich der Produktmerkmale in einheitlicher Form zu beschreiben und in eine für die Ähnlichkeitsanalyse auswertbare Form zu überführen. Produktmerkmale sind dabei die relevanten Spezifikationen eines Produktes, wie sie von einem Kunden in einem Konfigurator ausgewählt, d. h. gefordert würden. Nach RAPP kann die Gesamtheit der angebotenen Merkmale und Ausprägungen in einer Spezifikationstabelle dargestellt werden (vgl. Abbildung 5-6).[328] Jede Produktvariante entspricht dabei einer klar definierten Kombination von Merkmalsausprägungen. Da von jedem Merkmal genau eine Ausprägung gewählt wird, kann eine bestimmte Produktvariante somit als Pfad in der Spezifikationstabelle eingezeichnet werden. Die Anforderungen werden in dieser Arbeit in Form von Merkmalen und Ausprägungen (vgl. Abbildung 5-6) dargestellt. Jede Zeile der dargestellten Anforderungsmorphologie entspricht dabei einer Anforderung, während die Eintragungen in den Spalten den verschiedenen Ausprägungen entsprechen. Verschiedene Anforderungen können dabei eine unterschiedliche Anzahl von Ausprägungen annehmen (z. B. verschiedene Verfahrwege einer Werkzeugmaschine). Die resultierende Anforderungsmorphologie ist eine k x h-Matrix, wobei k die Anzahl der Anforderungen und h die maximale Anzahl der Ausprägungen darstellt. Das Profil, welches durch die Auswahl der Anforderungsausprägungen entsteht, wird **Anforderungsprofil** genant. Die Anzahl der Anforderungen sowie die Anzahl der Merkmalsausprägungen je Anforderung ist dabei über der Zeit nicht stabil, sondern kann sich durch neue Rahmenbedingungen oder spezifische Kundenwünsche ändern.[329] TSENG und PILLER sprechen in diesem Zusammenhang von einem benötigten „knowledge loop", der es erlaubt, iterativ das Konfigurationswissen anzupassen, um die Effizienz und die Effektivität der angebotenen Produktvielfalt konstant zu verbessern.[330] SALVADOR bezeich-

[326] Vgl. Blecker et al. (2003), Key Metrics System for Variety Steering, S. 4
[327] Vgl. Sauerwein (2000), Das Kano-Modell der Kundenzufriedenheit
[328] Vgl. Rapp (1999), Produktstrukturierung, S. 124
[329] Vgl. Wang et al. (2014), Identifying Emerging Customer Requirements
[330] Tseng et al. (2011), The customer centric enterprise, S. 11

net die Sammlung und Analyse kundenbezogener Daten (z. B. Vertriebsdaten) als „customer experience intelligence".[331]

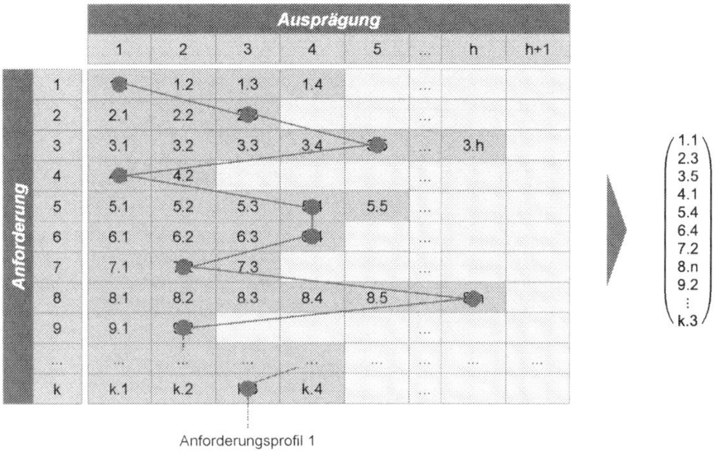

Abbildung 5-6: Anforderungsmorphologie und Anforderungsprofil[332]

Das Anforderungsprofil wird wie das Kundenprofil in eine Vektorform überführt, um durch Ähnlichkeitsanalysen ausgewertet zu werden. Da es sich bei der Auswahl der Anforderungsausprägungen nicht um Ausprägungen im Sinne einer Rangfolge handelt, wird nicht auf eine Likert-Skala o. Ä. zurückgegriffen. Stattdessen werden, wie in Abbildung 5-6 dargestellt, in jede Zeile des **Anforderungsvektors** die gewählte Ausprägung der zugehörigen Anforderung in der Form i.j eingetragen, wobei i der laufenden Nummer der Anforderung und j der Ausprägung entspricht. Der Vektor ist ein k x 1-Vektor, wobei k gleich der Anzahl der Anforderungen ist. Wie basierend darauf eine Ähnlichkeitsbestimmung zwischen zwei Anforderungsprofilen möglich ist, wird in Kapitel 5.2 behandelt.

Das **Anforderungsprofil** beschreibt anhand von Merkmalen und Ausprägungen einen Produktauftrag aus der Sicht der Kundenanforderungen.

---

[331] Salvador et al. (2009), Cracking the code of mass customization, S. 73

[332] In Anlehnung an Rapp (1999), Produktstrukturierung, S. 124

5.1.3 Beschreibung der Produktprofile

Nachdem in den vergangenen beiden Abschnitten der Fokus auf der Beschreibung des Kunden und der Kundenanforderungen lag, widmet sich dieser Abschnitt der internen Vielfalt, d. h. der Beschreibung der in verschiedenen Produktaufträgen verwendeten physischen Teile in Form der Produktstruktur. Die Produktstruktur stellt die physischen Elemente eines Produktes und deren Beziehungen als Gesamtheit dar und ist eine betrachterunabhängige Produkteigenschaft.[333] SCHÖNSLEBEN beschreibt die Produktstruktur als „... strukturierte Zusammensetzung des Produktes aus seinen Bauteilen“[334]. Dabei werden durch Baugruppen und Einzelteile Strukturstufen gebildet, „... indem sie Bauteile auf tieferer Ebene in der Produktstruktur zusammenfassen“[335].

Vor dem Hintergrund dieser Definition und da die Praxistauglichkeit der Methodik eine relevante Anforderung ist, muss zunächst die Frage nach dem Betrachtungslevel für die Bestimmung der Ähnlichkeit von Produktaufträgen beantwortet werden. Bei der Bestimmung der Kommunalität oder Ähnlichkeit ist die betrachtete Ebene von entscheidender Bedeutung.[336] Zur Beschreibung eines Produktauftrags sind zwei Extrempunkte denkbar: Erstens ist jede Produktvariante durch eine Artikelnummer eindeutig gekennzeichnet, sodass diese als praktikables Beschreibungskriterium der in einem Produktauftrag enthaltenen Produktvariante herangezogen werden könnte. Für die Bestimmung der Ähnlichkeit im nächsten Schritt wiederum liefert dieses Beschreibungskriterium keine sinnvollen Ergebnisse, da im Maschinenbau bei jeder beliebig kleinen Änderung (und damit bei nahezu jedem Auftrag) eine neue Produktvariante (und damit eine neue Artikelnummer) verursacht wird. Im anderen Extremfall können zwei Produktaufträge durch ihre vollständige Stückliste beschrieben werden. Dieses Vorgehen führt dazu, dass sehr detailliert die Unterschiede zwischen zwei Stücklisten, d. h. zwei Produktaufträgen, ermittelt werden könnten. Jedoch ist dies in der frühen Phase eines Kundenauftrags zu aufwendig und nicht mit vertretbarem Aufwand umzusetzen, da zu diesem Zeitpunkt aufgrund der nicht vollständig finalisierten Konfiguration ein Großteil der Stückliste noch nicht endgültig festgelegt werden kann. Daraus kann gefolgert werden, dass ein Betrachtungslevel zwischen den beiden vorgestellten Extrema zielführend zu sein scheint, um zwei Produktaufträge zu vergleichen. Vor dem Hintergrund der Prämissen der Arbeit, wonach sich die Arbeit auf Produkte des Maschinenbaus fokussiert, die grundsätzlich modular

[333] Vgl. Arnoscht (2011), Beherrschung von Komplexität, S. 13
[334] Schönsleben (2004), Logistikmanagement, S. 21
[335] Schönsleben (2004), Logistikmanagement, S. 21
[336] Vgl. Boas (2008), Commonality in Complex Product Families, S. 21

aufgebaut sind, jedoch einen relativ hohen ETO-Anteil aufweisen, erscheint es sinnvoll, den Vergleich der Produktaufträge auf der Basis von Baugruppen durchzuführen. Als Modell zur Ähnlichkeitsbestimmung wird somit auf der Produktebene der Abstraktionsprozess verwendet.[337] Mithilfe einer Abstraktionsabbildung werden Grundelemente auf einer höheren Ebene abgebildet, d. h. die einzelnen Bauteile werden zu Baugruppen zusammengefasst. Eine Baugruppe ist eine in sich geschlossene Gruppe aus zwei oder mehr Bauteilen aus Montage- und/oder Entwicklungssicht auf der Ebene einer technischen Lösung. Die Gliederung des Produktes in Baugruppen muss, im Gegensatz zur Gliederung in Modulen, nicht zwingend systematisch oder einheitlich erfolgen. Die Ähnlichkeit von Fällen wird in diesem abstraktionsorientierten Ansatz durch die Wahl einer Abstraktionsabbildung bestimmt. Zwei Produktaufträge werden als ähnlich bezeichnet, falls sie auf der durch die Abstraktionsabbildung induzierten Abstraktionsebene (Beschreibung durch Baugruppen) eine gemeinsame abstrakte Problemstellung bzw. Lösung besitzen. Sind die wesentlichen Punkte des Produktauftrags auf dieser Ebene bekannt, so können die bei einer Lösungstransformation zu erwartenden Modifikationsschritte gut abgeschätzt werden.[338]

In der Regel besteht ein solcher Produktauftrag aus einer ausreichenden Anzahl an Baugruppen, um die Trivialität zu verhindern, und gleichzeitig aus nicht zu vielen Baugruppen, sodass die Praktikabilität gewährleistet ist. Bei der Durchführung der Methodik bei einem Hersteller von Getränkeautomaten konnten beispielsweise 42 Baugruppen identifiziert und zur Beschreibung herangezogen werden, z. B. die Automatentür oder die Ausgabeschale.

In Abbildung 5-7 sind in Anlehnung an die Darstellung der Anforderungsmorphologie und des Anforderungsprofils (vgl. Abbildung 5-6) die Produktmorphologie und das Produktprofil dargestellt. Die **Produktmorphologie** ist eine m x n-Matrix mit m Baugruppen und n Baugruppenvarianten. Auch für die Produktmorphologie gilt, dass durch kundenspezifische Anpassungen neue Baugruppen oder Baugruppenvarianten entstehen können, was durch die Zeile m+1 bzw. die Spalte n+1 dargestellt ist. Das **Produktprofil** bezeichnet eine spezifische Kombination von Baugruppen, die zu einer Produktvariante zusammengefügt werden. Vernachlässigt werden an dieser Stelle in der Darstellung die möglicherweise auftretenden Kombinationsge- und verbote zwi-

337 Vgl. Stein et al. (2007), Fallbasiertes Schließen – Case-Based Reasoning, S. 26

338 Vgl. Stein et al. (2007), Fallbasiertes Schließen – Case-Based Reasoning, S. 26

schen einzelnen Baugruppen. Lösungen dazu finden sich beispielsweise bei SCHUH in den Ausführungen zum Merkmal- und Variantenbaum.[339]

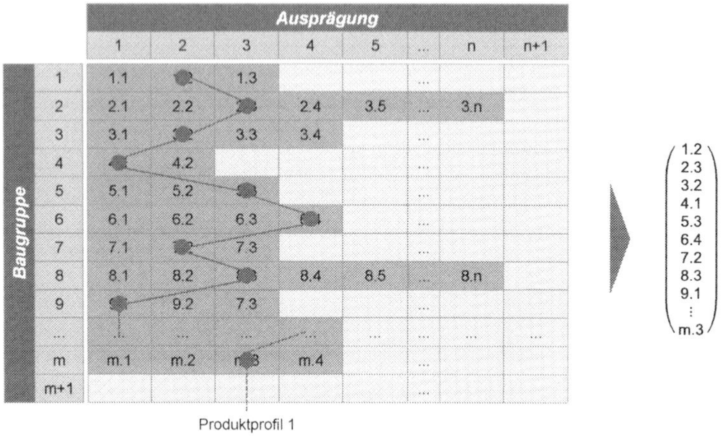

Abbildung 5-7: Produktmorphologie und Produktprofil

Das Produktprofil wird ebenfalls in eine Vektorform überführt, um durch Ähnlichkeitsanalysen ausgewertet zu werden. Wie beim Anforderungsvektor wird beim **Produktvektor** in jede Zeile des Vektors die gewählte Variante der zugehörigen Baugruppe in der Form i.j eingetragen, wobei i der laufenden Nummer der Baugruppe und j der Ausprägung entspricht. Der Vektor ist ein m x 1-Vektor, wobei m gleich der Anzahl der Baugruppen ist. Die Ähnlichkeitsbestimmung zwischen zwei Produktprofilen wird in Kapitel 5.2 behandelt.

Das **Produktprofil** beschreibt Produktvarianten anhand von verwendeten Baugruppen und Baugruppenvarianten.

Abschließend enthält Abbildung 5-8 die auszuführenden Schritte zur einheitlichen Beschreibung von Produktaufträgen auf der Kunden-, der Anforderungs- und der Produktebene in Form von Kunden-, Anforderungs- und Produktprofilen. Diese Beschreibung bietet dem Anwender die Grundlage für die Ermittlung und Darstellung

[339] Vgl. Schuh (1988), Gestaltung und Bewertung von Produktvarianten; Schuh (2012), Innovationsmanagement; Schuh (2005), Produktkomplexität managen; Schuh (2013), Lean Innovation

von Ähnlichkeiten zwischen Produktaufträgen auf verschiedenen Ebenen im nächsten Schritt, der in Kapitel 5.2 behandelt wird.

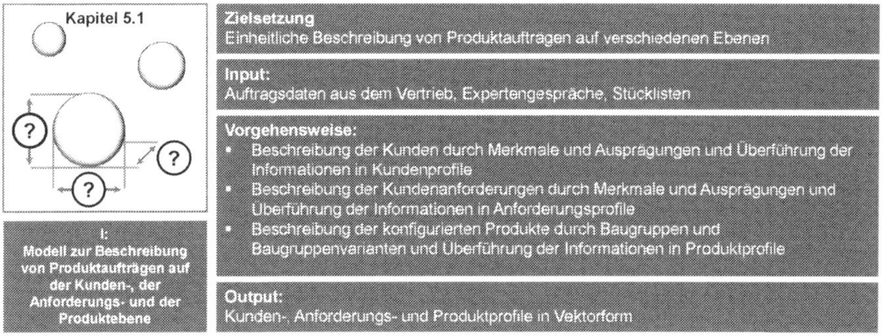

Abbildung 5-8: Einheitliche Beschreibung von Produktaufträgen

5.2 Ermittlung und Darstellung von Ähnlichkeiten zwischen Produktaufträgen auf verschiedenen Ebenen

Nach der einheitlichen Beschreibung von Produktaufträgen in Kapitel 5.1 ist es Ziel des kommenden Abschnittes, Ähnlichkeiten zwischen Produktaufträgen zu ermitteln und diese nutzergerecht darzustellen (vgl. Abbildung 5-9). Dazu werden in einem ersten Schritt basierend auf den definierten Kunden-, Anforderungs- und Produktprofilen Proximitätsmaße zur Ähnlichkeitsbestimmung definiert. Da einige Einträge in den Profilen ein höheres Gewicht haben können als andere (beispielsweise sind einige Anforderungen wichtiger als andere), wird im Anschluss auf die Ermittlung von Gewichtungsfaktoren für die Ähnlichkeitsanalysen auf den drei genannten Ebenen eingegangen. Die Ähnlichkeiten zwischen den Produktaufträgen werden anschließend bestimmt und in Distanzmatrizen überführt. Unter Anwendung der multidimensionalen Skalierung werden abschließend die Ähnlichkeiten zwischen den Produktaufträgen visuell in Form von **Kunden-, Anforderungs- und Produktlandkarten**[340] dargestellt.

[340] Die Begriffsauswahl erfolgt in Anlehnung an das Beispiel zur Visualisierung der Abstände deutscher Städte durch multidimensionale Skalierung in Kapitel 2.5.3.

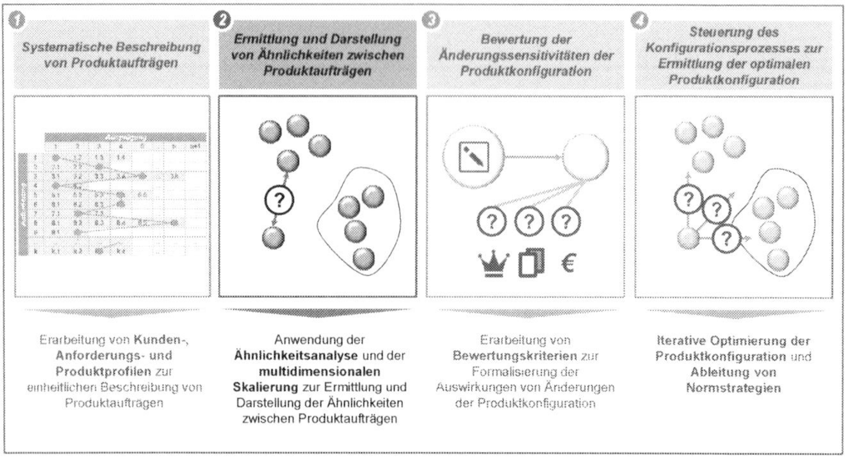

Abbildung 5-9: Ermittlung und Darstellung von Ähnlichkeiten zwischen Produktaufträgen

Die ermittelte Ähnlichkeit zwischen den Produktaufträgen sowie die Positionierung im zweidimensionalen Raum bilden die Basis für die Bewertung der Änderungssensitivitäten der Produktkonfiguration in Kapitel 5.3. In den folgenden Kapiteln werden die einzelnen Schritte immer für alle drei Ebenen behandelt, d. h. für die Kunden-, die Anforderungs- und die Produktebene. Um inhaltliche Wiederholungen zu vermeiden, wird die erste Ebene ausführlicher erläutert und bei der Betrachtung der restlichen Ebenen wird lediglich auf die Unterschiede und Besonderheiten eingegangen. Da sich die Ebenen in ihren Anforderungen und in der Interpretation der Ergebnisse unterscheiden, müssen jeweils alle Ebenen betrachtet werden (vgl. Abbildung 5-10).

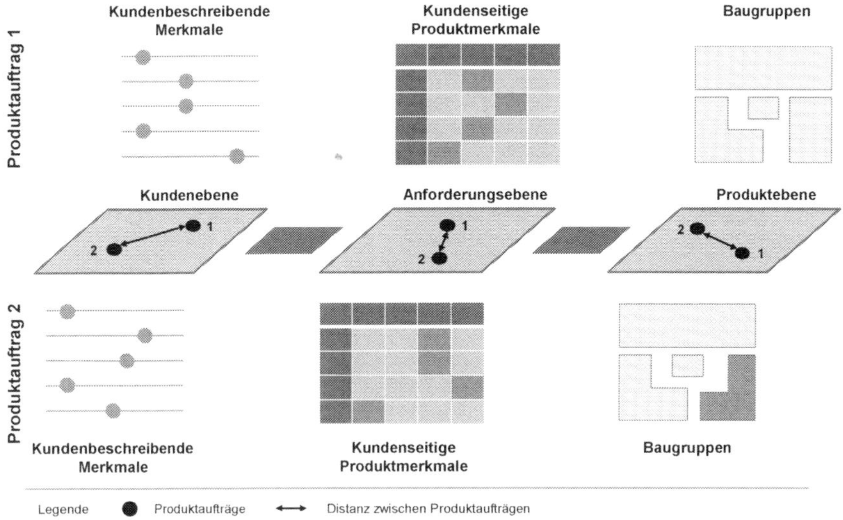

Abbildung 5-10: Ähnlichkeitsbestimmung auf verschiedenen Ebenen

5.2.1 Ermittlung von Proximitätsmaßen für die Ähnlichkeitsbestimmung

In diesem Abschnitt wird die Frage geklärt, wie basierend auf den Kunden-, Anforderungs- und Produktprofilen Ähnlichkeiten zwischen Produktaufträgen ermittelt werden können. In Kapitel 2.5.2 wurden verschiedene Proximitätsmaße vorgestellt, die jeweils unterschiedliche Interpretationen erlauben. Abschließend wurde festgestellt, dass die euklidische Distanz aufgrund ihrer intuitiven Interpretierbarkeit und ihrer Rotationsinvarianz sehr gut geeignet ist, um die Ähnlichkeiten zwischen Produktaufträgen in dieser Arbeit zu bestimmen. Als Ausgangsformel für die Bestimmung der Distanzen zwischen Produktaufträgen wird daher die nachstehende Formel für die euklidische Distanz verwendet, die jeweils auf die Besonderheiten der einzelnen Ebenen angepasst wird. Dabei wird ein Objekt über verschiedene Merkmale beschrieben. Eine Gegenüberstellung der Merkmale drückt die Ähnlichkeit zwischen zwei Objekten aus. Während gleiche Merkmalswerte die Ähnlichkeit von Objekten erhöhen, verringern unterschiedliche Merkmalswerte die Ähnlichkeit.[341]

[341] Vgl. Stein et al. (2007), Fallbasiertes Schließen – Case-Based Reasoning, S. 27

$$d_{ij} = \sqrt{\sum_{h=1}^{M} (z_{hi} - z_{hj})^2} \tag{5.2}$$

mit:

d_{ij} Distanz zwischen den Objekten i und j

M Anzahl der Merkmale

z_{hi} Wert von Objekt i für Merkmal h

Auf der **Kundenebene** werden Kunden durch das Kundenprofil anhand von kundenbeschreibenden Merkmalen beschrieben. Das Kundenprofil wurde in Kapitel 5.1.1 bereits in einen Kundenvektor überführt, in dem die Eigenschaften jeweils nominal skaliert sind. Somit kann eine Differenz zwischen zwei Vektoren ermittelt werden, indem die einzelnen Einträge des Kundenprofils immer paarweise verglichen werden. An einem kurzen Beispiel wird das Vorgehen im Folgenden verdeutlicht. Zwei Kunden A und B werden anhand von drei Merkmalen charakterisiert, dem Sicherheitsbewusstsein, dem Preisbewusstsein und der geforderten Individualität. Die entsprechenden Kundenvektoren sind in Abbildung 5-11 dargestellt. Der Distanzvektor zeigt dabei die absolute Distanz zwischen den Eintragungen der beiden Kunden auf. In einfachen Worten besitzt Kunde A ein größeres Preisbewusstsein als Kunde B, während dieser eine individuellere Lösung fordert. Beide Kunden besitzen ein großes Sicherheitsbewusstsein.

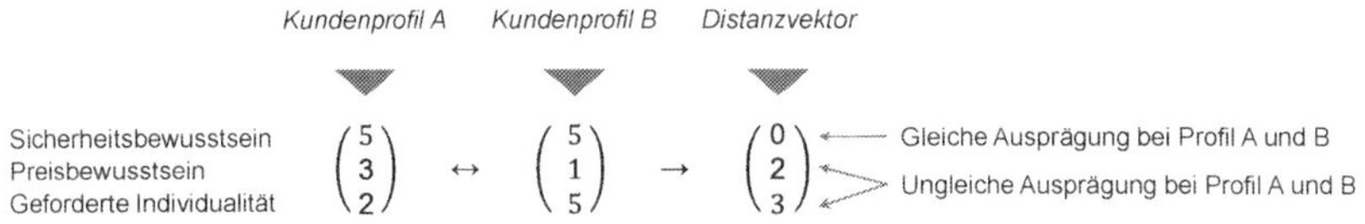

Abbildung 5-11: Bestimmung der Distanz zwischen zwei Kundenprofilen

Basierend auf diesen Eintragungen kann unter Verwendung der euklidischen Distanz die Distanz zwischen den Kunden A und B wie folgt bestimmt werden.

$$d_{AB} = \sqrt{\sum_{h=1}^{M} (z_{hA} - z_{hB})^2} = \sqrt{(5-5)^2 + (3-1)^2 + (2-5)^2} = 3{,}61 \quad (5.3)$$

mit:

d_{AB}	Distanz zwischen den Kunden A und B
M	Anzahl der Merkmale
z_{hA}	Wert von Kunde A für Merkmal h

Diese Distanz besitzt absolut gesehen nur eine geringe Aussagekraft. Sinnvoll interpretierbar wird sie, wenn Distanzen zwischen mehreren Kundenpaaren vorliegen, sodass Aussagen getroffen werden können, wonach sich die Kunden A und B mit einer Distanz von 3,61 ähnlicher sind als die fiktiven Kunden C und D mit einer Distanz von beispielsweise 4,5.

Auf der **Anforderungsebene** besteht ebenfalls das Ziel darin, Ähnlichkeiten zwischen verschiedenen Anforderungsprofilen zu ermitteln. Im Unterschied zur Kundenebene, auf der die einzelnen Kunden durch nominal skalierte Merkmale beschrieben wurden, besteht das in Kapitel 5.1.2 definierte Anforderungsprofil aus einer Kombination verschiedener Merkmalsausprägungen, die nicht zwingend in eine Rangordnung gebracht werden können. Dies wird an dem folgenden Beispiel deutlich (vgl. Abbildung 5-12). Die beiden Kunden A und B haben jeweils ein Anforderungsprofil bestehend aus mehreren Anforderungen definiert. Im Merkmal 1 haben die beiden Kunden jeweils unterschiedliche Merkmalsausprägungen gewählt (Kunde A: 1.1; Kunde B: 1.3). Bezogen auf eine Farbe könnte A also beispielsweise die Ausprägung blau (1.1) gewählt haben, während Kunde B die Ausprägung gelb (1.3) gewählt hat. Bei solchen Merkmalen, deren Ausprägungen nicht numerisch abgebildet werden können, fällt es schwer, Distanzen zwischen den Ausprägungen zu ermitteln. Aus Gründen der Praktikabilität (eine der Hauptanforderungen an die Methodik) und ohne eine nennenswerte Reduzierung der Genauigkeit der Methodik werden die Distanzen zwischen je zwei Ausprägungen solcher Merkmale als äquidistant angenommen. Damit ergibt sich der in Abbildung 5-12 dargestellte Distanzvektor zwischen den Kunden A und B. Je Merkmal wird entweder eine 0 oder eine 1 in den Distanzvektor eingetragen. Eine 0 repräsentiert eine gleiche Merkmalsausprägung (keine vorliegende Distanz), während eine 1 bedeutet, dass sich die gewählten Merkmalsausprägungen unterscheiden.

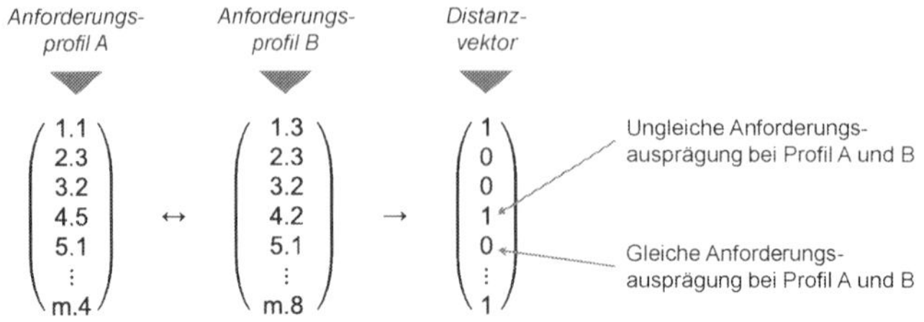

Abbildung 5-12: Bestimmung der Distanz zwischen zwei Anforderungsprofilen

Die Distanz zwischen den Anforderungsprofilen wird basierend auf der Formel zur euklidischen Distanz wie folgt berechnet:

$$\boldsymbol{d_{AB}} = \sqrt{\sum_{h=1}^{M} (\boldsymbol{z_{hAB}})^2} = \sqrt{(\mathbf{1})^2 + (\mathbf{0})^2 + (\mathbf{0})^2 + \cdots + (\mathbf{1})^2} = \mathbf{1,73} \tag{5.4}$$

mit:

$\boldsymbol{d_{AB}}$ Distanz zwischen den Anforderungsprofilen A und B

$\boldsymbol{M}$ Anzahl der Merkmale

$\boldsymbol{z_{hAB}}$ 0 wenn die Merkmalsausprägungen für Merkmal h bei den Anforderungsprofilen A und B gleich sind

1 in allen anderen Fällen

Abschließend muss auch auf der **Produktebene** ein Proximitätsmaß für die Bestimmung der Ähnlichkeiten zwischen den in Kapitel 5.1.3 definierten Produktprofilen definiert werden. Auf der Produktebene wurden verschiedene Aufträge durch die verwendeten Baugruppen beschrieben. Analog zur Anforderungsebene können Abstände zwischen Baugruppenvarianten innerhalb einer Baugruppe nicht hinreichend quantifiziert werden. Daher wird auch auf der Produktebene annäherungsweise davon ausgegangen, dass eine Baugruppenvariante in einem Profil A entweder gleich oder ungleich im Vergleich zu einer Baugruppenvariante in einem Profil B ist. Je Baugruppe wird damit entweder eine 0 oder eine 1 in den Distanzvektor eingetragen. Eine 0 repräsentiert eine gleiche Baugruppenvariante (keine vorliegende Distanz), während eine 1 bedeutet, dass sich die gewählten Baugruppenvarianten unterscheiden. Zu diskutieren ist noch die Frage, wie bei einer unterschiedlichen Anzahl an Baugruppen mit der Definition der Distanz zwischen den Produktprofilen umgegangen wird. Beispielsweise könnte es sein, dass die Produktvariante A ein Zusatzmodul besitzt, welches in der Produktvariante B nicht verbaut ist. Für diesen Fall wird festgelegt, dass eine ungleiche Ausprägung in der betrachteten Baugruppe vorliegt. Damit wird dieser Fall genauso betrachtet wie der Fall, dass die Produktvariante B eine im Vergleich zu Produktvariante A unterschiedliche Variante des Zusatzmoduls verbaut hat. Die Distanz zwischen den Produktprofilen berechnet sich wie folgt.

$$d_{AB} = \sqrt{\sum_{h=1}^{M} (z_{hAB})^2} \tag{5.5}$$

mit:

d_{AB}	Distanz zwischen den Produktprofilen A und B	
M	Anzahl der Merkmale	
z_{hAB}	0	wenn die Baugruppenvarianten für die Baugruppe h bei den Produktprofilen A und B gleich sind
	1	in allen anderen Fällen

Alle vorgestellten Formeln ermöglichen es, Distanzen zwischen Produktaufträgen auf unterschiedlichen Ebenen zu bestimmen, die im weiteren Verlauf richtig interpretiert werden müssen. Um erklären zu können, warum Unterschiede zwischen verschiedenen Produktvarianten vorliegen, muss zunächst analysiert werden, welche Treiber verantwortlich für die Distanzen sind. Ein Faktor sind die Distanzen innerhalb eines Merkmals oder einer Baugruppe, sofern sich zwei Produktaufträge in diesem Kriterium unterscheiden. Ein weiterer Faktor ist die angenommene Gewichtung, mit der dieses Merkmal oder diese Baugruppe in die Distanzberechnung eingeht. In den obigen Formeln ist kein Gewichtungsfaktor enthalten, was einer Gleichgewichtung aller Einträge entspricht. Dieses Vorgehen bildet die Realität jedoch nicht ausreichend ab, da intuitiv widersprüchliche Ergebnisse erzeugt werden können, wie das folgende Beispiel zeigt.

Eine Produktreihe besteht aus den Produktvarianten A, B und C. Jedes Produkt besteht aus vier Baugruppen I, II, III und IV. Die Baugruppe I ist die umfassendste Baugruppe, während die Baugruppe IV lediglich ein kleines Zusatzmodul ist. Die Baugruppen II und III besitzen eine mittlere Größe bzw. Bedeutung. Die Stücklisten der einzelnen Produkte sind in Abbildung 5-13 gegeben. Dabei ist zu erkennen, dass sich die Produkte B und C jeweils in zwei Baugruppen von Produkt A unterscheiden. Gemäß der obigen, ungewichteten Formel wären damit auch die Distanzen zwischen den Produkten A und B und zwischen den Produkten A und C identisch. Vor dem Hintergrund, dass die Baugruppe I jedoch den größten Einfluss auf die Gestalt des

Produktes hat, ist dies intuitiv nicht richtig. Die Distanz zwischen den Produkten A und C müsste größer sein als die Distanz zwischen den Produkten A und B.

	Produkt A	Produkt B	Produkt C
Baugruppe I	I.1	I.1	I.2
Baugruppe II	II.1	II.1	II.2
Baugruppe III	III.1	III.2	III.1
Baugruppe IV	IV.1	IV.2	IV.1

Legende: (grau) Unterschiedliche Baugruppenvariante im Vergleich zu Produkt A

Abbildung 5-13: Stücklisten von drei Produktvarianten auf Baugruppenebene

Aus diesem Grund wird eine Gewichtung der Merkmale bzw. Baugruppen eingeführt. Die nachfolgend definierte gewichtete Summe der Merkmalsähnlichkeiten gehört zu den bekanntesten Ähnlichkeitsfunktionen:[342]

$$\boldsymbol{SIM}([\boldsymbol{x}^1,\cdots,\boldsymbol{x}^k],[\boldsymbol{y}^1,\cdots,\boldsymbol{y}^k]) = \sum_{i=1}^{k} \boldsymbol{w}_i \cdot \boldsymbol{sim}^i(\boldsymbol{x}^i,\boldsymbol{y}^i) \tag{5.6}$$

mit:

$\boldsymbol{k}$	Anzahl Merkmale
$\boldsymbol{w}_i$	Gewicht des Merkmals i
$\boldsymbol{sim}^i(\boldsymbol{x}^i,\boldsymbol{y}^i)$	Ähnlichkeit zwischen den Objekten x und y im Merkmal i $\rightarrow [\mathbf{0},\mathbf{1}]$

In Kombination mit dem euklidischen Distanzmaß zur Bestimmung der Ähnlichkeit $\boldsymbol{sim}^i(\boldsymbol{x}^i,\boldsymbol{y}^i)$ ergibt sich mit dem gewichteten euklidischen Distanzmaß eine geeignete Möglichkeit, um im vorliegenden Anwendungsfall die Distanzen auf den verschiedenen Ebenen zu ermitteln.

$$\boldsymbol{d}_{ij} = \sqrt{\sum_{h=1}^{M} \boldsymbol{w}_h \cdot (\boldsymbol{z}_{hi} - \boldsymbol{z}_{hj})^2} \tag{5.7}$$

mit:

$\boldsymbol{d}_{ij}$	Distanz zwischen den Objekten i und j
$\boldsymbol{w}_h$	Distanz zwischen den Objekten i und j
$\boldsymbol{M}$	Anzahl der Merkmale
$\boldsymbol{z}_{hi}$	Wert von Objekt i für Merkmal h

[342] Stein et al. (2007), Fallbasiertes Schließen – Case-Based Reasoning, S. 71

Bezogen auf die geometrische Darstellung lässt sich eine unterschiedliche Gewichtung von Merkmalen als eine Verzerrung der Dimensionen interpretieren (vgl. Abbildung 5-14). Während bei gleichgewichteten Dimensionen beide Dimensionen unverzerrt sind und sich die Distanz über die übliche euklidische Distanz ermitteln lässt, entspricht die Distanzbestimmung mit unterschiedlich gewichteten Dimensionen einer Verzerrung einer Dimension, in diesem Fall der Streckung der Dimension x zu x'.

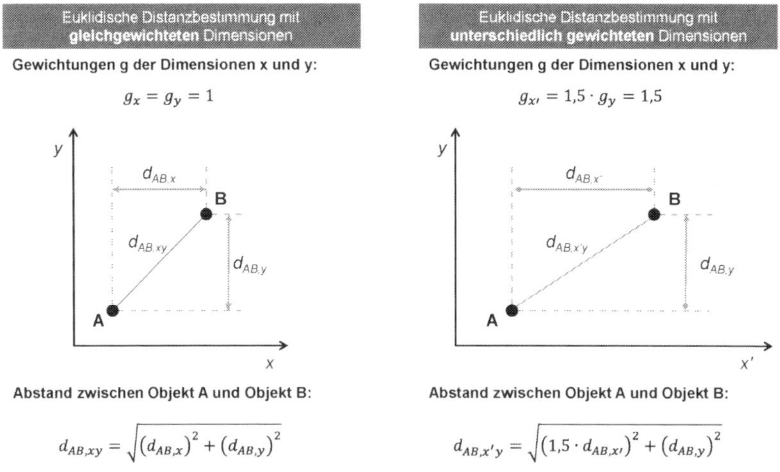

Abbildung 5-14: Unterschied zwischen euklidischer Distanz und gewichteter euklidischer Distanz

Dies führt zu der Frage, welche Gewichtungen auf den verschiedenen Ebenen verwendet werden sollten, um eine sinnvolle Interpretation der Ergebnisse zu ermöglichen. Diese Diskussion ist Teil des folgenden Kapitels 5.2.2.

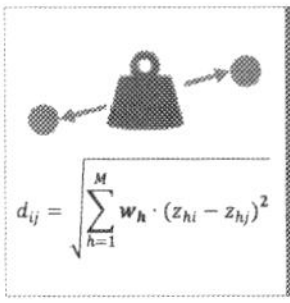

Das **gewichtete euklidische Distanzmaß** wird zur Ähnlichkeitsbestimmung auf der Kunden-, Anforderungs- und Produktebene verwendet.

5.2.2 Ermittlung von Gewichtungsfaktoren für die Ähnlichkeitsanalyse

In diesem Abschnitt wird diskutiert, welche Gewichtungsfaktoren für die Ähnlichkeitsanalyse auf den verschiedenen Ebenen verwendet werden. Dazu werden jeweils verschiedene Möglichkeiten für Gewichtungsfaktoren vorgestellt, bevor für jede Ebene ein Gewichtungsfaktor definiert wird.[343] Eine Übersicht dazu ist in Abbildung 5-15 dargestellt.

Auf der **Kundenebene** besteht die Herausforderung darin, Kunden bezüglich ihrer Eigenschaften zu klassifizieren, um dadurch strategische Kundensegmente ausmachen zu können. Als Gewichtungsfaktoren für die charakterisierenden Eigenschaften bieten sich dazu zwei verschiedene Formen an:

1. Kundenspezifische Bewertung der Merkmale

   Die kundenspezifische Gewichtung der kundenbeschreibenden Merkmale bedeutet, dass Kundensegmente bestehen, die aus der Sicht des einzelnen bewertenden Kunden homogen sind, d. h. ähnliche Ausprägungen in vom Kunden stark bewerteten Merkmalen besitzen. Stuft der Kunde beispielsweise die Eigenschaft Preisbewusstsein als sehr wichtig ein, so werden die bestehenden Kunden hinsichtlich dieses Kriteriums segmentiert. Dies ergibt eine stark subjektive und von Kunden zu Kunden unterschiedliche Segmentierung der Kunden, die eine Interpretation durch den Vertriebsmitarbeiter erschwert. Außerdem liegt die Gewichtung der kundenbeschreibenden Merkmale durch den Kunden noch nicht vor, sondern müsste zu Beginn des Verkaufsgesprächs abgefragt werden, was in Expertengesprächen als nicht praktikabel eingeschätzt wird. Daher erscheint eine kundenspezifische Gewichtung auf der Kundenebene nicht zielführend.

2. Strategiekonforme Gewichtung und Segmentierung der Kunden

   Eine deutlich praktikablere und sinnvollere Gewichtung ergibt sich durch eine durch das Unternehmen vorgegebene Gewichtung der einzelnen Merkmale. Idealerweise orientiert sich die Gewichtung an der strategischen Ausrichtung hinsichtlich der Kundensegmente. Dazu müssen Faktoren, die aus dem Expertenwissen von Vertriebsmitarbeitern oder der Geschäftsführung einen stark prädikativen Charakter für das Kaufverhalten eines Kunden haben, stärker gewichtet werden als Faktoren, die zwar differenzierend wirken, aber keinen entsprechenden Einfluss besitzen. Diese Einschätzung sollte regelmäßig ange-

[343] Auch wenn auf der Kundenebene mit der Likert-Skala für die Erfüllung der Eigenschaften bereits eine Skalierung gewählt wurde, die eine Interpretation zulässt, so ist dennoch ein zusätzlicher Gewichtungsfaktor notwendig. Mithilfe der Likert-Skala wird bewertet, wie wichtig eine Eigenschaft aus Sicht eines Kunden ist. Um Ähnlichkeiten zwischen verschiedenen Kundenprofilen zu bestimmen, muss darüber hinaus die Bedeutung der Eigenschaften für die Ähnlichkeitsbestimmung ermittelt werden.

passt werden, um den sich möglicherweise ändernden Rahmenbedingungen Rechnung zu tragen. Als Gewichtung wird eine normierte, gestufte Gewichtung g_i zwischen 0 und 1 vorgeschlagen ($g_i \in \{0,0; 0,2; 0,4; 0,6; 0,8; 1,0\}$). Dabei bedeutet 0, dass das entsprechende Merkmal bei der Ähnlichkeitsbestimmung vernachlässigt werden kann und 1 steht für den höchsten möglichen Einfluss. Die Ermittlung der Gewichtung sollte in einem interdisziplinären Team systematisch erfolgen, z. B. durch einen paarweisen Vergleich.

Als Gewichtungsfaktor auf der Kundenebene wird demnach eine vom Unternehmen vorgegebene, strategiekonforme Gewichtung zwischen 0 und 1 verwendet.

Auf der **Anforderungsebene** sollten ähnliche Anforderungsprofile aus der Sicht des betrachteten Kunden identifiziert werden können, um eine passende Produktkonfiguration für den Kunden ermitteln zu können. Im Folgenden werden drei verschiedene Formen der Gewichtung vorgestellt und hinsichtlich ihrer Eignung bewertet:

1. Unternehmensweite Gewichtung der Merkmale

   Eine erste Möglichkeit besteht darin, die Kundenanforderungen unternehmensweit zu gewichten. Dazu würde, ähnlich wie auf der Kundenebene, in einem interdisziplinären Team die Gewichtung der einzelnen Kundenanforderungen bewertet werden. Alternativ könnten auch historische Kundenbewertungen herangezogen werden, um die durchschnittliche Bewertung abzuleiten. Dies erscheint jedoch nicht sinnvoll, da die Bedeutungen der Kundenanforderungen stark kundenspezifisch sind und damit eine Durchschnittsbildung über alle Kunden hinweg zu ungenau für eine zielgenaue Identifikation eines ähnlichen Anforderungsprofils ist.

2. Zielsegmentspezifische Gewichtung

   Alternativ könnte durch die vorige Definition von Kundensegmenten die Gewichtung der Anforderungen über die durchschnittliche Gewichtung der Kundenanforderungen des betreffenden Kundensegments angenähert werden. Dieses Vorgehen wäre wesentlich genauer als die erste Möglichkeit, berücksichtigt jedoch weiterhin nicht die Bedeutung der Kundenanforderung für den einzelnen Kunden.

3. Kundenspezifische Gewichtung der Merkmale

   Die dritte Möglichkeit besteht in der kundenspezifischen Gewichtung der Merkmale. Da in allen drei Formen der Kunde die Kundenanforderungen in ihrer Bedeutung bewerten muss, ergibt sich durch die letzte Form auch kein Nachteil in der Praktikabilität. Als Gewichtung wird eine normierte, gestufte Gewichtung g_i zwischen 0 und 1 vorgeschlagen ($g_i \in \{0{,}0;\ 0{,}2;\ 0{,}4;\ 0{,}6;\ 0{,}8;\ 1{,}0\}$). Dabei bedeutet 0, dass das entsprechende Merkmal bei der Ähnlichkeitsbestimmung vernachlässigt werden kann und 1 steht für den höchsten möglichen Einfluss. Der Kunde kann die Bedeutung der Kundenanforderungen aufwandsarm auf einer Likert-Skala mit sechs Ausprägungen von nicht wichtig bis sehr wichtig angeben. Die kundenspezifische Gewichtung der Merkmale ist damit die geeignete Form, um eine intuitiv verständliche und interpretierbare Ähnlichkeitsbestimmung zu erhalten.

Als Gewichtungsfaktor auf der Anforderungsebene wird demnach eine kundenspezifische Bewertung der Bedeutung der Kundenanforderungen zwischen 0 und 1 verwendet.

Auf der **Produktebene** besteht das Ziel darin, aus der unternehmensinternen Sicht ähnliche Produkte zu ermitteln.

1. Gewichtung über durchschnittliche Kosten einer Baugruppe

   Eine mögliche Gewichtung besteht über die durchschnittlichen Kosten einer Baugruppe. Die Kosten liegen in der Regel vor oder können aufwandsarm ermittelt werden. Somit würden Unterschiede in Baugruppen, die einen größeren Kostenanteil einnehmen, deutlich stärker ins Gewicht fallen als Unterschiede in kleineren Zusatzmodulen. Damit würden Produktvarianten als unterschiedlich klassifiziert werden, die sich in den teuren Baugruppen unterscheiden. Dies erscheint zunächst einleuchtend, da somit insbesondere dem Aspekt der Skaleneffekte auf Baugruppenebene Rechnung getragen wird, hilft aber bei der Definition einer ähnlichen Variante, die als Ausgangsbasis für die kundenspezifische Anpassung verwendet werden kann, nicht weiter. Beispielsweise könnten sich zwei Produktvarianten in einer teuren Baugruppe unterscheiden, die jedoch sehr leicht ausgetauscht werden kann. Diese Produktvariante würde damit nicht als Ausgangsbasis ermittelt werden.

2. Gewichtung über Änderungskosten einer Baugruppe

   Es bietet sich daher an, die Änderungskosten einer Baugruppe als Gewichtungsfaktor zu verwenden, um die Ähnlichkeit zwischen zwei Produktvarianten auf der Produktebene zu ermitteln. Die Änderungskosten einer Baugruppe lassen sich über eine angepasste, vereinfachte Prozesskostenrechnung, die in

Kapitel 5.3.2 näher vorgestellt wird, bestimmen. Erhöhte Änderungskosten bedeuten demnach, dass bei einer Änderung der Baugruppe in verschiedenen Abteilungen (z. B. Konstruktion und Entwicklung, Logistik) erhöhte Aufwendungen anfallen. Sofern sich zwei Produktvarianten in einer solchen Baugruppe unterscheiden, sollten sie aus unternehmensinterner Sicht als unähnlicher bezeichnet werden, als wenn sie sich lediglich in einer Baugruppe unterscheiden, die bei einer Änderung kaum Aufwände hervorruft. Als Gewichtungsfaktor wird ein normierter Änderungskostenwert je Baugruppe zwischen 0 und 1 verwendet, dessen genaue Herleitung Teil von Kapitel 5.3.2 ist.

Als Gewichtungsfaktor auf der Produktebene werden normierte Änderungskosten auf einer Skala von 0 bis 1 verwendet.

Abbildung 5-15: Übersicht über mögliche Gewichtungsfaktoren auf den verschiedenen Ebenen

In diesem Kapitel wurden die Gewichtungsfaktoren für die gewichtete euklidische Distanz definiert, die die Grundlage für die ähnlichkeitsbasierte Analyse von Produktaufträgen im nächsten Abschnitt 5.2.3 bildet.

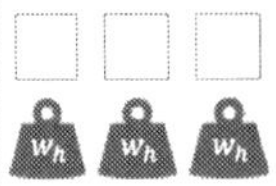

Auf der Kunden-, Anforderungs- und Produktebene werden verschiedene **Gewichtungsfaktoren** für die gewichtete euklidische Ähnlichkeitsanalyse verwendet. Auf der Kundenebene werden die Merkmale vom Unternehmen gewichtet, während die Kundenanforderungen auf der Anforderungsebene kundenspezifisch gewichtet werden. Änderungskosten von Baugruppen dienen als Gewichtungsfaktor auf der Produktebene.

5.2.3 Ähnlichkeitsbasierte Analyse von Produktaufträgen

In diesem Schritt besteht das Ziel darin, die Ähnlichkeiten zwischen allen Produktaufträgen der Datenbasis auf den verschiedenen Ebenen zu ermitteln und jeweils in eine Distanzmatrix zu überführen. Dazu muss zunächst die relevante Datenbasis bestimmt werden, die in die Analyse einbezogen wird. Entscheidend können dabei sowohl inhaltliche als auch regionale oder zeitliche Faktoren sein. Um eine einheitliche inhaltliche Beschreibung zu ermöglichen, sollten nur die bestehenden Produktaufträge betrachtet werden, die einer gleichen oder ähnlichen Produktfamilie zugeordnet werden können. Ausreißer sind zwar prinzipiell nicht problematisch für die grundlegende Idee der Arbeit, wonach exotische Produktvarianten auch als Ausgangsbasis für einen neuen Produktauftrag dienen können, jedoch besteht bei einer zu starken Abweichung eines Produktauftrags von den anderen Produktaufträgen die Gefahr einer entarteten Lösung der multidimensionalen Skalierung.[344] Eine regionale Fokussierung auf ausgewählte Gebiete kann sinnvoll sein, wenn sich spezifische Anforderungen stark unterscheiden. Schließlich ist noch der zeitliche Betrachtungshorizont festzulegen. Es ist also zu entscheiden, wie weit zurück die für die Ähnlichkeitsanalyse betrachteten Produktaufträge liegen dürfen, um noch als relevante Ausgangsbasis für eine neue Variante dienen zu können. Insbesondere die letzte Entscheidung wird unternehmensspezifisch getroffen, da sich die zeitliche Stabilität von Produkten oder konstruktiven Lösungen von Branche zu Branche deutlich unterscheidet.[345]

[344] Wenn ein Objekt (oder eine Subgruppe der Objekte) zu allen anderen Objekten die größte Unähnlichkeit aufweist, besteht die Gefahr einer entarteten Lösung, d. h. einer Lösung, die keine aussagekräftige multidimensionale Darstellung ermöglicht. Da der Abstand des einen Objektes zu allen anderen zu groß ist, sind die Abstände zwischen den restlichen Objekten nicht mehr sinnvoll interpretierbar. Daher sollten identifizierte Ausreißer aus der weiteren Analyse ausgeschlossen werden. Vergleiche dazu Lehrstuhl für empirische Wirtschafts- und Sozialforschung, Fachbereich Wirtschaftswissenschaft (2001), Multidimensionale Skalierung, S. 41f.

[345] Eine Möglichkeit, um nahe zurückliegende, d. h. aktuelle Produktvarianten stärker in den Fokus zu rücken und damit die Skaleneffekte weiter zu steigern, besteht in einer Abdiskontierung der Bedeutungsgewichtung. Analog zur Diskontierung in der Finanzmathematik können Aufträge mit einem Faktor $^1/_t$ multipliziert werden, wobei t die absolut verstrichene Zeit seit dem Fertigungszeitpunkt ist. Je länger also eine Produktvariante zurückliegt, umso weniger stark geht sie in die Gewichtung ein. Diese Detaillierung kann

Neben der erfolgten Auswahl der relevanten bestehenden Produktaufträge werden noch zwei weitere Arten von Produktkonfigurationen in die Datenbasis aufgenommen: Vorzugsvarianten und temporäre Produktkonfigurationen entsprechend der Kundenanforderungen.

Eine Vorzugsvariante ist eine Produktkonfiguration, welche eine konkrete Kombination von Kundenanforderungen auf der Anforderungsebene abbildet. Vorzugsvarianten sollten sich vor allem durch eine große Stückzahl auszeichnen, um darauf aufbauend Skaleneffekte realisieren zu können (z. B. durch eine entsprechende Linie in der Fertigung, auf der Vorzugsvarianten in großen Losgrößen gefertigt werden). Daher sollten Vorzugsvarianten den Kunden präferiert angeboten werden.

Neben den bestehenden Produktaufträgen und den Vorzugsvarianten sollte als dritte Art von Konfigurationen eine temporäre oder dynamische Konfiguration, die entsprechend der aktuellen Kundenanforderungen erstellt wird, in die Datenbasis aufgenommen werden. Diese temporäre Konfiguration wird im Rahmen des iterativen Vorgehens dynamisch angepasst und entspricht immer der aktuellen gewählten Konfiguration des Kunden. So können die Ähnlichkeiten zwischen den bestehenden Produktaufträgen, den Vorzugsvarianten und dem aktuellen Produktauftrag bestimmt werden.

Die Bestimmung der Ähnlichkeiten auf den verschiedenen Ebenen erfolgt unter Nutzung des euklidischen Distanzmaßes (vgl. Kapitel 5.2.1), welches um die Gewichtungsfaktoren der einzelnen Merkmale und Baugruppen ergänzt wurde (vgl. Kapitel 5.2.2). Dabei werden jeweils alle bestehenden Produktaufträge, Vorzugsvarianten und aktuellen Produktkonfigurationen miteinander verglichen, indem paarweise die Distanz berechnet wird. Die Ergebnisse der Distanzberechnung werden auf jeder Ebene in einer Distanzmatrix eingetragen. In Abbildung 5-16 ist exemplarisch die Distanzmatrix auf der Anforderungsebene abgebildet. Die Distanzmatrizen auf der Kunden- und Produktebene werden analog aufgebaut und sind daher nicht extra aufgeführt. Die Distanzmatrix ist symmetrisch aufgebaut, da in dieser Arbeit die Annahme gilt, dass die Anpassungsrichtung keinen Einfluss auf die Distanz hat. Es gilt also $d(x, y) = d(y, x)$. In diesem Beispiel wäre ein Wechsel von Anforderungsprofil 1 zu Anforderungsprofil 2 demnach genauso aufwendig wie der umgekehrte Wechsel.

Von besonderer Bedeutung sind zum einen jeweils die Abstände zwischen der Konfiguration eines neuen, aktuellen Kunden und den Vorzugsvarianten bzw. bestehen-

bei einer möglichen IT-technischen Umsetzung Berücksichtigung finden, wird an dieser Stelle jedoch nicht weiter vertieft.

den Produktkonfigurationen, da diese maßgeblich für die spätere Steuerung einer neuen Produktkonfiguration sind. Zum anderen sind Gruppen von Produktaufträgen interessant, die untereinander sehr geringe Distanzen aufweisen. Solche homogenen Gruppen, die durch Clusteranalysen ermittelt werden können (vgl. Kapitel A.1), sind die Grundlage für die Definition von Kundensegmenten, Anforderungsclustern oder Produktreihen auf den verschiedenen Ebenen.

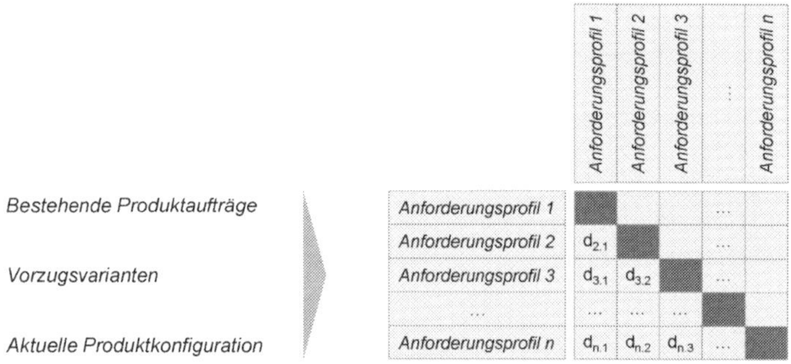

Abbildung 5-16: Distanzmatrix auf der Anforderungsebene

Die Distanzmatrizen bilden die Grundlage für die Darstellung der Ähnlichkeiten zwischen den Produktaufträgen im nächsten Kapitel 5.2.4.

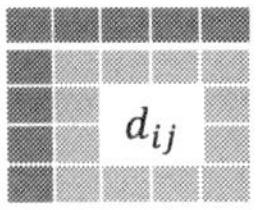

Auf der Kunden-, Anforderungs- und Produktebene wird jeweils eine **Distanzmatrix** aufgebaut, in der die Distanzen zwischen den betrachteten Produktaufträgen eingetragen sind. In die Distanzmatrix fließen dabei sowohl bestehende Produktaufträge als auch Vorzugsvarianten sowie die aktuelle Konfiguration eines Produktes mit ein.

5.2.4 Visualisierung der Ähnlichkeiten zwischen Produktaufträgen mittels multidimensionaler Skalierung

Das Ziel des folgenden Abschnittes besteht darin, die Ähnlichkeit zwischen den bestehenden Produktaufträgen, den Vorzugsvarianten und der aktuellen Produktkonfiguration eines Auftrags nutzergerecht zu visualisieren und damit die Variantenvielfalt transparent darzustellen. Dazu werden durch die Verwendung der multidimensionalen Skalierung (vgl. Kapitel 2.5.3.1) sogenannte **Kunden-, Anforderungs- und Produktlandkarten** entwickelt, die die Vielfalt der Produktaufträge in einem zweidimensionalen Raum visualisieren. Neben der reinen Erstellung der Landkarten ist aber besonders auch die Diskussion der Interpretation der Ergebnisse wichtig für die Anwendung der Methodik. Daher werden in diesem Kapitel nacheinander die o. g. „Landkarten" erstellt und es werden Vorschläge zur Interpretation gegeben.

Auf der **Kundenebene** wird durch das Vorgehen der multidimensionalen Skalierung eine zweidimensionale Darstellung aus der Distanzmatrix abgeleitet, die im Folgenden als **Kundenlandkarte** bezeichnet wird (vgl. Abbildung 5-17). Die Darstellung ist dabei eine möglichst genaue Abbildung der Distanzen zwischen den Profilen, die computerunterstützt iterativ erstellt wird, z. B. durch ein Programm wie SPSS.

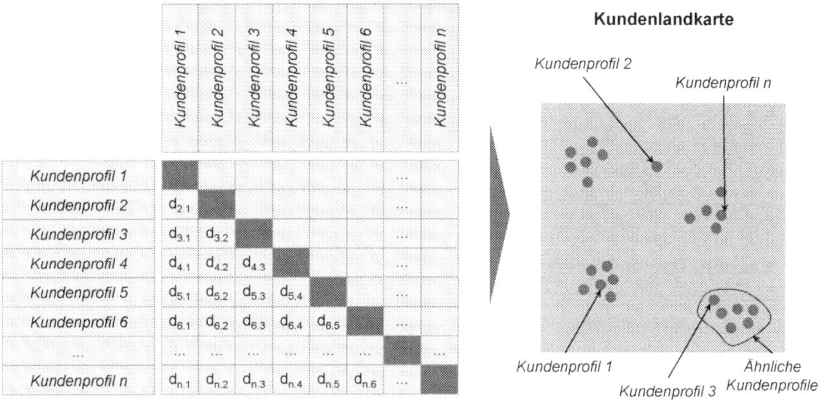

Abbildung 5-17: Ableitung der Kundenlandkarte aus der Distanzmatrix auf der Kundenebene

Die einzelnen Punkte in der Kundenlandkarte repräsentieren dabei jeweils ein Profil, d. h. eine Kombination von Merkmalsausprägungen (vgl. Abbildung 5-18). Nah beieinanderliegende Punkte besitzen ein ähnliches Profil, weit voneinander entfernte Punkte sind sich sehr unähnlich.

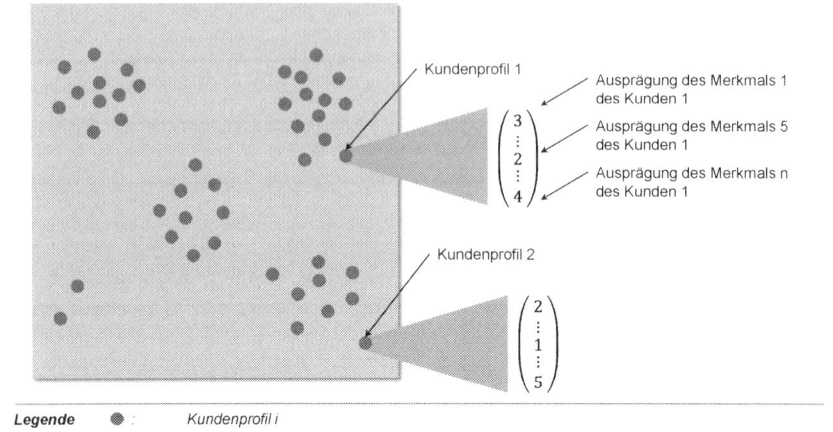

Abbildung 5-18: Zusammenhang zwischen Kundenprofilen und Kundenlandkarte

Die Interpretation der Kundenlandkarte lässt verschiedene Schlüsse zu (vgl. Abbildung 5-19). Erstens können intuitiv Gruppen von Kundenprofilen, im Folgenden Kundensegmente genannt, identifiziert werden. Diese Kundensegmente sind in sich homogen, besitzen also ähnliche Einstellungen und Präferenzen und bieten damit dem Vertriebsmitarbeiter die Möglichkeit, Erfahrungen aus vergangenen Anfragen wiederzuverwenden. Der Vorteil dieser Segmentierung liegt darin, dass so besser verstanden werden kann, warum ein Kunde ein Produkt kauft. So können im Angebotsprozess segmentspezifische Vorteile in den Vordergrund gestellt und kommuniziert werden, die dazu führen, dass ähnliche Kunden das Produkt ebenfalls kaufen.[346] Die Größe der Kundensegmente sowie die Anzahl der Kunden je Kundensegment lässt darüber hinaus verbunden mit einer Bewertung der Bedeutung der Segmente aus Unternehmenssicht eine Aussage über die strategische Ausrichtung des Unternehmens zu. Beispielsweise kann eine Häufung von Kundenprofilen in einem bestimmten, bislang unbesetzten Bereich als Entstehung eines neuen Kundensegmentes interpretiert werden. Bezogen auf einen neuen Produktauftrag visualisiert die eingezeichnete Distanz d_N sehr gut die Unähnlichkeit zwischen einem Profil eines neuen Kunden im Vergleich zu den bestehenden Kunden. Durch die systematische Beschreibung jedes Kunden wird intuitiv deutlich, ob ein Kunde zu einem bestimmten Segment gehört oder nicht. Entsprechende Strategien, wie in diesen Fällen mit dem Kunden umzugehen ist, werden in Kapitel 5.4 detailliert beschrieben.

[346] Vgl. Beane et al. (1987), Market Segmentation, S. 23

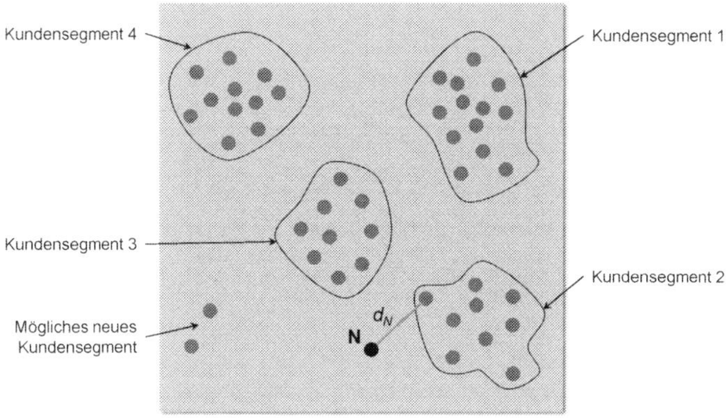

Legende

● :	*Unterschiedliche Kundenprofile bestehender Kunden*
N :	*Kundenprofil eines neuen Kunden N*
d_N :	*Distanz zwischen dem Kundenprofil eines neuen Kunden und eines bestehenden Kunden*

Abbildung 5-19: Interpretation der Kundenlandkarte

Die Kundenlandkarte wird für den weiteren Verlauf der Arbeit wie folgt definiert:

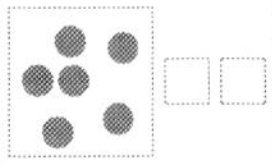

Die **Kundenlandkarte** ist eine zweidimensionale Darstellung der Ähnlichkeiten zwischen verschiedenen Kunden, welche durch eine multidimensionale Skalierung erzeugt wird. In der Kundenlandkarte werden alle bestehenden Kunden sowie neue Kunden eingeordnet.

Auf der **Anforderungsebene** wird ebenfalls das Vorgehen der multidimensionalen Skalierung genutzt, um eine zweidimensionale Darstellung der Ähnlichkeiten zwischen den Anforderungsprofilen zu erstellen. Diese wird im Folgenden als **Anforderungslandkarte** bezeichnet (vgl. Abbildung 5-20). Auf eine erneute Herleitung der Darstellung aus der Distanzmatrix wird verzichtet und stattdessen auf das Vorgehen bei der Kundenlandkarte verwiesen. Der Fokus liegt im Folgenden vielmehr auf der Diskussion der möglichen Interpretationen, die die Anforderungslandkarte ermöglicht.

Analog zur Kundenlandkarte können auch auf der Anforderungslandkarte Häufungen von Punkten identifiziert werden. Diese homogenen Cluster an Anforderungsprofilen werden als Anforderungssegmente bezeichnet. Die Anzahl der Profile in einem Anforderungssegment ist ein Indikator dafür, welche Anforderungsprofile häufig gewählt werden. Üblicherweise sollte es so sein, dass innerhalb der Anforderungssegmente auch die vom Unternehmen definierten Vorzugsvarianten liegen. Die Darstellung offenbart, inwiefern die definierten Vorzugsvarianten zu den von den Kunden präferierten Anforderungsprofilen passen. So kann frühzeitig, z. B. für neu entstehende Anforderungssegmente, eine passende Vorzugsvariante festgelegt werden oder bestehende Anforderungssegmente können regelmäßig in interdisziplinären Teams hinterfragt werden. Die Schaffung von mehr Transparenz über die Strukturierung und die Differenzierung des Leistungsprogramms wird dadurch ebenfalls unterstützt, indem die Produktprofile beispielsweise noch mit Klassifizierungen wie „aktiver Standard", „Altlasten" oder „kundenspezifische Einzellösung" versehen werden können, z. B. per Farbcode.[347] Bezogen auf die Einordnung eines einzelnen Kunden ergibt die visuelle Darstellung der Distanzen zu Vorzugsvarianten bzw. zu bestehenden Produktaufträgen ebenfalls Sinn. So kann beispielsweise die ähnlichste Vorzugsvariante oder die ähnlichste bestehende Variante einfach identifiziert werden und es kann untersucht werden, in welchem Anforderungssegment sich ein neuer Kunde befindet. Dies wird genauer in den Kapiteln 5.3 und 5.4 betrachtet.

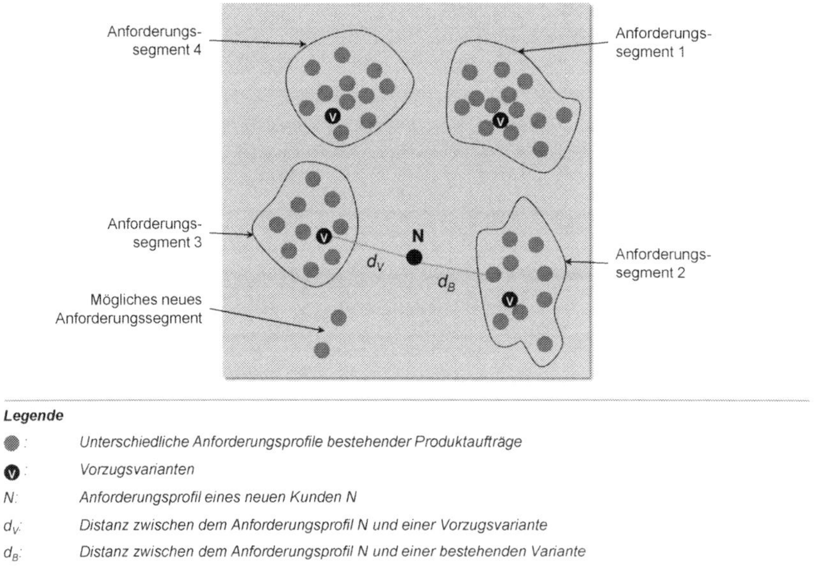

Abbildung 5-20: Interpretation der Anforderungslandkarte

[347] Vgl. Köster (1998), Strategische Disposition, S. 126

Die Anforderungslandkarte wird für den weiteren Verlauf der Arbeit wie folgt definiert:

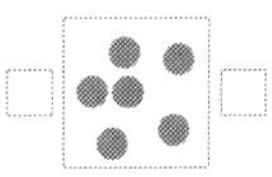

Die **Anforderungslandkarte** ist eine zweidimensionale Darstellung der Ähnlichkeiten zwischen verschiedenen Produktaufträgen aus der Sicht der Kundenanforderungen, welche durch eine multidimensionale Skalierung erzeugt wird. In der Anforderungslandkarte werden alle bestehenden Produktaufträge, Vorzugsvarianten und neuen Produktkonfigurationen eingeordnet.

Auf der **Produktebene** wird ebenfalls das Vorgehen der multidimensionalen Skalierung genutzt, um eine zweidimensionale Darstellung der Ähnlichkeiten zwischen den Produktprofilen zu erstellen. Diese wird als **Produktlandkarte** bezeichnet (vgl. Abbildung 5-21). Der Fokus liegt im Folgenden auf der Diskussion der möglichen Interpretationen, die die Produktlandkarte ermöglicht.

Auf der Produktebene dienen die Änderungskosten, die bei einer Baugruppe im Falle einer Anpassung anfallen, als Gewichtungsfaktor für die Ähnlichkeitsbestimmung. Wie bei den beiden zuvor dargestellten Visualisierungen auf der Kunden- und Anforderungsebene (vgl. Abbildung 5-19 und Abbildung 5-20) können in einer Produktlandkarte Cluster von nah beieinanderliegenden Punkten identifiziert werden. Im dargestellten realen Beispiel eines Herstellers von Getränkeautomaten (vgl. den rechten Teil der Abbildung 5-21) existieren mindestens vier Cluster von ähnlichen Produktkonfigurationen. Vor dem Hintergrund des gewählten Gewichtungsfaktors bedeutet dies, dass diese Produktaufträge alle mit einem geringen Aufwand voneinander abgeleitet werden können. Weit auseinanderliegende Produktaufträge sind nur mit erhöhtem Aufwand voneinander abzuleiten, sodass das Distanzmaß ein Maß für die nötige Anpassungsarbeit ist.[348] Damit kann aus der Distanz zwischen zwei Aufträgen der Aufwand abgelesen werden, der für die Anpassung eines Produktauftrags notwendig ist. Um in diesem Beispiel Auftrag 23 aus Auftrag 20 abzuleiten, fallen indirekte Kosten (z. B. in der Entwicklung) in Höhe von 14.416 Euro an. Damit liefert diese Darstellung einen verbesserten Input für die Preisgestaltung durch verursachungsgerecht auf Basis der Ähnlichkeiten zwischen Produktaufträgen ermittelte indirekte Kosten. Die Änderungssensitivität hinsichtlich der indirekten Kosten wird detailliert in Kapitel 5.3.2 betrachtet.

348 Vgl. Stein et al. (2007), Fallbasiertes Schließen – Case-Based Reasoning, S. 18

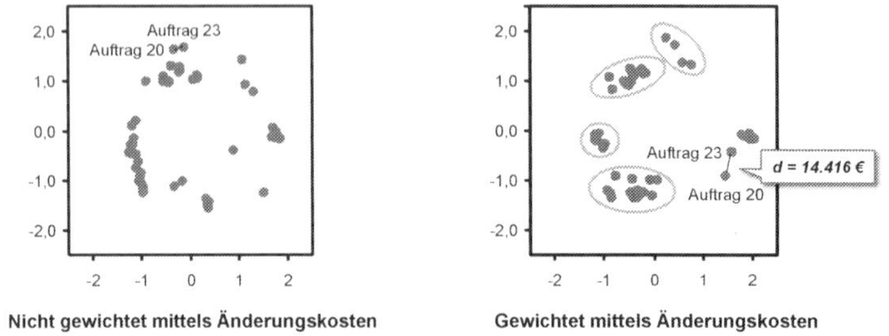

Abbildung 5-21: Interpretation der Produktlandkarte am Beispiel der Getränkeautomaten AG[349]

Die Produktlandkarte wird für den weiteren Verlauf der Arbeit wie folgt definiert:

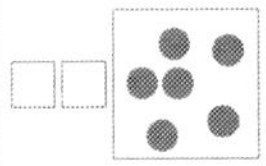

Die **Produktlandkarte** ist eine zweidimensionale Darstellung der Ähnlichkeiten zwischen verschiedenen Produktaufträgen basierend auf den verwendeten Baugruppen, welche durch eine multidimensionale Skalierung erzeugt wird. In der Produktlandkarte werden alle bestehenden Produktaufträge, Vorzugsvarianten und neuen Produktkonfigurationen eingeordnet.

Die Kunden-, Anforderungs- und Produktlandkarten hängen zusammen, da in der Anwendung sowohl statistische als auch direkte Abhängigkeiten zwischen den Ebenen bestehen (vgl. Abbildung 5-22). So wählen beispielsweise verschiedene Kundensegmente bevorzugt bestimmte Anforderungssegmente (statistischer Zusammenhang basierend auf historischen Kundendaten). Anforderungssegmente wiederum hängen über die verwendeten und direkt zugeordneten Baugruppen mit den Produktsegmenten auf der Produktebene zusammen. Damit ermöglicht die einheitliche, multidimensionale Darstellung eine interdisziplinäre Bestimmung und Betrachtung der Vielfalt in der frühen Phase der Auftragsabwicklung. Wie Abbildung 5-22 anschaulich zeigt, sind die Cluster in den verschiedenen Landkarten nicht gleich verteilt. Die Kundencluster entsprechen demnach nicht zwingend den Anforderungsclustern und den Produktclustern, da sich durch die statistischen und direkten Abhängigkeiten sowie die Gewichtungen verschiedene Cluster ergeben. So liegen beispielsweise die beiden Kundenprofile 1 und 2 in der Kundenlandkarte verhältnismäßig nah beieinander, während die zugehörigen Produktprofile in zwei unterschiedlichen Produktclustern eingeordnet sind.

[349] Analyse der in den Jahren 2009 bis 2011 verkauften Getränkeautomaten der Getränkeautomaten AG

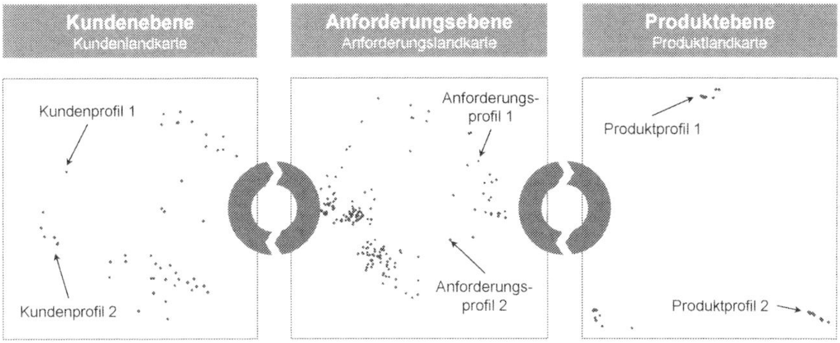

Abbildung 5-22: Abhängigkeiten zwischen der Kunden-, Anforderungs- und Produktlandkarte

Zusammenfassend kann festgehalten werden, dass in diesem Kapitel ein Modell zur Ermittlung und Darstellung von Ähnlichkeiten zwischen Produktaufträgen entwickelt wurde. Dazu wurden basierend auf den Kunden-, Anforderungs- und Produktprofilen Ähnlichkeiten zwischen den Produktaufträgen berechnet, die anschließend durch das Vorgehen der multidimensionalen Skalierung in eine zweidimensionale Darstellung überführt wurden. Dieses Modell liefert damit als Output Kunden-, Anforderungs- und Produktlandkarten, die für die Bestimmung der Änderungssensitivitäten in Kapitel 5.3 und für die Identifikation der optimalen Produktkonfiguration in Kapitel 5.4 verwendet werden können (vgl. Abbildung 5-23).

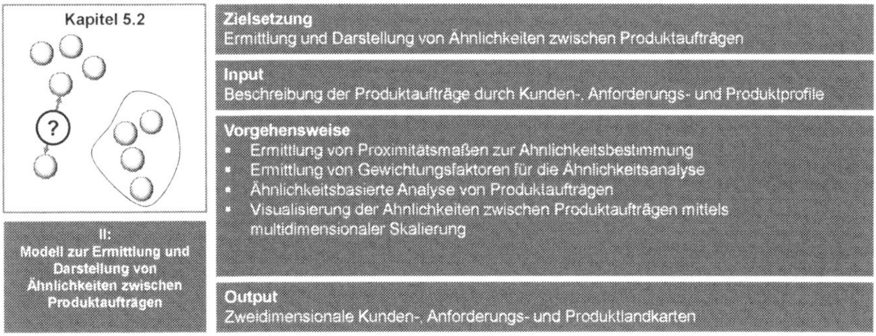

Abbildung 5-23: Ermittlung und Darstellung von Ähnlichkeiten zwischen Produktaufträgen

5.3 Bestimmung der Änderungssensitivitäten der Produktkonfiguration in Form von Bewertungskriterien

Nachdem in den ersten beiden Schritten der Methodik Produktaufträge einheitlich beschrieben (vgl. Kapitel 5.1) und die Ähnlichkeiten zwischen Produktaufträgen auf verschiedenen Ebenen ermittelt und dargestellt wurden (vgl. Kapitel 5.2), besteht das Ziel des dritten Schrittes darin, Bewertungskriterien zur Formalisierung der Auswirkungen von Änderungen der Produktkonfiguration, sogenannte **Änderungssensitivitäten**, zu erarbeiten. Dazu werden Bewertungskriterien in vier Dimensionen entwickelt, definiert und ihre Interpretation wird diskutiert (vgl. Abbildung 5-24).

Die Bewertungskriterien werden als Input für die Steuerung des Konfigurationsprozesses in Kapitel 5.4 benötigt. Daher müssen sie eine Reihe von Anforderungen erfüllen. So müssen bei der Identifikation der Kosten-Nutzen-optimalen Produktkonfiguration verschiedene Dimensionen von Einflussfaktoren berücksichtigt werden, die in diesem Kapitel im Mittelpunkt stehen. Auf der Kostenseite bilden die direkten Kosten einer Produktkonfiguration, verstanden als die Summe der Herstellkosten einzelner Baugruppen, einen wesentlichen Kostenblock des Gesamtproduktes und werden gleichzeitig von der Konfiguration des Produktes beeinflusst. Die Änderungssensitivität der direkten Kosten wird daher in Kapitel 5.3.1 betrachtet. Neben den direkten Kosten spielen insbesondere auch die verursachten indirekten Kosten im Sinne von Anpassungskosten eine entscheidende Rolle für die Kostenermittlung einer Produktvariante. Die Änderungssensitivität der indirekten Kosten steht daher im Mittelpunkt von Kapitel 5.3.2. Auf der Nutzenseite müssen sowohl der Nutzen der Produktkonfiguration für den Kunden und dessen Änderungssensitivität untersucht werden (Kapitel 5.3.3) als auch der strategische Nutzen des Auftrags für das Unternehmen (Kapitel 5.3.4). Letzteres ist besonders vor dem Hintergrund relevant, dass strategische Kunden von nicht-strategischen Kunden differenziert werden und entsprechende Empfehlungen für Handlungsmaßnahmen abgeleitet werden können.

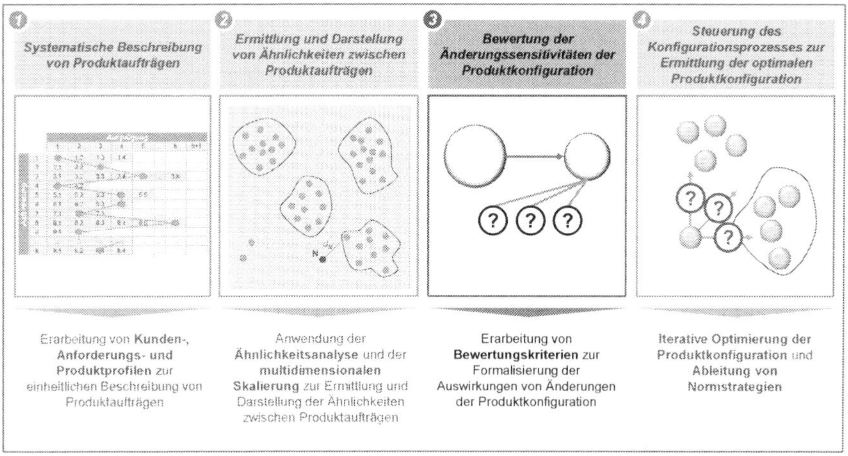

Abbildung 5-24: Bewertung der Änderungssensitivitäten der Produktkonfiguration

Die wissenschaftliche Grundlage für die zuvor genannten Änderungssensitivitäten bildet die auf die Wirtschaftswissenschaften zurückgehende Methodik der Sensitivitätsanalyse. Sensitivitätsanalysen dienen der Ermittlung der Reaktion der Elemente eines Gesamtsystems (Output) auf die Variation eines spezifischen Elementes des Systems (Input).[350] Nach KRUSCHWITZ sind Sensitivitätsanalysen die Frage „[...] danach, wie empfindlich Outputgrößen der Investitionsrechnung auf Veränderungen einer oder mehrerer Inputgrößen reagieren."[351] In Anlehnung an SIEBERTZ ET AL. können drei verschiedene Ansätze der Sensitivitätsanalyse unterschieden werden, das Factor Screening, die lokale Sensitivitätsanalyse und die globale Sensitivitätsanalyse. Während das Factor Screening dazu dient, den qualitativen Einfluss einer Eingangsgröße auf eine Ausgangsgröße hinsichtlich der Signifikanz zu untersuchen (z. B. durch Expertengespräche), dienen die lokale und globale Sensitivitätsanalyse der Ermittlung quantitativer Zusammenhänge zwischen einer Änderung der Eingangsgröße und der Ausgangsgröße mit dem Ziel, Eingangsvariablen mit einem großen Einfluss auf das System zu identifizieren.[352] Aufgrund der vielfältigen Einflüsse auf den Produktkonfigurationsprozess im Maschinenbau erscheint eine vollständige analytische und formale Beschreibung nicht zielführend, sodass auf das Factor Screening zurückgegriffen wird, indem die Auswirkungen der Variation der Eingangsvariablen auf das System

[350] Vgl. Rudolf (2014), Produktionsgerechte Baukastengestaltung, S. 99
[351] Kruschwitz (2007), Investitionsrechnung, S. 346
[352] Vgl. Siebertz et al. (2010), Statistische Versuchsplanung, S. 247

in Form von Expertenrunden ermittelt werden. An Stellen, an denen mit einem vertretbaren Aufwand eine quantitative Analyse möglich ist, wird auf die globale Sensitivitätsanalyse zurückgegriffen.

In dieser Arbeit werden die zuvor genannten Änderungssensitivitäten als Änderung einer Antwortgröße (Bewertungskriterium) in Folge der Änderung einer Variable (Produktkonfiguration) verstanden. Dazu wird jeweils zunächst die initiale Bewertung vorgenommen, bevor die Sensitivität der Bewertung betrachtet wird. Diese besteht wiederum aus zwei verschiedenen Analysen. Zunächst wird die Gesamtänderung betrachtet, d. h. der Absolutwert der Änderung. Anschließend wird eine Aussage über die Richtung des Zusammenhangs getroffen, d. h. über das Vorzeichen der Änderung im Hinblick auf das Bewertungskriterium.

Die vier Bewertungsdimensionen sowie die Leitfragen für die folgenden Kapitel sind in der Übersicht in Abbildung 5-25 dargestellt. Die ersten drei Dimensionen sind dabei von besonderem Interesse für den Kunden, da für seinen Entscheidungsprozess sowohl die direkten Kosten und die in Rechnung gestellten indirekten Kosten als auch der Nutzen der Produktkonfiguration eine Rolle spielen. Aus Unternehmenssicht sind insbesondere die intern verursachten indirekten Kosten sowie der strategische Nutzen des Kunden bzw. Produktauftrags bedeutsam für die Entscheidungsfindung in der frühen Phase des Auftragsabwicklungsprozesses.

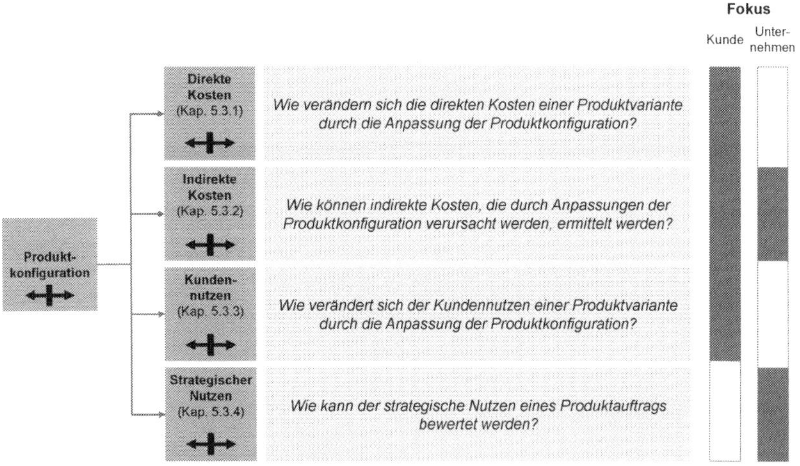

Abbildung 5-25: Wirkung der Änderung einer Produktkonfiguration

5.3.1 Ermittlung der Änderungssensitivität hinsichtlich der direkten Kosten

Das folgende Kapitel beschäftigt sich mit der Ermittlung der Änderungssensitivität der direkten Kosten eines Produktauftrags. In Kapitel 2.3.1 wurde bereits festgestellt, dass sich Kosten in Bezug auf die betriebliche Leistungserstellung hinsichtlich ihrer Zuordnung in **Einzelkosten** (direkte Kosten) und **Gemeinkosten** (indirekte Kosten) aufteilen lassen. Einzelkosten können einem bestimmten Kostenträger, z. B. einem Produkt, direkt zugerechnet werden. Typische Beispiele hierfür sind Material- und Fertigungskosten. Da die Einzelkosten auch einer Baugruppe direkt zugerechnet werden können, gilt im Kontext und auf dem Abstraktionsgrad dieser Arbeit, dass die direkten Kosten einer Produktvariante abhängig von den verwendeten Baugruppen sind. Eine Änderung der Produktkonfiguration führt demnach in den meisten Fällen zu einer Änderung der direkten Kosten. Da diese direkten Kosten oft auch aufgrund des hohen Materialkostenanteils einen Großteil der Kosten eines Produktes im Maschinenbau ausmachen und die direkten Kosten in den allermeisten Fällen durch das anbietende Unternehmen an den Kunden weitergegeben werden, sind die Veränderungen der direkten Kosten in besonderem Maße für den Kunden interessant. Aus Sicht des Unternehmens sollten die direkten Kosten bei der Produktgestaltung und bei wertanalytischen Projekten im Mittelpunkt stehen, um in der Auftragsabwicklung selber konkurrenzfähig zu anderen Anbietern zu sein. Der Fokus dieser Arbeit liegt jedoch auf der frühen Phase des Auftragsabwicklungsprozesses und nicht auf der generellen, kostengünstigen Gestaltung von Produkten.

Im Wesentlichen können drei verschiedene Fälle bei der Änderung einer Produktkonfiguration betrachtet werden, die im Folgenden kurz skizziert werden (vgl. Abbildung 5-26):

1. Wegfall einer Baugruppe

   Durch eine Veränderung der geforderten Funktionalität bzw. des Lieferumfangs kann der Fall eintreten, dass im Vergleich zu einer Basisvariante eine Baugruppe ersatzlos entfällt. In diesem Fall entfallen auch die vollständigen direkten Kosten der ursprünglichen Baugruppe.

2. Ersatz durch eine andere Baugruppe

   Der zweite Fall tritt ein, wenn durch eine geänderte Anforderung die ursprünglich verwendete Baugruppe nicht mehr eingesetzt werden kann. In diesem Fall wird die Baugruppe durch eine andere Baugruppenvariante ersetzt. Dadurch können in Abhängigkeit von den Kosten der Baugruppen sowohl Mehr- als auch Minderkosten anfallen.

3. Ergänzung einer neuen Baugruppe

   Im dritten Fall wird eine Baugruppe zur Produktkonfiguration hinzugefügt. Dies ist beispielsweise bei der Erweiterung der Funktionalität der ursprünglichen Produktkonfiguration der Fall. In diesem Fall treten Mehrkosten bei den direkten Kosten in Höhe der Herstellkosten der zusätzlichen Baugruppe auf.

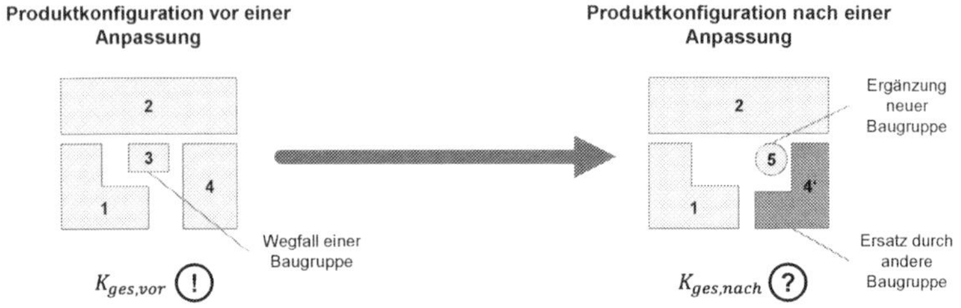

Abbildung 5-26: Änderung der direkten Kosten bei einer Anpassung der Produktkonfiguration

Die Änderungssensitivität hinsichtlich der direkten Kosten geht also einher mit den zuvor definierten Fällen. Dementsprechend können die Herstellkosten einer neuen Produktvariante nach der Anpassung der Produktkonfiguration im Vergleich zu einer Basisvariante, d. h. einer Produktkonfiguration vor der Anpassung, wie folgt definiert werden:

$$K_{ges,nach} = K_{ges,vor} - \sum_{o=1}^{w} k_o + \sum_{p=1}^{e} (k_{p,nach} - k_{p,vor}) + \sum_{q=1}^{n} k_q \tag{5.8}$$

mit:

$K_{ges,nach}$	Gesamte Herstellkosten nach der Anpassung der Produktkonfiguration
$K_{ges,vor}$	Gesamte Herstellkosten vor der Anpassung der Produktkonfiguration
k	Herstellkosten einer Baugruppe
w	Anzahl der wegfallenden Baugruppen
o	Laufende Nummer der wegfallenden Baugruppe
e	Anzahl der Baugruppen, die ersetzt werden
p	Laufende Nummer der Baugruppe, die ersetzt wird
n	Anzahl der neuen Baugruppen
q	Laufende Nummer der neuen Baugruppe

Für die Abschätzung der Herstellkosten einer neuen Produktvariante müssen also im Wesentlichen die Herstellkosten der Basisvariante um die Kosten der wegfallenden Baugruppen verringert werden, die Differenz der Herstellkosten bei ersetzten Baugruppen addiert werden sowie die zusätzlichen Herstellkosten von neuen Baugruppen ergänzt werden. Dies bereitet bei den heute im Gebrauch befindlichen Produktkonfiguratoren durch den Zugriff auf Stücklisten und Kosteninformationen in der Regel keine Schwierigkeiten.

Diskutiert werden sollte daher an dieser Stelle noch die Fragestellung, inwiefern sich die Herstellkosten einzelner Baugruppen durch die erhöhte Verwendung derselben verändern, d. h. ob Economies of Scale im Zusammenhang dieser Arbeit einen signifikanten Effekt auf die Herstellkosten einer Produktvariante haben.

Sollten sich durch die Wiederverwendung einzelner Baugruppen signifikante Skaleneffekte erschließen lassen, so sollte ein Ziel bei der Steuerung des Konfigurationsprozesses darin bestehen, Produktvarianten so zu konfigurieren, dass Baugruppen möglichst oft wiederverwendet werden. Die Ermittlung der Herstellkosten einzelner Baugruppen ergibt sich aus der Stückkostendegressionskurve, die exemplarisch in Abbildung 5-27 dargestellt ist. Unter der Annahme, dass die betrachtete Baugruppe im neuen Auftrag lediglich einmal verwendet wird, ergeben sich dabei im Wesentlichen zwei verschiedene Fälle. Im ersten Fall (Baugruppe A) unterscheiden sich die Stückkosten der Baugruppen deutlich in Abhängigkeit von der realisierten Menge. Ausgehend vom aktuellen Stand der verkauften Einheiten (in diesem Fall $n_{A,1} = 3$) sinken die Stückkosten bei der Fertigung einer weiteren Einheit auf $k_{A,2}$. Im zweiten Fall (Baugruppe B) verändern sich die Stückkosten durch eine zusätzlich gefertigte Einheit lediglich marginal ($k_{B,1} \approx k_{B,2}$).

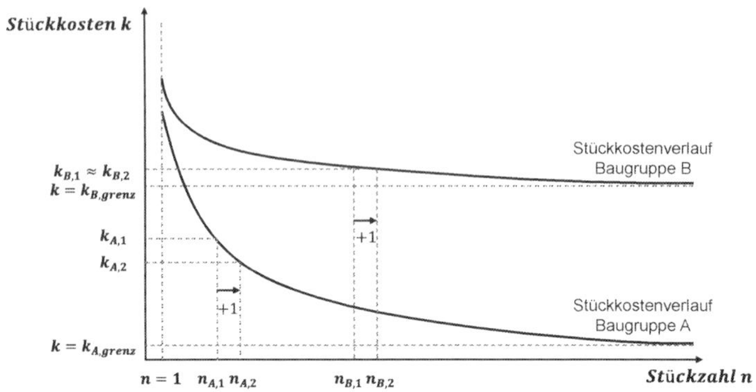

Abbildung 5-27: Realisierte Skaleneffekte durch die Wiederverwendung von Baugruppen

Um die genauen Kostenauswirkungen einer Wiederverwendung von Baugruppen zu bestimmen, wäre demzufolge die Kenntnis des genauen Kostenverlaufs einzelner Baugruppen notwendig, was nur durch eine zumeist sehr aufwendige Abstimmung zwischen dem Vertrieb, dem Produktmanagement, der F&E und dem Einkauf möglich ist. Aufgrund der komplexen Einflüsse auf die Kosten bei Eigen- oder Fremdfertigung wird daher an dieser Stelle die Praktikabilität in den Vordergrund gestellt und auf eine noch gezieltere Ermittlung der Herstellkosten verzichtet. Stattdessen wird die Empfehlung ausgesprochen, Baugruppen so häufig wie möglich wiederzuverwenden und gleichzeitig die aktuellen Kosten der Baugruppen für die Kostenkalkulation anzusetzen, da dies eine Abschätzung zur sicheren Seite darstellt.

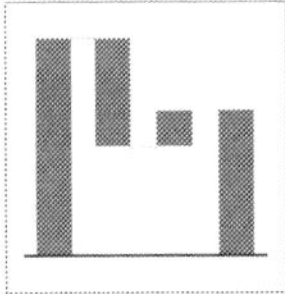

Die Abschätzung der **Änderungssensitivität der direkten Kosten** einer Produktkonfiguration erfolgt ausgehend von einer Basisvariante durch die Berücksichtigung wegfallender, zu ersetzender und zu ergänzender Baugruppen.

5.3.2 Ermittlung der Änderungssensitivität hinsichtlich der indirekten Kosten

Nachdem im ersten Teil dieses Kapitel der Fokus auf den direkten Kosten lag, adressiert der folgende Abschnitt die Änderungssensitivität einer Produktkonfiguration hinsichtlich der indirekten Kosten. Es wird also der Frage nachgegangen, welche Kosten in verschiedenen Abteilungen des Unternehmens aufgrund von Anpassungen anfallen, wenn eine Produktkonfiguration verändert wird (vgl. Abbildung 5-28).

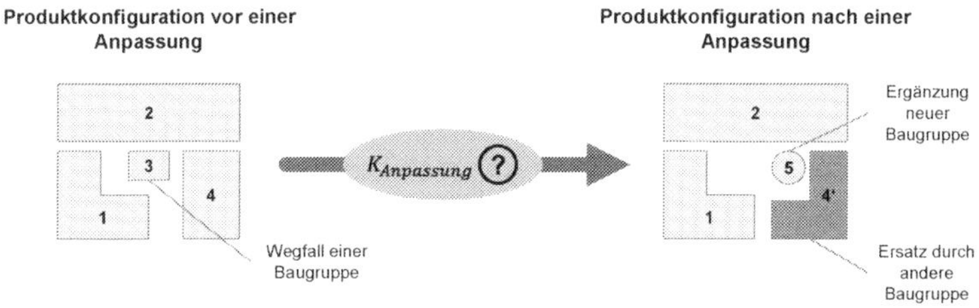

Abbildung 5-28: Änderung der indirekten Kosten bei einer Anpassung der Produktkonfiguration

In Kapitel 2.3 wurde erläutert, welche verschiedenen Formen der verursachungsgerechten Variantenkostenrechnung existieren. Dabei wurde deutlich, dass die bestehenden Verfahren zur Variantenkostenrechnung entweder zu ungenau oder zu aufwendig sind, um eine größere Verbreitung in Unternehmen zu erfahren. In diesem Kapitel wird daher eine pragmatische Lösung vorgeschlagen, wie Änderungskosten auf Baugruppenebene ermittelt und für die Bewertung der Änderungssensitivität der Produktkonfiguration hinsichtlich der indirekten Kosten herangezogen werden können.

Das Ziel der Methode besteht in der Ermittlung von Änderungskosten aller Baugruppen, die in der betrachteten Produktfamilie verwendet werden. Je geringer die Änderungskosten einer Baugruppe über verschiedene Abteilungen hinweg sind, d. h. je weniger Anpassungsaufwand bei einer Änderung der Baugruppe erforderlich ist, umso einfacher kann diese während der Produktkonfiguration verändert werden. Dazu ist es notwendig, herauszufinden, welchen Aufwand eine Änderung einer Baugruppe in einer Abteilung hervorruft. Daher müssen die Aktivitäten, die im Falle einer Änderung der Baugruppe in einer Abteilung anfallen, hinsichtlich Zeit und Kosten bewertet werden. Das Ergebnis wird in eine Matrix eingetragen, in der den Baugruppen die verschiedenen Abteilungen gegenübergestellt werden (vgl. Abbildung 5-29). Dabei existieren jedoch in der Praxis im Wesentlichen zwei Herausforderungen. Erstens kann die Anzahl der zu betrachtenden Baugruppen bei komplexen Produkten recht schnell sehr groß werden, sodass der Aufwand zur Erhebung der Aktivitäten, Kosten und Zeiten in Expertengesprächen entsprechend groß wird. Zweitens können verschiedene Arten der Änderung einer Baugruppe auftreten, die mit unterschiedlichen Aufwänden verknüpft sind. So verursacht die Anpassungsentwicklung einer Baugruppe in der Regel einen geringeren Aufwand in der F&E-Abteilung als eine komplette Neuentwicklung.[353]

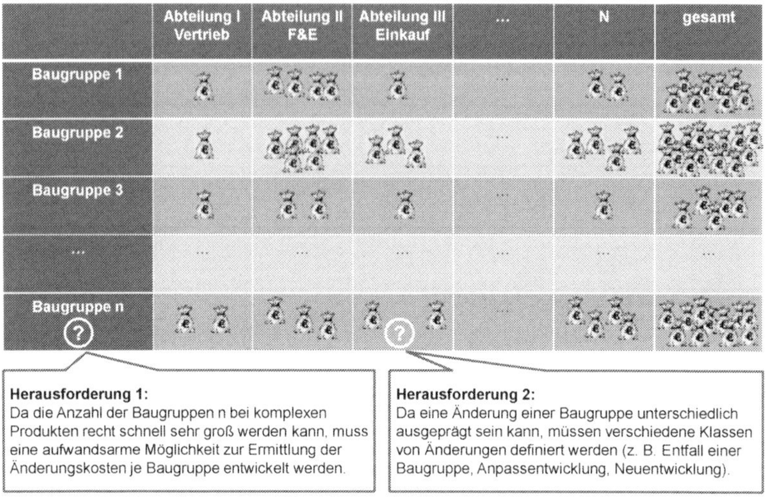

Abbildung 5-29: Ermittlung von Änderungskosten auf Baugruppenebene

Um diesen Herausforderungen zu begegnen, wird in dieser Arbeit ein Schalenmodell zur aufwandsbasierten Clusterung von Baugruppen je Abteilung vorgeschlagen. In Anlehnung an die Schalenmodelle, die im Rahmen der Baukastengestaltung zur Identifikation von konstituierenden Merkmalen verwendet werden[354], dienen die Schalenmodelle in der vorliegenden Arbeit der Visualisierung und clusterspezifischen Bewertung der Aufwände bei der Änderung verschiedener Baugruppen. Die Clusterung der Baugruppen führt dazu, dass die Aufwände zur Ermittlung der Änderungskosten signifikant sinken und so die Praktikabilität der Methode sichergestellt wird. In jeder Abteilung werden die definierten, zu betrachtenden Baugruppen in einem ersten Schritt einem der Cluster zugeordnet. In Abbildung 5-30 sind vereinfacht jeweils drei Cluster je Abteilung dargestellt. Theoretisch können jedoch je Abteilung beliebig viele Cluster gebildet werden. Ziel ist es, dass alle Baugruppen, die bei einer Änderung innerhalb einer Abteilung ähnliche Aufwände verursachen, in das gleiche

[353] Einen Fragebogen zur Bestimmung von Komplexitätsfaktoren in verschiedenen Abteilungen liefert beispielsweise Bayer (2010), Integriertes Variantenmanagement, S. X

[354] Vgl. Schuh et al. (2015), Module-based release management; Schuh et al. (2013), Module based release planning; Schuh et al. (2014), Lean Innovation durch globales Komplexitätsmanagement

Cluster eingeordnet werden. Beispielsweise könnten in der Abteilung Einkauf alle kleinen Zukaufteile in das gleiche Cluster eingeordnet werden, sofern diese jeweils einen ähnlichen Aufwand verursachen. Wie Abbildung 5-30 ebenfalls zeigt, kann die Zuordnung der Baugruppen zu den verschiedenen Schalen von Abteilung zu Abteilung unterschiedlich sein. So verursachen die Baugruppen 1, 2 und 3 in der Abteilung A bei einer Änderung jeweils einen ähnlichen Aufwand, während sie in Abteilung B sehr unterschiedlich eingeordnet werden.

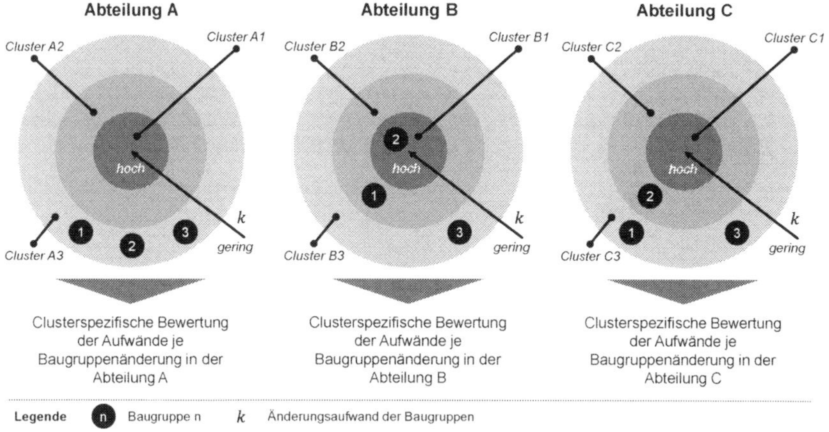

Abbildung 5-30: Abteilungsspezifische Schalenmodelle zur Einordnung von Baugruppen in Aufwandsklassen

Sobald die Zuordnung der Baugruppen zu den Clustern für alle Abteilungen geschehen ist, wird der Aufwand für die Änderung einer Baugruppe des entsprechenden Clusters durch Prozesskosteninterviews bestimmt. Dabei werden in Expertengesprächen mit ausgewählten Mitarbeitern der betrachteten Abteilungen die Prozessschritte und Zeiten aufgenommen, die bei einer Änderung einer Baugruppe anfallen. Die Ergebnisse können wie in Abbildung 5-31 übersichtlich dargestellt werden.

Bei der Aufnahme der Prozessschritte und Zeiten wird zwischen drei wesentlichen Fällen mit unterschiedlichen Härtegraden der Änderung unterschieden (vgl. Abbildung 5-31):

1. Ersatz durch bestehende Baugruppe

   In diesem Fall wird eine Baugruppe durch eine bereits im Unternehmen angelegte Baugruppe ersetzt.

2. Anpassung einer Baugruppe

   In diesem Fall wird eine bestehende Baugruppe angepasst und es entsteht eine neue Baugruppenvariante. Bei den Aufwänden für die Anpassungskonstruktion wird zwischen einem geringen, einem mittleren und einem hohen Aufwand unterschieden.

3. Neukonstruktion einer Baugruppe

   Der dritte und letzte Fall beschreibt den Fall, in dem eine vollständig neue Baugruppe zur Produktkonfiguration hinzugefügt wird.

Baugruppen-Clusterung Abteilung A			Bestehende Baugruppe	Anpassung einer Baugruppe			Neukonstruktion
				gering	mittel	hoch	
Cluster	Baugruppen	Teilprozesse	Prozesskosten [€]	Prozesskosten [€]	Prozesskosten [€]	Prozesskosten [€]	Prozesskosten [€]
A 1	▪ BG 5	A 1.1	PK A 1.11	PK A 1.12	PK A 1.13	PK A 1.14	PK A 1.15
	▪ BG 2	A 1.2	PK A 1.21	PK A 1.22	PK A 1.23	PK A 1.24	PK A 1.25
		...	...	...	...	...	...
		A 1.x	PK A 1.x1	PK A 1.x2	PK A 1.x3	PK A 1.x4	PK A 1.x5
A 2	▪ BG 1	A 2.1	PK A 2.11	PK A 2.12	PK A 2.13	PK A 2.14	PK A 2.15
		A 2.2	PK A 2.21	PK A 2.22	PK A 2.23	PK A 2.24	PK A 2.25
		...	...	...	...	...	...
		A 2.y	PK A 2.y1	PK A 2.y2	PK A 2.y3	PK A 2.y4	PK A 2.y5
...	...	...	...	...	...	...	...
A N	▪ BG m	A N.1	PK A N.11	PK A N.12	PK A N.13	PK A N.14	PK A N.15
	▪ BG 4	A N.2	PK A N.21	PK A N.22	PK A N.23	PK A N.24	PK A N.25
		...	...	...	...	...	...
		A N.z	PK A N.z1	PK A N.z2	PK A N.z3	PK A N.z4	PK A N.z5

Legende BG n: Baugruppe n PK: Prozesskosten

Abbildung 5-31: Aufnahme von Teilprozessen und Kosten in der Abteilung A für verschiedene Fälle

Der in Kapitel 5.2.2 vorgeschlagene Gewichtungsfaktor einer Baugruppe für die Ermittlung der Ähnlichkeiten basiert auf den Änderungskosten einer Baugruppe, deren Ermittlung in diesem Kapitel vorgestellt wurde. Dazu werden die Änderungskosten für den mittleren Fall einer Anpassungskonstruktion einer Baugruppe über alle Abteilungen hinweg addiert, um die Gesamtänderungskosten der Baugruppe zu erhalten, da die Abschätzung auf diese Weise hinreichend genau für den Anwendungsfall ist. Die geforderte Normierung erfolgt, indem die Gesamtänderungskosten der Baugruppen relativ zueinander auf einer Skala von 0 bis 1 bewertet werden. Die Baugruppe mit den höchsten Gesamtänderungskosten wird mit 1 bewertet, während alle anderen im Vergleich dazu eingeordnet werden. Gesamtänderungskosten von 0 € entsprechen einem normierten Wert von 0.

Die bislang beschriebenen Schritte sind lediglich einmalig zur Einführung der ähnlichkeitsbasierten Produktkonfiguration durchzuführen und erfüllen damit die Anforderung der Praktikabilität. Insbesondere die Clusterung der Baugruppen je Abteilung vor der Aufnahme der Prozessschritte und Kosten reduziert den Aufwand der Datenaufnahme erheblich.

Zur Ermittlung der anfallenden indirekten Kosten in der Nutzungsphase der ähnlichkeitsbasierten Produktkonfiguration müssen lediglich zwei Stücklisten auf Baugruppenebene verglichen werden, einmal die Stückliste eines bestehenden Produktes (z. B. einer Vorzugsvariante) und die Stückliste des aktuell konfigurierten Produktes.[355] Der Stücklistenvergleich ermittelt die unterschiedlichen Baugruppen und ermöglicht es somit, auf die verursachten indirekten Kosten zu schließen (vgl. Abbildung 5-32).

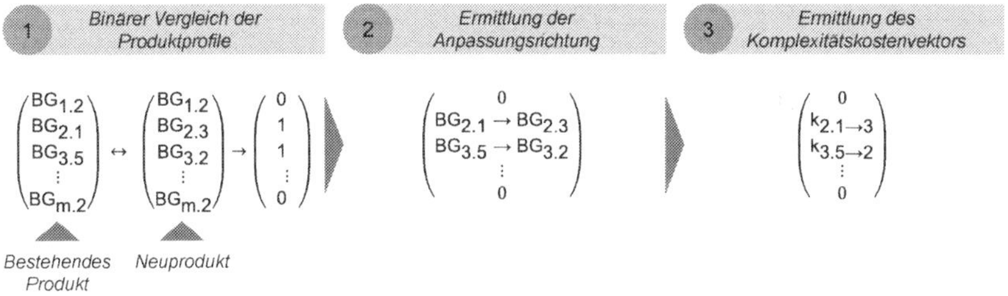

Abbildung 5-32: Ermittlung der Anpassungskosten bei geänderten Baugruppen

In Abbildung 5-32 wird deutlich, dass theoretisch bei der Anpassung noch zwischen verschiedenen Richtungen zu unterscheiden ist. So kann es sein, dass eine Änderung von der Baugruppenvariante 2.1 auf die Baugruppenvariante 2.3 andere Kosten her-

355 Stücklistenvergleiche werden durch Programme wie SAP heute aufwandsarm ermöglicht. Herausfordernd ist es jedoch, bereits in der frühen Phase des Konfigurationsprozesses mindestens die Hauptbaugruppen definiert zu haben, um den Stücklistenvergleich zu ermöglichen.

vorruft als umgekehrt, beispielsweise, weil im ersten Fall noch bestimmte Anschlüsse hinzukommen, während diese im umgekehrten Fall wegfallen. Dieser Detaillierungsgrad soll in dieser Arbeit ausdrücklich nicht adressiert werden, da ansonsten die ursprünglich formulierte Zielsetzung, eine praktikable Unterstützung der Produktkonfiguration in der frühen Phase des Auftragsabwicklungsprozesses zu liefern, nicht erreicht werden kann. Daher werden an dieser Stelle bewusst geringfügige Abweichungen der ermittelten Kosten von der Realität in Kauf genommen, um eine praktikable und schnelle Abschätzung der verursachten indirekten Kosten zu erhalten.

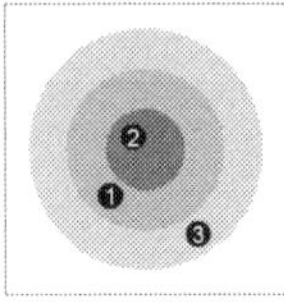

Die Abschätzung der **Änderungssensitivität der indirekten Kosten** einer Produktkonfiguration erfolgt auf der Basis von abgeschätzten Prozesskosten für die Änderung einzelner Baugruppen.

5.3.3 Ermittlung der Änderungssensitivität hinsichtlich des Kundennutzens

Der dritte Abschnitt in diesem Kapitel beschäftigt sich mit der Frage, wie sich der Kundennutzen bei einer Änderung der Produktkonfiguration verändert. Dabei werden zwei Ausgangshypothesen für die detaillierte Erarbeitung verwendet (vgl. Abbildung 5-33):

1. Die Summe der Einzelnutzen ergibt den Gesamtnutzen.
2. Die Real-Ideal-Distanz, d. h. die Differenz zwischen dem angebotenen und dem geforderten Anforderungsprofil, ist als Indikator für den Kundennutzen geeignet.[356]

Diese Arbeit verfolgt nicht das Ziel, über Transformationsfunktionen den genauen Zusammenhang zwischen Anforderungen und dem zugehörigen Nutzen (linearer Verlauf, exponentieller Verlauf, Treppenverlauf etc.) zu ermitteln. Für die vorliegende Arbeit ist jedoch eine Abschätzung notwendig, welche der möglichen bestehenden Produktkonfigurationen den größten Kundennutzen besitzen bzw. welche Anforderungen im Konfigurationsprozess angepasst werden müssen, da deren erwartete Nutzenänderung höher ist als die von anderen Anforderungen.

[356] Je größer die Ähnlichkeit zwischen einem angebotenen Produkt und dem vom Kunden gewünschten „idealen Produkt" ist, desto nützlicher empfindet der Kunde dieses Angebot (Franke et al. (2004), Value Creation by Toolkits). FLINT ET AL. unterscheiden in diesem Zusammenhang zwischen „received value" (entspricht dem Nutzen einer angebotenen Produktvariante) und „desired value" (entspricht den kundenspezifischen Anforderungen an ein gewünschtes Produkt) (Flint et al. (2001), The initiators of changes in customers' desired value).

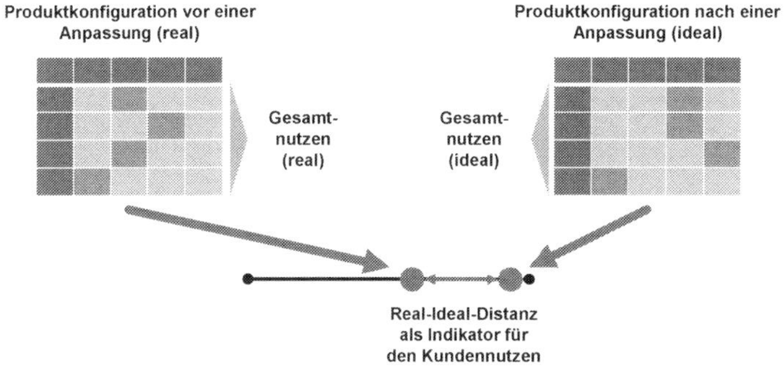

Abbildung 5-33: Real-Ideal-Distanz als Indikator für den Kundennutzen

In Anlehnung an BACKHAUS ergibt sich schematisch der in Abbildung 5-34 dargestellte Nutzenverlauf bei der Entfernung von der Kundenkonfiguration. Dabei wird deutlich, dass der Kundennutzen aus Sicht des Kunden in seinem geforderten Anforderungsprofil, dem sogenannten Präferenzprofil, am höchsten ist. Gleichzeitig wird jedoch auch deutlich, dass es aufgrund der Nutzenisoquanten in Abhängigkeit vom Abstand zum Präferenzprofil mehrere „zweitbeste" Lösungen gibt. Aus dieser Erkenntnis ergeben sich zwei Fragestellungen. Erstens muss untersucht werden, welche Anforderungen aus Sicht des Kunden Muss- bzw. Kann-Merkmale sind. Darüber hinaus muss ermittelt werden, wie sich der Kundennutzen bei der Änderung einer Anforderungsausprägung ändert.

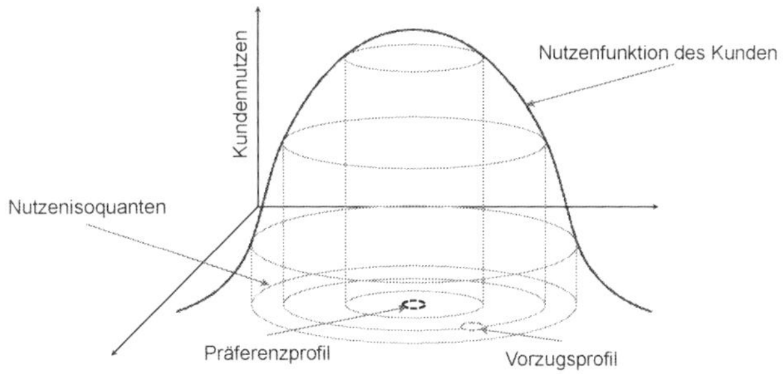

Abbildung 5-34: Nutzenverlauf bei der Entfernung von der Kundenkonfiguration

Die Unterscheidung zwischen Muss- und Kann-Merkmalen sollte möglichst aufwandsarm durch eine Bewertung der Bedeutung der Anforderungen aus Sicht des

Kunden geschehen. Dazu wird in dieser Arbeit eine Likert-Skala von 1 (weniger wichtig) bis 5 (sehr wichtig) empfohlen, auf der leicht verständlich und schnell die Bedeutung einzelner Anforderungen eingetragen werden kann (vgl. Abbildung 5-35). Die Merkmale, welche mit Ausprägung 5 (sehr wichtig) bewertet werden, werden als Muss-Anforderung bezeichnet, während alle weiteren Ausprägungen auf der Likert-Skala zu Kann-Anforderungen führen. Bei der Ermittlung der Bedeutungen im Kundengespräch besteht die Gefahr, dass der Kunde alle Anforderungen als sehr wichtig einordnet. In einem solchen Fall sollte der Kunde darauf hingewiesen werden, dass die Ermittlung einer Kosten-Nutzen-optimalen Produktkonfiguration nur dann möglich ist, wenn in der Anforderungsdefinition gewisse Freiheitsgrade verbleiben.

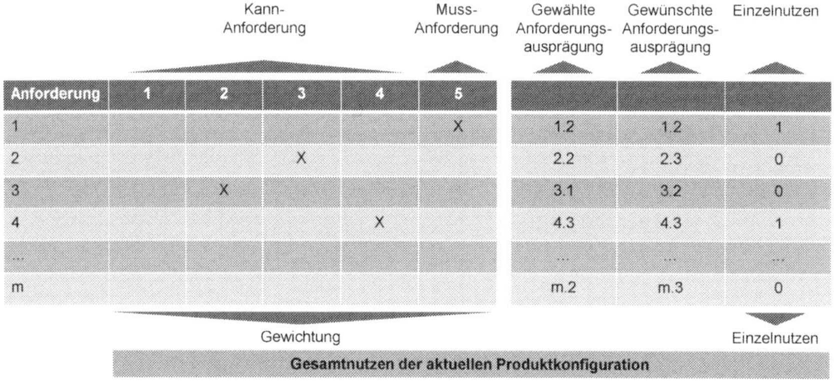

Abbildung 5-35: Unterscheidung der Anforderungen in Kann- und Muss-Anforderungen und Ermittlung des Gesamtnutzens der aktuellen Produktkonfiguration

Sofern sowohl die aktuell gewählte Ausprägung einer Anforderung als auch die Bedeutung der Anforderung für den Kunden bestimmt ist, kann der Gesamtnutzen einer Produktkonfiguration abgeschätzt werden. Dabei wird die Real-Ideal-Distanz, welche als Indikator für den Kundennutzen gilt, ermittelt, indem die Anforderungsausprägungen zwischen zwei Produktkonfigurationen verglichen werden. Sind die gewählte und die gewünschte Anforderung gleich, liegt ein Einzelnutzen von 1 vor, ansonsten einer von 0. Gewichtet über die Bedeutung der einzelnen Anforderungen für den Kunden kann somit aus den Einzelnutzenwerten der Gesamtnutzen einer Produktkonfiguration für den Kunden bestimmt werden. Dieser Wert dient dazu, Produktkonfigurationen aus der genaueren Analyse auszuschließen, die zu weit vom geforderten Anforderungsprofil entfernt liegen.

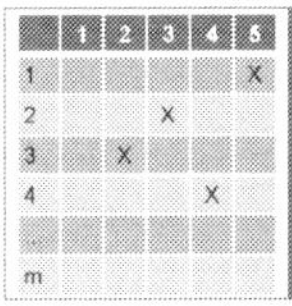

Die Abschätzung der **Änderungssensitivität des Kundennutzens** einer Produktkonfiguration erfolgt durch die Ermittlung der Bedeutung verschiedener Anforderungen aus Kundensicht auf einer Likert-Skala.

5.3.4 Ermittlung der Änderungssensitivität hinsichtlich des strategischen Nutzens

Die letzte in diesem Kapitel adressierte Dimension ist die Dimension des strategischen Nutzens eines Produktauftrags. Wie bereits in der Motivation dieser Arbeit deutlich wurde, sind „strategische Aufträge" einer der Hauptgründe dafür, dass die Variantenvielfalt innerhalb von Unternehmen oft ungesteuert zunimmt. Mitarbeiter der Abteilung Vertrieb handeln oft umsatzgetrieben, da sie entsprechend von Unternehmen incentiviert werden. Eine Betrachtung der verursachten Kosten bzw. eine differenziertere Betrachtung der tatsächlichen strategischen Bedeutung eines Kunden kommt im Tagesgeschäft oft zu kurz.

Hier setzt dieser Abschnitt der Arbeit an. Ziel ist es, eine transparente Darstellung zu erhalten, wie „strategisch" ein Kunde bzw. Auftrag wirklich ist und welche Verbindung zwischen dem in der Literatur weit verbreiteten Kundenwert und den in dieser Arbeit ermittelten Ähnlichkeiten auf den verschiedenen Ebenen besteht (vgl. Abbildung 5-36). Der Kundenwert aus Unternehmenssicht wurde in Kapitel 2.4.3 bereits vorgestellt und bildet die Basis für die weiteren Überlegungen. Da der Kundenwert branchen- bzw. unternehmensspezifisch ermittelt wird, wird an dieser Stelle eine generische Bestimmung des Kundenwertes vorgeschlagen, die bei Bedarf unternehmensspezifisch angepasst werden kann. Neben dem Kundenwert spielen im weiteren Verlauf des Abschnittes die Begriffe Kundensegmentfit, Anforderungssegmentfit und Produktsegmentfit eine bedeutende Rolle (vgl. Abbildung 5-36).

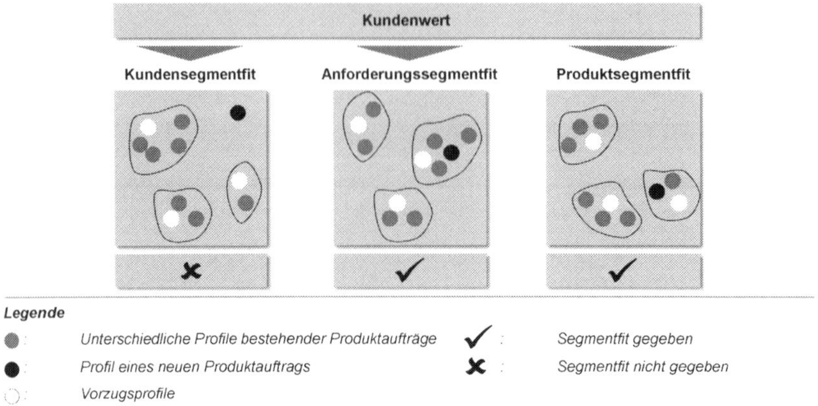

Abbildung 5-36: Schematischer Zusammenhang zwischen Kundenwert und strategischem Nutzen

Der Kundenwert aus Unternehmenssicht wird im Wesentlichen durch das Marktpotenzial und das Ressourcenpotenzial bestimmt.[357] Während sich das Marktpotenzial aus den Faktoren Umsatzpotenzial, Kundenerfolgspotenzial, Cross-Selling-Potenzial und Loyalitätspotenzial zusammensetzt, wird das Ressourcenpotenzial durch das Referenzpotenzial, das Informationspotenzial, das Kooperationspotenzial und das Synergiepotenzial bestimmt (vgl. Abbildung 5-37).[358] Je nach Branche oder Unternehmenstyp spielen einige der genannten Faktoren eine geringere oder größere Rolle. Für die weitere Verwendung in dieser Methodik ist es lediglich relevant, ob ein niedriger, ein mittlerer oder ein hoher Kundenwert vorliegt. Eine Möglichkeit, dies zu ermitteln, besteht in der Einordnung des Kunden in den vorgeschlagenen acht Dimensionen. Der Mittelwert der Einordnung wird anschließend als übergeordneter Kundenwert verwendet.

[357] An dieser Stelle sei für das einheitliche Verständnis darauf hingewiesen, dass der Kundenwert abzugrenzen ist von dem Kundennutzen, der in Kapitel 5.3.3 adressiert wird. Der Kundenwert wird in Kapitel 2.4.3 als der Wert des Kunden aus Sicht des Unternehmens definiert.

[358] Vgl. Rudolf-Sipötz et al. (2001), Kundenwert in Forschung und Praxis, S. 95; Backhaus (2003), Industriegütermarketing, S. 169

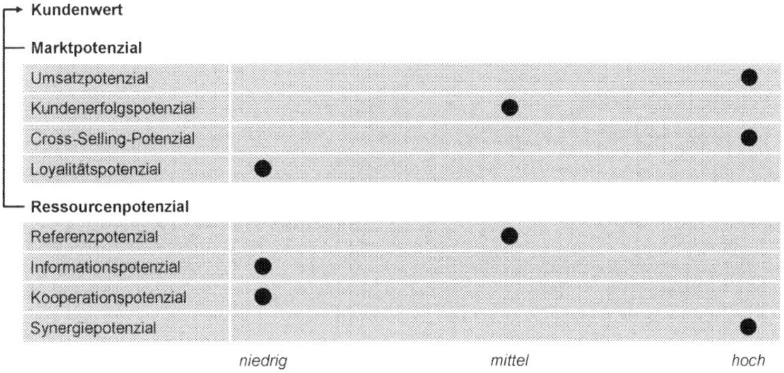

Abbildung 5-37: Kundenwertermittlung

Der ermittelte Kundenwert dient als Grundlage für die interne Diskussion des „Fits" des Produktauftrags in die Kunden-, Anforderungs- und Produktlandschaft des anbietenden Unternehmens. Der Kundenwert geht als Skalierungsfaktor in die „erlaubte Abweichung" von bestehenden Marktsegmenten, Anforderungssegmenten und Produktsegmenten ein, die in Abbildung 5-36 dargestellt sind. Je höher der Kundenwert, desto höher ist auch die erlaubte Abweichung von bestehenden Segmenten bzw. Vorzugsvarianten. Diese grundlegende These wird in den folgenden Abschnitten intensiv für die verschiedenen Ebenen diskutiert und es werden Implikationen für den strategischen Umgang mit bestimmten Fällen gegeben, die die Grundlage für die in Kapitel 5.4 dargestellte Steuerung des Konfigurationsprozesses sind.

Der **Kundensegmentfit** bezieht sich auf die Positionierung des Kunden hinsichtlich der kundenbeschreibenden Merkmale. Der Kundensegmentfit ist dann gegeben, wenn der Kunde innerhalb bzw. in der Nähe von einem bestehenden oder vom Unternehmen anvisierten Marktsegment liegt. Im linken Teil von Abbildung 5-36 ist dies nicht der Fall, da der neue Kunde weit entfernt von den Zielkunden bzw. den bestehenden Kunden liegt. Der Kundensegmentfit ist demnach nicht gegeben. Dennoch kann eine solche Abbildung eine geeignete Grundlage für eine interne Diskussion sein. Dabei sind die folgenden Fragestellungen für die Bewertung des Kundensegmentfits geeignet:

- Möchten wir einen solchen Kunden in unser Kundenportfolio aufnehmen?
- Können dadurch weitere Kunden in diesem Bereich angezogen werden?
- Können wir in diesem Bereich des Marktes etwas lernen?

In Abbildung 5-38 ist beispielhaft die Kundenlandkarte (vgl. Kapitel 5.2.4) eines Unternehmens dargestellt. Der schwarze Punkt in der oberen rechten Ecke symbolisiert die Einordnung eines neuen Kunden anhand der kundenbeschreibenden Merkmale. Die gestrichelten Kreise um den Kunden visualisieren die Begrenzungslinien, bis zu denen noch von einem Kundensegmentfit gesprochen wird. Die Radien der eingezeichneten Kreise müssen unternehmensspezifisch festgelegt werden und dienen weniger der quantitativen Analyse als vielmehr der Grundlage für die unternehmensinterne Diskussion. Die Abstände der Begrenzungslinien, die dem jeweiligen Kundenwert entsprechen, werden als gleich angenommen. In diesem Beispiel müsste der Kunde bereits einen hohen Kundenwert besitzen, damit noch von einem Kundensegmentfit gesprochen werden kann. Dies geht einher mit der zuvor definierten übergeordneten Festlegung, wonach ein größerer Kundenwert auch einen größeren Abstand von den bislang adressierten Kundensegmenten zulässt. Ein einfaches Beispiel verdeutlicht diesen Zusammenhang. Ein Hersteller von Industrieventilen bedient bislang eine homogene Gruppe von Kunden aus dem Bereich der Werkzeugmaschinenindustrie. Nun fragt ein sehr großer Kunde aus der Automobilindustrie, der insbesondere aufgrund des Umsatzpotenzials einen entsprechend großen Kundenwert besitzt, eine kundenspezifische Produktvariante an. In diesem Beispiel erscheint es logisch, dass der Kunde nach Möglichkeit mit einem guten Angebot bedient werden sollte, obwohl der Abstand zu den restlichen Kunden sehr groß ist. Der Kundensegmentfit ist demnach gegeben.

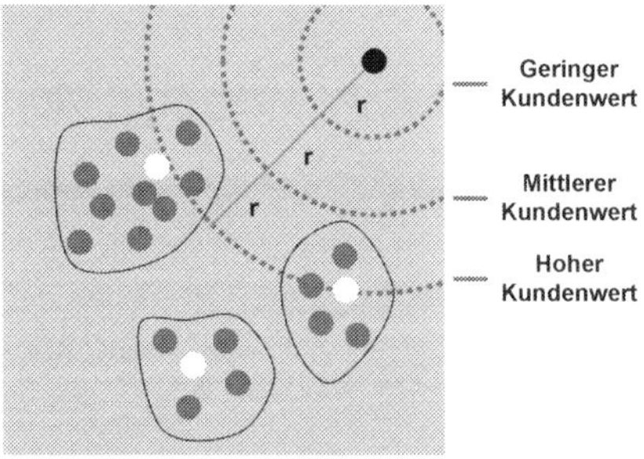

Legende

- ● : *Unterschiedliche Profile bestehender Kunden in der Kundenlandkarte*
- ● : *Profil eines neuen Kunden*
- ○ : *Vorzugsprofile*
- **r** : *Abstand der Begrenzungslinien*

Abbildung 5-38: Kundensegmentfit

Auch auf der Ebene der Anforderungslandkarte (vgl. Abbildung 5-39) lassen sich ähnliche Interpretationen hinsichtlich des **Anforderungssegmentfits** diskutieren. In diesem Beispiel liegt das Anforderungsprofil des neuen Kunden exakt innerhalb eines Anforderungssegmentes und unmittelbar neben einer definierten Vorzugsvariante. In diesem Fall sind die Antworten auf die zu stellenden Fragen eindeutig:

- Ist das Anforderungsprofil bekannt bzw. wurde dieses in der Vergangenheit bereits gelöst?
- Entspricht das neue Anforderungsprofil einem ohnehin strategisch zu entwickelnden Anforderungsprofil?
- Ist es zu erwarten, dass das geforderte Anforderungsprofil in Zukunft häufiger nachgefragt wird?

Bereits die erste der generischen Fragen führt in diesem Beispiel dazu, dass der Anforderungssegmentfit gegeben ist. Sollte dies nicht der Fall sein, so bieten die anderen Fragen eine gute Orientierung für die unternehmensinterne Diskussion. So gibt es in vielen Unternehmen Überlegungen über in der Zukunft zu entwickelnde Produkte, die lediglich aufgrund mangelnder Ressourcen nicht umgesetzt werden. Die Transparenz, die durch die Analyse des Anforderungssegmentfits herbeigeführt wird, ermöglicht es, strategische Entwicklungsprojekte besser an Leitkunden zu knüpfen und sie teilweise von diesen bezahlen zu lassen. Dies wird erneut an einem Beispiel verdeutlicht. Ein Unternehmen befindet sich in einem stark vom Kunden beeinflussten Markt, möchte jedoch ein bestimmtes Anforderungssegment neu besetzen, um dort neue Kunden zu gewinnen. Es fehlen jedoch die Ressourcen für eine Entwicklung neben dem Tagesgeschäft. Ein Kunde formuliert nun Anforderungen, die sehr ähnlich zu den Anforderungen des definierten Zielsegmentes sind, gleichzeitig aber sehr unähnlich zu den bestehenden Segmenten. Aus klassischer Betrachtungsweise wäre hier ein Anforderungssegmentfit nicht gegeben. In diesem Fall sind jedoch auch die anvisierten Anforderungsprofile vom anbietenden Unternehmen in der Anforderungslandkarte eingetragen, sodass der Anforderungssegmentfit gegeben ist. Die Abstände zwischen dem angefragten Profil seitens des Kunden und den bestehenden bzw. anvisierten Anforderungssegmenten werden wie zuvor anhand des Kundenwertes bewertet bzw. behandelt.

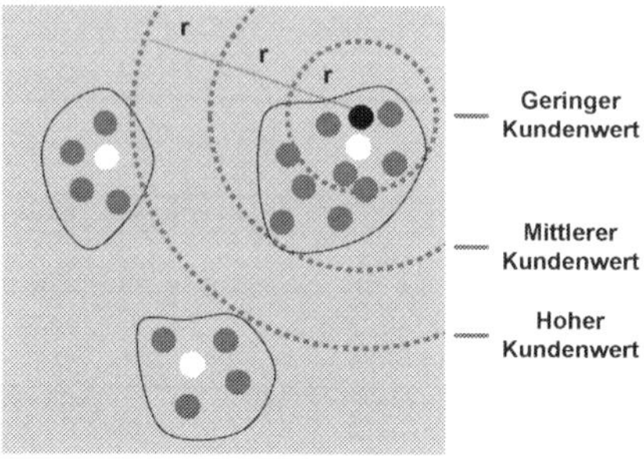

Legende

- ● (grau): *Unterschiedliche Profile bestehender Produktaufträge in der Anforderungslandkarte*
- ● (schwarz): *Profil eines neuen Produktauftrags*
- ○: *Vorzugsprofile*
- r: *Abstand der Begrenzungslinien*

Abbildung 5-39: Anforderungssegmentfit

Eine intensive Diskussion verspricht auch die dritte Ebene, die Produktlandkarte. In der Produktlandkarte (vgl. Abbildung 5-40) sind alle bestehenden Produktaufträge sowie die Vorzugsvarianten aufgeführt. Somit kann anhand der Einordnung des neuen Produktprofils analysiert werden, ob ein **Produktsegmentfit** gegeben ist oder nicht. In dem vorliegenden Beispiel liegt das Profil des neuen Produktes in der Mitte eines Produktsegmentes und sehr nah an einer Vorzugsvariante. Somit ist unabhängig vom Kundenwert ein Produktsegmentfit gegeben und die Produktvariante sollte realisiert werden. Sollte dies einmal nicht der Fall sein, ermöglicht die Darstellung eine unternehmensinterne Diskussion anhand der folgenden Fragestellungen:

- Kann die neue Produktvariante die Basis für weitere abgeleitete Produkte bilden?
- Können einzelne, neu zu entwickelnde Baugruppen anderweitig Verwendung finden?
- Können intelligent Synergien zu anderen Produkten des Unternehmens gehoben werden?

Die Fragen unterstützen bei der unternehmensinternen Entscheidungsfindung, indem beispielsweise geplante Entwicklungsprojekte oder verwandte Produkte mit einbezogen werden. So kann ein strategisch ohnehin geplantes Produkt möglicherweise an einen neuen Auftrag gekoppelt werden, um die Entwicklungskosten zumindest teilweise decken zu können. Der Kundenwert dient in der Produktlandkarte ähnlich wie in den anderen Darstellungen dazu, die Diskussion zu steuern. So wird der strategische Nutzen eines Auftrags eines Kunden mit einem geringen Kundenwert auf der Produktseite nur gering sein, falls das Produktprofil stark von den bestehenden Segmenten abweicht.

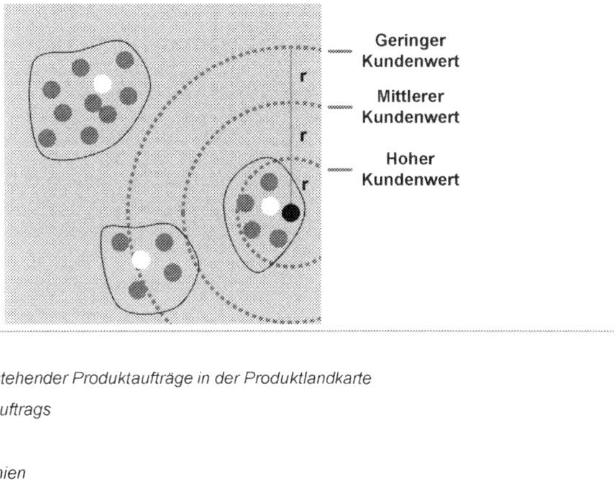

Abbildung 5-40: Produktsegmentfit

Zusammenfassend lässt sich für die Ermittlung des strategischen Nutzens eines Auftrags festhalten, dass dieser in der Vergangenheit zumeist intuitiv bewertet wurde und nicht transparent in die Entscheidungsfindung eingeflossen ist. Die in dieser Arbeit vorgestellte Verknüpfung zwischen Kundenwert und Kundensegmentfit, Anforderungssegmentfit bzw. Produktsegmentfit ermöglicht eine differenzierte Bewertung des strategischen Nutzens eines Produktauftrags bereits in der frühen Phase des Auftragsabwicklungsprozesses. Die Kunden-, Anforderungs- und Produktlandkarten sowie die eingezeichneten Kreise, die stellvertretend für die Höhe des Kundenwertes stehen, dienen dabei als Grundlage für die Diskussion.

Nachdem der strategische Nutzen bislang lediglich qualitativ als Verknüpfung zwischen Kundenwert und Kundensegmentfit, Anforderungssegmentfit und Produktsegmentfit diskutiert wurde, wird der strategische Nutzen eines Produktauftrags abschließend auf einer Skala von 0 (sehr geringer strategischer Nutzen) bis 1 (sehr hoher strategischer Nutzen) bewertet und durch die folgende Formel bestimmt:

$$N_S = \frac{K \cdot (F_K + F_A + F_P)}{81} \tag{5.9}$$

mit:

N_S	Strategischer Nutzen des Produktauftrags
K	Kundenwert
F_K	Kundensegmentfit
F_A	Anforderungssegmentfit
F_P	Produktsegmentfit

In diesen aufgrund der Division durch den Maximalwert von 81 normierten Wert fließen der Kundenwert und die Bewertungen der drei verschiedenen „Fits" ein. Die in Abhängigkeit vom jeweiligen Fall auszuwählenden Werte sind in Abbildung 5-41 dargestellt.

Kundenwert

Kundenwert	Wert	Definition
gering	1	Der Kunde besitzt ein geringes Markt- und Ressourcenpotenzial und sollte daher nicht bevorzugt behandelt werden.
mittel	3	Der Kunde besitzt ein mittleres Markt- und Ressourcenpotenzial und sollte daher eine bevorzugte Behandlung mit gewissen Einschränkungen genießen.
hoch	9	Der Kunde besitzt ein hohes Markt- und Ressourcenpotenzial und sollte daher bevorzugt behandelt werden.

Kundensegmentfit, Anforderungssegmentfit und Produktsegmentfit

Segmentfit	Wert	Definition
gering	0	Es existiert ein großer Abstand zwischen dem neuen Profil und den bestehenden Segmenten bzw. Vorzugsvarianten (äußere Schale).
mittel	1	Es existiert ein mittlerer Abstand zwischen dem neuen Profil und den bestehenden Segmenten bzw. Vorzugsvarianten (mittlere Schale).
hoch	3	Es existiert ein geringer Abstand zwischen dem neuen Profil und den bestehenden Segmenten bzw. Vorzugsvarianten (innere Schale).

Abbildung 5-41: Werte für den Kundenwert sowie den Kundensegmentfit, den Anforderungssegmentfit und den Produktsegmentfit

Der strategische Nutzen eines Produktauftrags wird anhand der zuvor genannten Formel bestimmt, indem der Kundenwert sowie der Kundensegment, der Anforderungssegmentfit und der Produktsegmentfit ermittelt werden. Bei einer Änderung der Produktkonfiguration ergeben sich auch Änderungen an den Segmentfits und damit am strategischen Nutzen, sodass sich die folgende Definition für die Änderungssensitivität hinsichtlich des strategischen Nutzens ergibt.

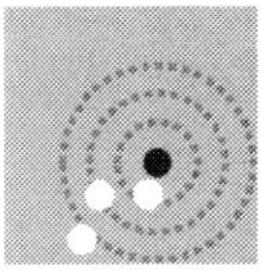

Die Abschätzung der **Änderungssensitivität des strategischen Nutzens** einer Produktkonfiguration erfolgt durch die vorgestellte Verknüpfung zwischen Kundenwert und Kundensegmentfit, Anforderungssegmentfit bzw. Produktsegmentfit.

Der normierte Wert für den strategischen Nutzen eines Auftrags fließt genau wie die direkten Kosten (vgl. Kapitel 5.3.1), die verursachten indirekten Kosten (vgl. Kapitel 5.3.2) und der Kundennutzen (vgl. Kapitel 5.3.3) in die Übersicht zu den Änderungssensitivitäten der Produktkonfiguration ein (vgl. Abbildung 5-42). Diese Übersicht stellt während des Konfigurationsprozesses die wichtigsten Informationen zu einer Produktkonfiguration zusammen und visualisiert gleichzeitig die Auswirkungen, sobald Änderungen an der Produktkonfiguration vollzogen wurden. Die Übersicht ermöglicht es, verschiedene Alternativen von Produktkonfigurationen miteinander zu vergleichen. Während der Fokus des Kunden auf den ersten drei Parametern liegt, ist das anbietende Unternehmen in der Regel besonders an den intern verursachten indirekten Kosten sowie am strategischen Nutzen interessiert.

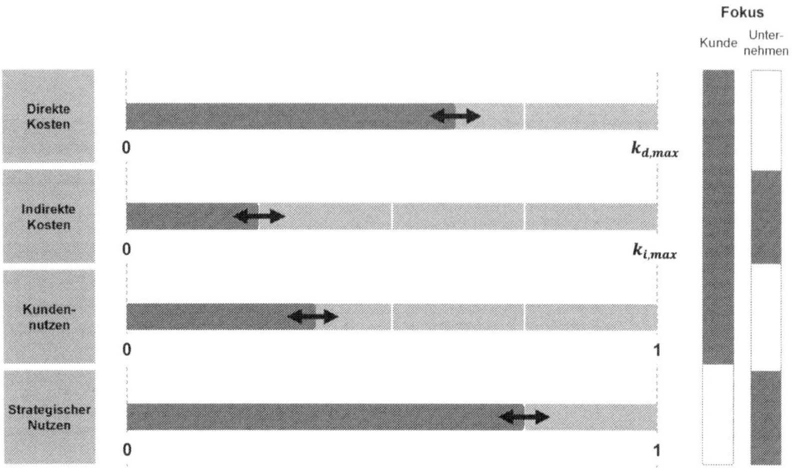

Abbildung 5-42: Überblick über die Änderungssensitivitäten der Produktkonfiguration

Die dargestellte Übersicht über die Bewertungskriterien der Produktkonfiguration bildet einen wichtigen Output dieses Schrittes der Methodik und dient als Input für die Steuerung des Konfigurationsprozesses zur Ermittlung der Kosten-Nutzen-optimalen Produktkonfiguration, die im folgenden Kapitel 5.4 beschrieben wird.

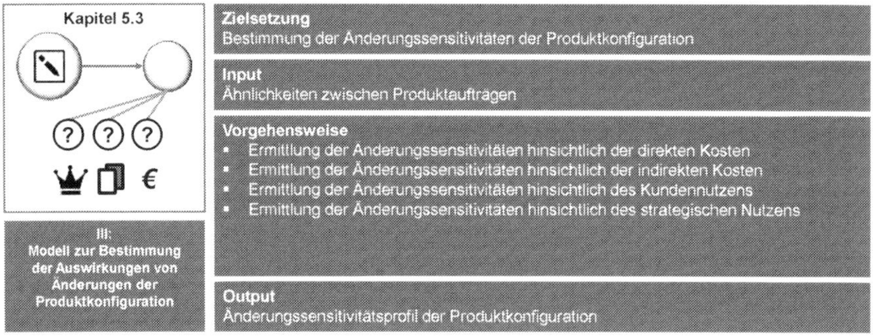

Abbildung 5-43: Bestimmung der Änderungssensitivitäten der Produktkonfiguration

5.4 Iterative Optimierung der Produktkonfiguration und Ableitung von Normstrategien

Der vierte und letzte Schritt der Methodik führt die bisherigen Ergebnisse zusammen und ermöglicht so eine gezielte Steuerung des Konfigurationsprozesses zur Ermittlung der Kosten-Nutzen-optimalen Produktkonfiguration. In diesem letzten Kapitel werden daher die relevanten Schritte und Methoden vorgestellt, um in der Abstimmung zwischen Kunde und Vertrieb ausgehend von einer initialen Einordnung eines Kunden zu einer optimalen Produktkonfiguration zu gelangen (vgl. Abbildung 5-44). Dazu werden zunächst verschiedene mögliche Fälle einer Kosten-Nutzen-optimalen Produktkonfiguration diskutiert, bevor das ähnlichkeitsbasierte, iterative Vorgehen zur Identifikation der Produktkonfiguration vorgestellt wird. Anschließend wird die Auswahl der Kosten-Nutzen-optimalen Produktkonfiguration dargestellt und es werden Normstrategien für die frühe Phase des Auftragsabwicklungsprozesses diskutiert.

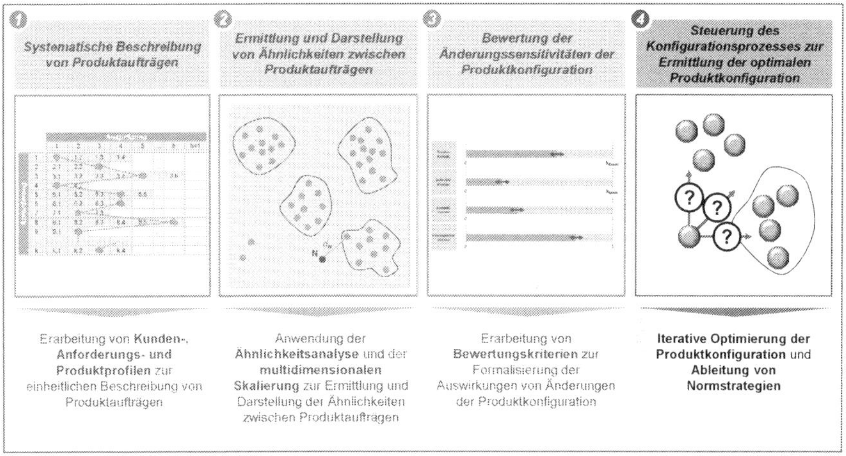

Abbildung 5-44: Steuerung des Konfigurationsprozesses zur Ermittlung der optimalen Produktkonfiguration

Bevor im weiteren Verlauf des Kapitels die einzelnen Schritte zur Identifikation der Kosten-Nutzen-optimalen Produktkonfiguration beschrieben werden, wird zunächst basierend auf den zuvor ermittelten Bewertungskriterien definiert, was unter einer Kosten-Nutzen-optimalen Produktkonfiguration zu verstehen ist. Dabei ist prinzipiell zwischen den beiden Sichtweisen des Kunden und des anbietenden Unternehmens zu unterscheiden. Wie in Abbildung 5-42 dargestellt, sind für den Kunden insbesondere die Dimensionen direkte Kosten, indirekte Kosten und Kundennutzen relevant, während seine strategische Bedeutung für ihn nicht bedeutend ist. Dagegen versucht der Vertriebsmitarbeiter des anbietenden Unternehmens, die indirekten, anfallenden Kosten zu reduzieren und gleichzeitig den strategischen Nutzen des Auftrags für das Unternehmen zu erhöhen.

Damit ergeben sich zusammengefasst die in Abbildung 5-45 dargestellten Optimierungsrichtungen aus Kunden- bzw. Vertriebssicht. Die optimale Produktkonfiguration aus Kundensicht ist möglichst günstig und erfüllt gleichzeitig alle Kundenanforderungen. Die optimale Produktkonfiguration aus Vertriebssicht verursacht keine zusätzlichen indirekten Kosten im Vergleich zu einer Vorzugsvariante, während gleichzeitig ein hoher strategischer Nutzen des Produktauftrags gegeben ist.

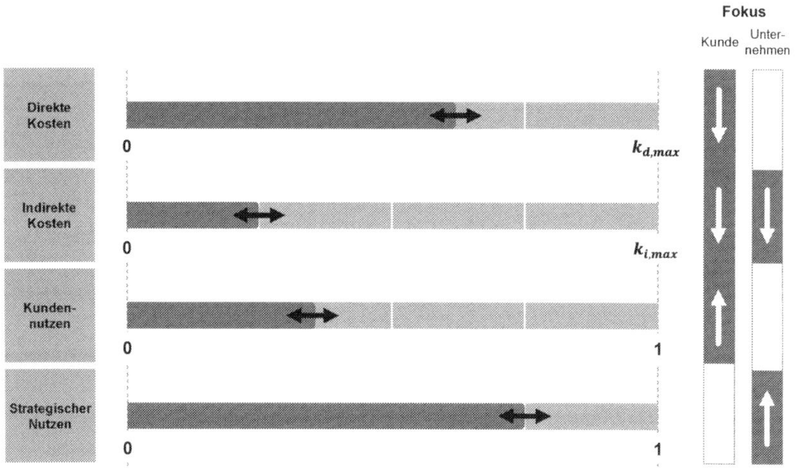

Abbildung 5-45: Optimierungsrichtungen der Bewertungskriterien

In den folgenden Abschnitten werden die einzelnen Schritte des ähnlichkeitsbasierten, iterativen Vorgehens beschrieben, die notwendig sind, um im Abgleich mit dem Kunden die optimale Produktkonfiguration zu identifizieren. Eine übergeordnete Darstellung der benötigten Schritte liefert dazu einleitend Abbildung 5-46. Der erste Schritt besteht aus der Initialeinordnung des Kunden in der Kundenlandkarte zu Beginn des Konfigurationsprozesses. Im nächsten Schritt wird mithilfe der E-&A-Matrix eine Vorzugsvariante als Ankerpunkt angeboten, bevor durch eine iterative Identifikation von Optimierungsrichtungen schrittweise die Produktkonfiguration optimiert wird. Die A-&B-Matrix wiederum unterstützt bei der Auswahl der Kosten-Nutzen-optimalen Produktkonfiguration, die am Schluss dieses Kapitels steht.

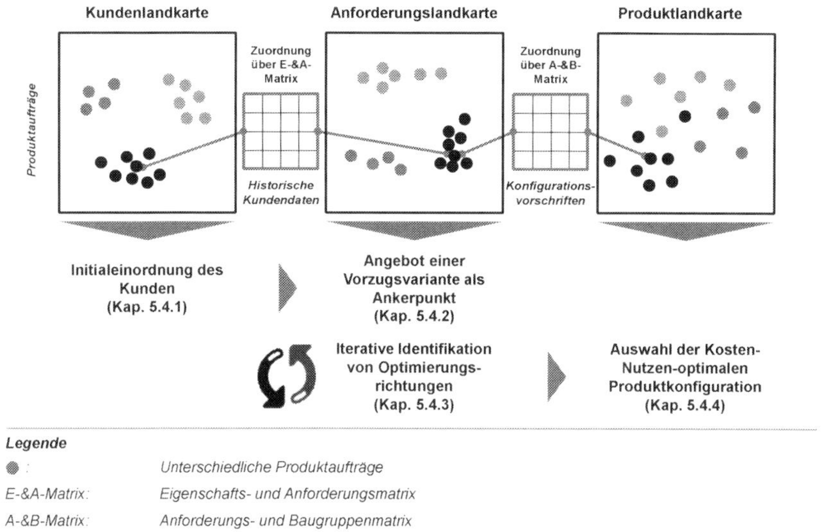

Abbildung 5-46: Überblick über die ähnlichkeitsbasierte Produktkonfiguration

5.4.1 Initialeinordnung des Kunden

Nach der erfolgten Kundenanfrage besteht die Aufgabe des Vertriebsmitarbeiters darin, den Kunden schon im Vorfeld des ersten persönlichen Gesprächs einzuordnen. Dabei sollte der Vertriebsmitarbeiter entsprechend des in Kapitel 5.1.1 vorgeschlagenen Vorgehens die kundenbeschreibenden Merkmale weitestgehend ausfüllen bzw. möglicherweise auch Rücksprache mit anderen Vertriebsmitarbeitern halten, um strukturiert zu einem umfassenden Bild des Kunden zu gelangen. Im ersten persönlichen Gespräch wird der Kunde anschließend final bewertet, indem das Kundenprofil vervollständigt und der Kunde in der Kundenlandkarte eingeordnet wird.

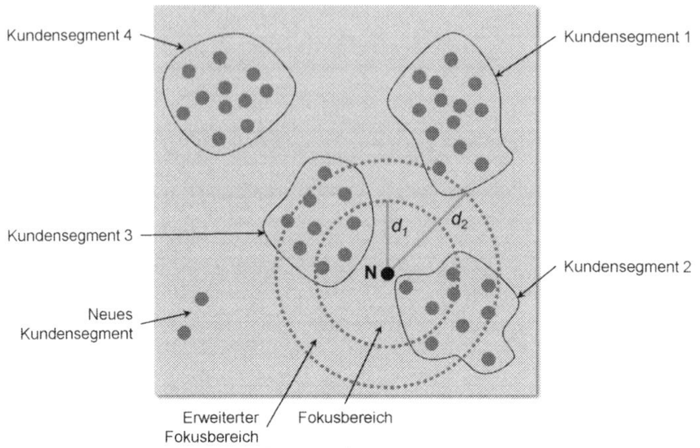

Legende

● : *Unterschiedliche Kundenprofile bestehender Aufträge*

d_1, d_2: *Distanzgrenzen des Fokusbereichs bzw. des erweiterten Fokusbereichs*

N: *Kundenprofil eines neuen Kunden N*

Abbildung 5-47: Einordnung eines neuen Kunden in die bestehende Kundenlandkarte

In der Kundenlandkarte lässt sich sodann erkennen, ob der Kunde zu einem bestehenden Kundensegment gehört, d. h. der Kundensegmentfit gegeben ist (vgl. Kapitel 5.3.4), oder ob der Kunde nicht einem bestehenden Kundensegment zugeordnet werden kann. Dazu besteht die Aufgabe darin, die Gemeinsamkeiten der im Fokusbereich des Kunden positionierten früheren Kunden zu erkennen und im nächsten Schritt von der Kundenebene auf die Anforderungsebene zu schließen. Da dieser Schritt einer der bedeutendsten für die gesamte Methodik ist, wird im Folgenden ausführlich darauf eingegangen.

5.4.2 Ermittlung des Annahmeprofils und des zugehörigen Vorzugsprofils

Prinzipiell basiert der folgende Schritt auf der Annahme, dass ähnliche Kunden ähnliche Produkte kaufen. Während dieser Ansatz in vielen datentechnisch bereits deutlich fortgeschrittenen Branchen wie dem Internethandel weit verbreitet ist, werden Daten zu vergangenen Aufträgen im Maschinenbau derzeit noch nicht systematisch für neue Produktkonfigurationen und Angebotskalkulationen verwendet. Hier setzt dieser Abschnitt an, der basierend auf dem im ersten Schritt ermittelten Produktprofil und dem Fokusbereich das sogenannte **Annahmeprofil**, d. h. das erwartete Anforderungsprofil eines Kunden ermittelt. Dazu wird in Anlehnung an die in Kapitel 3.2.2

vorgestellte Konfigurations- und Verträglichkeitsmatrix (K-&V-Matrix) die **Eigenschafts- und Anforderungsmatrix**, kurz **E-&A-Matrix**, eingeführt (vgl. Abbildung 5-48). Die E-&A-Matrix enthält Angaben über die prozentuale Verteilung der Ausprägungen bei dem Erfüllungsgrad einer Kundeneigenschaft. Beispielsweise wird in der ersten Zeile der E-&A-Matrix die Verteilung der Anforderungsausprägungen aller bestehenden Kunden angezeigt, die bei der kundenbeschreibenden Eigenschaft 1 den Erfüllungsgrad 1, d. h. niedrig, angekreuzt haben. In diesem Beispiel haben die Kunden mit dem Erfüllungsgrad 1 bei Eigenschaft 1 am häufigsten die zweite Ausprägung der ersten Anforderung, die dritte Ausprägung der zweiten Anforderung und die dritte Ausprägung der k-ten Anforderung gewählt (vgl. Abbildung 5-48).

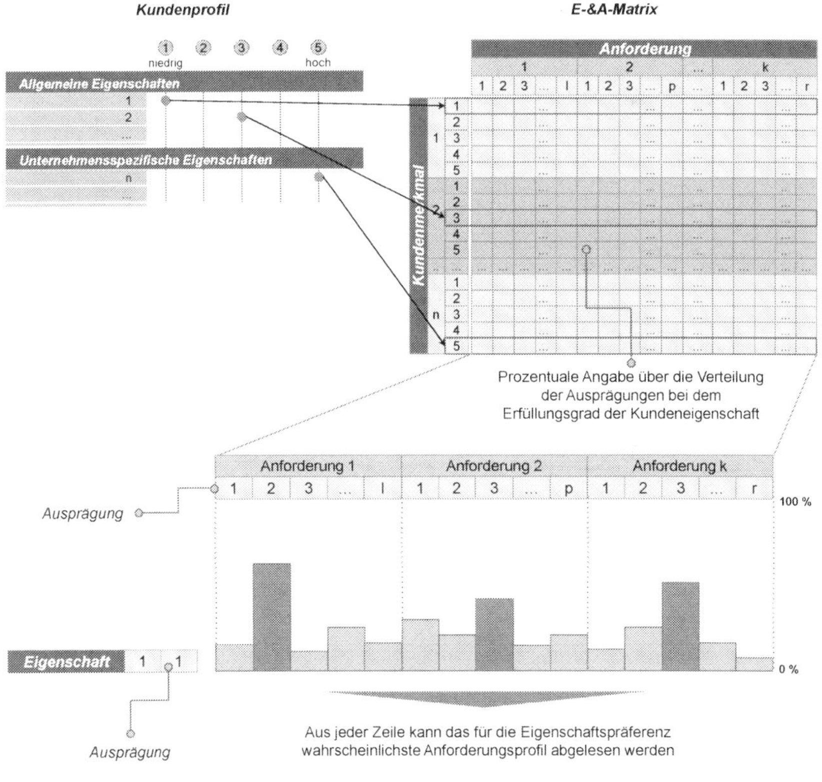

Abbildung 5-48: Eigenschafts- und Anforderungsmatrix (E-&A-Matrix)

Die sogenannte Anforderungswahrscheinlichkeit, d. h. die Wahrscheinlichkeit, dass eine bestimmte Ausprägung einer Anforderung gewählt wird, berechnet sich dabei nach der in Abbildung 5-49 definierten Formel. Für die Anforderungswahrscheinlichkeit der Ausprägung j bei Anforderung i wird die Anzahl der Aufträge, bei denen der Kunde bei einer Eigenschaft h den Erfüllungsgrad g gewählt hat (auf der Kundenebene) und die Ausprägung j bei Anforderung i bevorzugt (auf der Anforderungsebene) durch die Gesamtanzahl der Kunden mit Erfüllungsgrad g in Eigenschaft h geteilt. Auf diese Art und Weise lässt sich das Annahmeprofil, d. h. das wahrscheinlichste Anforderungsprofil für den neuen Kunden ermitteln. Dies bedeutet, dass der Kunde mit einer großen Wahrscheinlichkeit ein solches Anforderungsprofil angeben würde, wenn er gefragt würde. Die Idee in dieser Methodik besteht jedoch darin, den Kunden erst möglichst spät in den Auswahlprozess eingreifen zu lassen, um ihn zuvor bereits in eine aus Unternehmenssicht vorteilhafte Produktkonfiguration gesteuert zu haben.

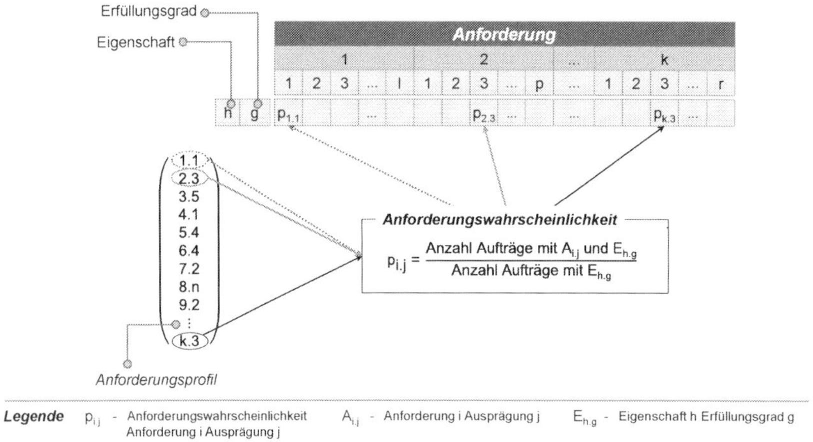

Abbildung 5-49: Bestimmung der Anforderungswahrscheinlichkeit

Das ermittelte Annahmeprofil des Kunden bildet die Basis für den zweiten Teil dieses wichtigen Schrittes, die Ermittlung des zugehörigen **Vorzugsprofils** (vgl. Kapitel 4.3.3). Ein Vorzugsprofil ist in diesem Fall die Abbildung einer Vorzugsvariante, d. h. eine bevorzugte Produktkonfiguration, die seitens des Vertriebs häufig verkauft werden sollte. Die Festlegung, welche Produktkonfiguration eine Vorzugsvariante ist, sollte bereits während der initialen Gestaltung des Produktprogramms getroffen werden und ist nicht Teil dieser Methodik. Jedoch kann die Methodik bei längerer Anwendung und entsprechender Speicherung der Produktaufträge auch Hinweise auf eine Veränderung des Kundenverhaltens und damit auf die Definition von Vorzugsvarianten geben. Auf diese strategischen Implikationen der nachgelagerten Nutzung der ermittelten Daten wird im Ausblick der Arbeit in Kapitel 7 eingegangen.

Basierend auf der Einordnung des wahrscheinlichsten Anforderungsprofils eines neuen Kunden (vgl. Abbildung 5-50) in die Anforderungslandkarte wird eine Zuordnung zu einer Vorzugsvariante vorgenommen. Gegenüber dem Kunden sind diese Schritte im Idealfall nicht transparent, da diese datenbankbasiert im Hintergrund ablaufen können. Üblicherweise wird anstelle des Annahmeprofils das am besten geeignete, d. h. das nächste Vorzugsprofil, erstmalig dem Kunden angeboten. In diesem konkreten Fall würde der Kunde also die Vorzugsvariante des Anforderungssegmentes 2 (V2) angeboten bekommen. Die Vorzugsvariante wirkt dabei als Anker, der verhindern soll, dass der Kunde bereits im ersten Schritt alle Anforderungen unpriorisiert übermittelt und somit eine stark kundenspezifische, und damit mit einem hohen internen Aufwand verbundene Produktkonfiguration verursacht.

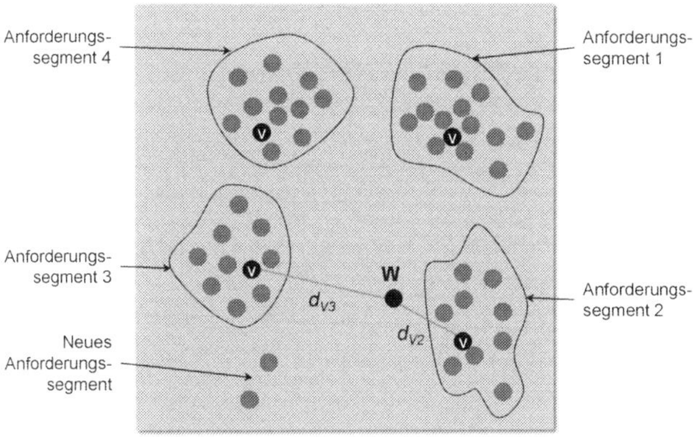

Legende

● : *Unterschiedliche Anforderungsprofile bestehender Produktaufträge*

Ⓥ : *Vorzugsvarianten*

W: *Wahrscheinlichstes Anforderungsprofil eines neuen Kunden N (Annahmeprofil)*

d_{V2}, d_{V3}: *Distanz zwischen dem wahrscheinlichsten Anforderungsprofil W und den Vorzugsvarianten V2 und V3*

Abbildung 5-50: Identifikation einer zum Annahmeprofil passenden Vorzugsvariante

5.4.3 Iterative Identifikation von Optimierungsrichtungen der Vorzugsvariante

Zu diesem Zeitpunkt greift der Kunde erneut in den Konfigurationsprozess ein. Ihm liegt eine angebotene Vorzugsvariante vor, die aufgrund der Erfahrungen mit früheren Kunden systematisch abgeleitet wurde und nicht auf dem intuitiven Wissen eines Vertriebsmitarbeiters beruht. Daher ist es wahrscheinlich, dass sich die vom Kunden gewünschte Produktkonfiguration nicht stark von der Vorzugsvariante unterscheidet. Jedoch gilt es nun, mögliche Optimierungsrichtungen der Produktkonfiguration in Zusammenarbeit mit dem Kunden zu untersuchen. Jede Vorzugsvariante ist dadurch gekennzeichnet, dass die verursachten einmaligen indirekten Kosten, die bei diesem Vorgehen im Fokus stehen, gleich null sind, da keine Anpassungen vorgenommen werden müssen. Diesem Vorteil der geringeren indirekten Kosten stehen jedoch ggf. die nicht vollständig erfüllten Kundenanforderungen gegenüber. Daher werden die Kundenanforderungen vom Kunden hinsichtlich ihrer Bedeutung bewertet (vgl. Kapitel 5.3.3). Anschließend können die Auswirkungen von Änderungen der Anforderungen hinsichtlich der Bewertungskriterien quantifiziert werden.

Für alle Anforderungen wird ermittelt, wie sich eine Änderung der Anforderungsausprägung und damit eine Abweichung von der Vorzugsvariante auf die Bewertungskriterien auswirkt. Somit ergibt sich die exemplarisch in Abbildung 5-51 dargestellte Übersicht. Die jeweils aktuell gewählte Anforderung ist dabei dunkelgrau hinterlegt und die Bewertungskriterien ändern sich bei einer Beibehaltung dieser Auswahl selbstverständlich nicht. In diesem Beispiel verändern sich die Bewertungskriterien bei der Anpassung der Anforderung 1 von Ausprägung 2 auf Ausprägung 3 dahin gehend, dass die direkten Kosten sowie der strategische Nutzen sinken, während die indirekten Kosten und der Kundennutzen ansteigen.

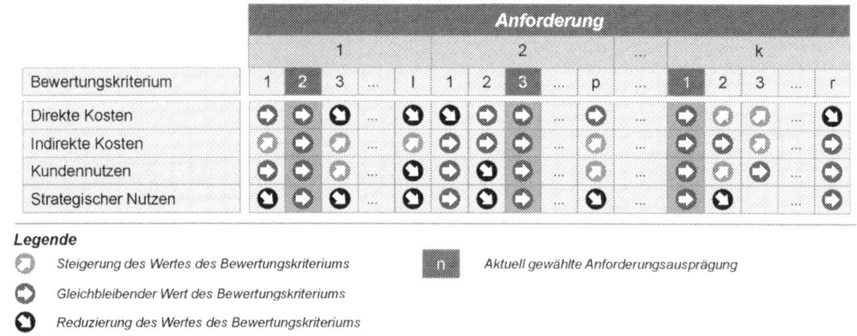

Abbildung 5-51: Auswirkungen auf die Bewertungskriterien bei Änderung der Vorzugsvariante

Basierend auf der ersten Auswahl einer Vorzugsvariante passt der Kunde iterativ die Vorzugsvariante an seine eigenen Anforderungen an. Das so entstehende Profil wird als **Präferenzprofil** bezeichnet, da es seine Präferenzen bezüglich der auszuwählenden Anforderungen abbildet. Eine solche Verschiebung vom Vorzugsprofil hin zum Präferenzprofil ist in Abbildung 5-52 dargestellt.

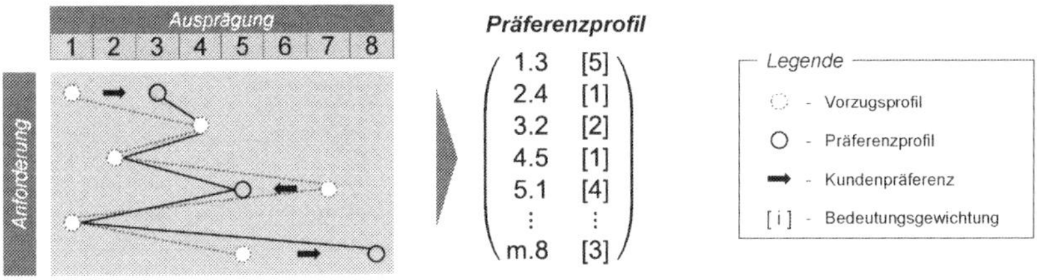

Abbildung 5-52: Wechsel vom Vorzugsprofil zum Präferenzprofil

Sobald die erste Verschiebung, d. h. Änderung des Vorzugsprofils zum Präferenzprofil, stattgefunden hat, aktualisiert sich die in Abbildung 5-51 dargestellte Übersicht der Auswirkungen einer Änderung und der Kunde kann über eine weitere Anpassung entscheiden. Empfohlen werden dabei jeweils Verschiebungen, die einen erhöhten Kundennutzen bei gleichbleibenden oder nur leicht steigenden direkten und indirekten Kosten verursachen.

Der Kundennutzen wird dabei gemäß der in Kapitel 5.3.3 vorgeschlagenen Berechnung ermittelt. Um priorisiert bei der Auswahl der passenden Änderungen vorzugehen, bietet es sich an, die Anforderungen nach der Bedeutung für den Kunden, die zuvor aufgenommen wurde, zu sortieren oder aber die einzelnen Merkmale in einem Portfolio darzustellen. Somit ist gewährleistet, dass insbesondere Veränderungen an Kundenanforderungen, die einen hohen Beitrag für den Kundennutzen leisten, entsprechend analysiert werden.

Dem Kundennutzen gegenüber stehen die Auswirkungen auf die direkten Kosten und die indirekten Kosten. Die direkten Kosten lassen sich, wie bereits im Übersichtsbild zu Beginn des Abschnitts verdeutlich (vgl. Abbildung 5-46), über die **Anforderungs- und Baugruppenmatrix, kurz A-&B-Matrix**, herleiten. In der A-&B-Matrix sind die Zusammenhänge zwischen den Anforderungen und den auszuwählenden Baugruppen dargestellt. Diese systematische Verregelung, wann welche Baugruppe gezogen wird, bildet die Grundlage für die Ableitung des auszuwählenden Produktes. Heutige Konfiguratoren oder Software-Lösungen wie der Complexity Manager basieren auf dieser Verregelung. Dabei gibt es Anforderungen, die genau auf eine andere Baugruppe eine Auswirkung hat (1:1-Zuordnung) und Anforderungen, die sich auf mehrere Baugruppen auswirken (1:n-Zuordnung). Umgekehrt hängen einige Baugruppen nur mit einer Anforderung zusammen und andere Baugruppen beziehen sich auf mehrere Anforderungen (n:1-Zuordnung) (vgl. Abbildung 5-53).

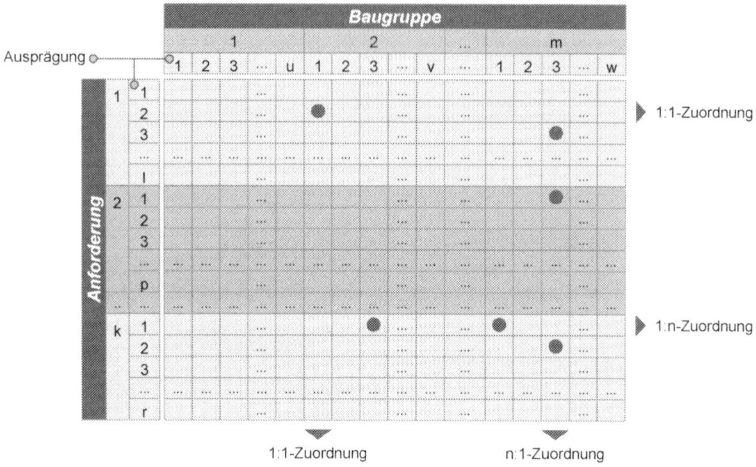

Abbildung 5-53: Anforderungs- und Baugruppenmatrix (A-&B-Matrix)

Bei einer Änderung der Anforderung ändern sich dementsprechend auch die ausgewählten Baugruppenvarianten und damit auch die direkten Kosten, die mit der Auswahl der Baugruppenvarianten direkt verbunden sind (vgl. Kapitel 5.3.1 und Abbildung 5-54.

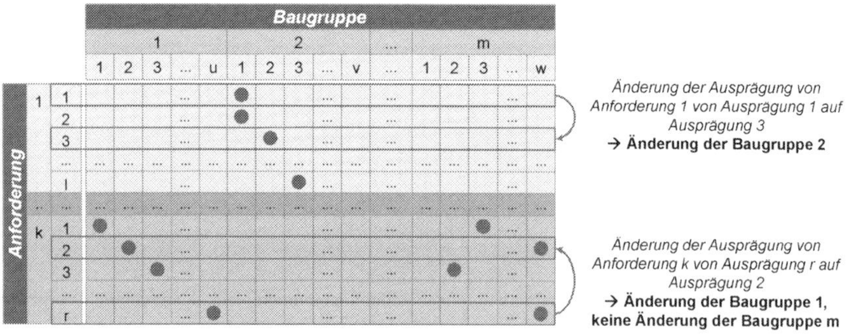

Abbildung 5-54: Änderung der Baugruppenvarianten bei einer Anforderungsänderung

Die Besonderheit im Maschinenbau besteht jedoch, wie eingangs beschrieben wurde, darin, dass oftmals der vordefinierte Konfigurationsraum nicht ausreicht, um alle Kundenanforderungen abzudecken. Vielmehr besteht ein großer Teil der Spezifikation einer Maschine aus kundenspezifischen Anforderungen, die ebenfalls durch die vorgestellte Methodik abgedeckt werden müssen. Basierend auf der vorgestellten Anforderungs- und Baugruppenmatrix können daher vier mögliche Fälle abgeleitet werden, die in Abbildung 5-55 visualisiert werden. Der bislang beschriebene Fall des bestehenden Konfigurationsraums bildet den einfachsten Fall, da hier alle Informationen vorliegen. Sofern neue Anforderungen des Kunden dazukommen, sollte zunächst versucht werden, diese durch Anpassungen bestehender Baugruppen zu realisieren. Falls dies nicht möglich sein, so sind neue Baugruppen zu entwickeln. Auf keinen Fall dürfen vorhandene Anforderungen mit neuen Baugruppen abgebildet werden. Die in dieser Arbeit vorgestellte Methodik trägt bei einer entsprechenden Pflege der zugrunde liegenden Datenbank dazu bei, dass solche in der Vergangenheit oft aus Unwissenheit auftretenden Fälle in Zukunft seltener auftreten oder ganz vermieden werden können. Der Umgang mit der Bewertung von Anpassungen an Baugruppen oder der Aufwandsabschätzung bei neuen Baugruppen wurde in den Kapiteln 5.3.1 und 5.3.2 beschrieben.

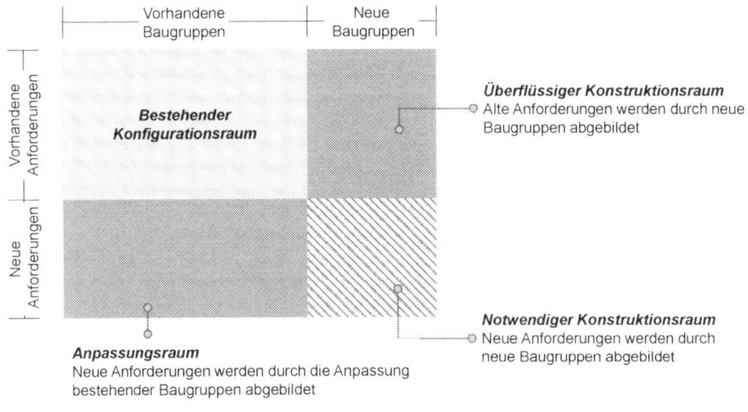

Abbildung 5-55: Ableitung von Fällen aus der A-&B-Matrix

Die Änderung der indirekten Kosten bei einer Änderung der Produktkonfiguration wurde ausführlich in 5.3.2 beschrieben. Bei der Identifikation der optimalen Produktkonfiguration baut die Vorgehensweise zur Ermittlung der indirekten Kosten daher auf den dort beschriebenen Schritten auf und wird in diesem Vorgehen noch um eine vertriebsstrategische Komponente ergänzt. Bei der Ermittlung der indirekten Kosten wird gegenüber dem Kunden immer eine Vorzugsvariante als Referenzvariante angesetzt. Dies bedeutet, dass alle Abweichungen von der Vorzugsvariante als indirekte Kosten gegenüber dem Kunden ausgewiesen werden und damit eine stark abweichende Variante teurer wird als eine nicht so stark abweichende, sofern die direkten Kosten der Baugruppen sich in beiden Fällen entsprechen. Diese Transparenz dem Kunden gegenüber unterstützt damit den Ankereffekt und führt dazu, dass nahe an einer Vorzugsvariante liegende Produktvarianten häufiger verkauft werden. Bei den bisherigen Überlegungen wurde jedoch außer Acht gelassen, dass die eigentlichen Anpassungskosten einer Produktkonfiguration immer ausgehend von der nächstgelegenen existierenden Produktvariante aus berechnet werden müssen. Dies macht die nachfolgende Abbildung 5-56 deutlich. In diesem Fall liegt die Präferenzvariante, d. h. die an die konkreten Kundenanforderungen angepasste Vorzugsvariante näher an einer bestehenden Variante als an der Vorzugsvariante. Die dem Kunden gegenüber ausgewiesenen Anpassungskosten (Δk) sind damit deutlich höher als die real verursachten Kosten (Δk*). Die Differenz zwischen diesen beiden Werten ($\Delta k - \Delta k^*$) ermöglicht es dem Vertriebsmitarbeiter daher, bei der Preisgestaltung etwas flexibler zu werden und dennoch verursachungsgerecht auf der Basis von Ähnlichkeiten zwischen Produktvarianten die Kosten abzuschätzen. Dieser Zusammenhang wird in Anlehnung an den Begriff der Perceived Quality, der wahrgenommenen Produktqualität, als **Perceived Customer Specification** bezeichnet, die wahrgenommene Kundenspezifikation. Diese wahrgenommene Kundenspezifikation liegt dabei oft höher als die **Real Customer Specification**, wodurch ein Preispremium seitens des Kunden ermöglicht wird. Fälle, in denen die Real Customer Specification gleich null ist, wären nach dieser Definition alle Vorzugsvarianten und alle bestehenden Varianten, da jeweils keine kundenspezifischen Anpassungen vorgenommen werden müssen.

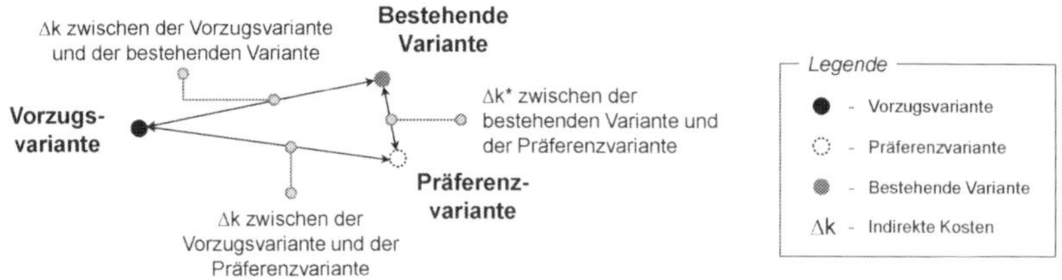

Abbildung 5-56: Auswirkung von bestehenden Varianten auf die verursachten indirekten Kosten

5.4.4 Ermittlung der Kosten-Nutzen-optimalen Produktkonfiguration und Ableitung von Normstrategien

Zum Abschluss des iterativen Vorgehens, bestehend aus der Auswahl einer Variante, der Anpassung hinsichtlich der Anforderungen und der abschließenden Bewertung der Produktvarianten hinsichtlich der definierten Bewertungskriterien, werden die ermittelten Fälle dem Kunden vorgestellt und in der Übersicht dargestellt. Auf diese Weise wird transparent gemacht, welchen Einfluss die kundenspezifischen Anpassungen haben und welche unterschiedlichen Alternativen existieren. Einige mögliche Szenarien, z. B. die Vorzugsvariante, die kundenspezifische High-End-Variante, die bestehende Variante oder die iterativ für einen bestimmten Kunden identifizierte Kosten-Nutzen-optimale Produktkonfiguration sind in Abbildung 5-57 dargestellt.

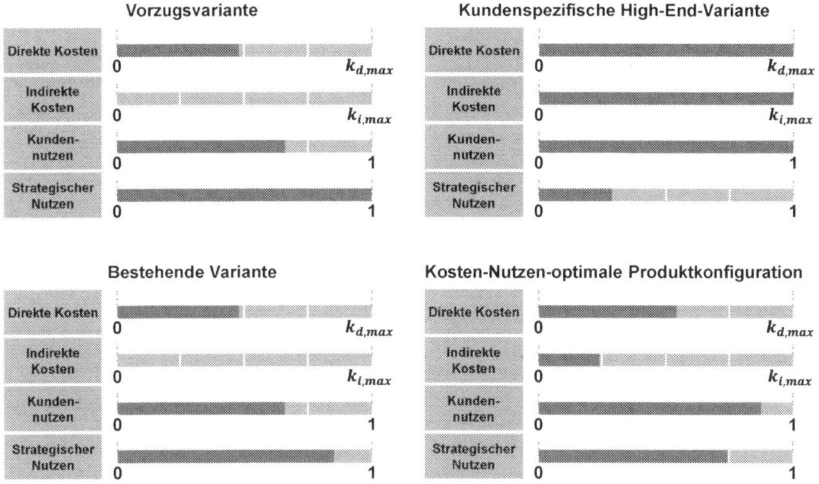

Abbildung 5-57: Auszug der möglichen Typen von Produktkonfigurationen

Abschließend lassen sich in diesem Kapitel noch Normstrategien ableiten, die unternehmensspezifisch genauer spezifiziert und organisatorisch verankert werden müssen, um die vollständigen Potenziale der ähnlichkeitsbasierten Produktkonfiguration zu heben. In Abhängigkeit vom strategischen Nutzen eines Kunden in Kombination mit der gewählten Konfiguration müssen verschiedene Freigabeschleifen vorgesehen werden, um sicherzustellen, dass tatsächlich auch nur strategische Kunden ggf. von deutlichen Preisnachlässen bzw. verursachungsgerecht gewinnneutralen Produktkalkulationen profitieren. Andere Kunden sollten entsprechend anders behandelt werden und beispielsweise die real verursachten indirekten Kosten vollständig tragen. Einen Vorschlag für verschiedene Vorgehensweisen bzw. Strategien zu verschiedenen Kundentypen liefert das **Kundenwert-Ähnlichkeit-Strategieportfolio** (vgl. Abbildung 5-58). Darin wird zwischen vier verschiedenen Kundentypen unterschieden, die unterschiedlich im Rahmen des Konfigurationsprozesses behandelt bzw. entwickelt werden sollten. Der **Einmal-Kunde**, der aus dem bestehenden Produktprogramm eine Konfiguration auswählt, sollte den Standardablauf des Angebots- und Auftragsabwicklungsprozesses mit möglichst geringem Aufwand durchlaufen. Gleichzeitig kann versucht werden, den Kunden für zukünftige Aufträge vorzubereiten, um so den Kundenwert zu steigern. **Nicht-Kunden** besitzen ebenfalls einen geringen Kundenwert, können jedoch nicht mit einer bestehenden Konfiguration bedient werden. In diese Kategorie fallen Kunden, die hohe Ansprüche an die Erfüllung der Kundenanforderungen haben, gleichzeitig jedoch bei geringsten Preisdifferenzen zu einem Wettbewerber wechseln und somit kein Potenzial für einen langfristigen Kunden bieten. Diese Kunden müssen Vertriebsmitarbeiter früh identifizieren, um nicht Preisnachlässe zu gewähren, die bei dem gegebenen Kundenwert nicht zu rechtfertigen sind. Daher müssen Abweichungen von der verursachungsgerechten Kalkulation in dieser Kategorie immer von einem Vorgesetzten oder der Geschäftsführung freigegeben werden. Ziel sollte es sein, diesen Kunden mit Standardprodukten zu bedienen oder ganz auf den Umsatz zu verzichten. **Potenzial-Kunden** besitzen demgegenüber einen hohen Kundenwert, können aber nicht aus dem bestehenden Konfigurationsraum bedient werden. Die erforderlichen Anpassungen sollten daher verursachungsgerecht kalkuliert werden, jedoch sollten bei diesen Kunden vor dem Hintergrund des höheren Kundenwertes auch Anpassungen möglich sein und angeboten werden. Um überproportional hohe Anpassungskosten zu vermeiden, bietet es sich hier an, Freigabeschleifen ebenfalls über einen Vorgesetzten einzuführen, um eine strategische Entscheidung über die Auftragsannahme herbeizuführen. Dies verhindert den ungesteuerten Verkauf von unlukrativen Produktkonfigurationen. Darüber hinaus sollte bei der Umsetzung des Auftrags darauf geachtet werden, dass die neu zu entwickelnden Komponenten langfristig nutzbar und auch in weiteren Produkten einsetzbar sind. Der letzte Kundentyp und gleichzeitig der Kunde mit dem höchsten strategischen Nutzen ist der **Ideal-Kunde**. Dieser Kunde besitzt einen hohen Kundenwert und kann gleichzeitig aus bestehenden Konfigurationen bedient werden. Bei diesem Kunden sollte der Standardablauf des Vertriebsprozesses durchgeführt werden und gleichzeitig sollte die Bereitschaft signalisiert werden, geringere kundenspezifische Anpassungen durchzuführen oder aber Preisnachlässe auf Vorzugsvarianten zu geben, um den Kunden auch langfristig an das Unternehmen zu binden. Da der strategische Nutzen bei diesem Kunden am höchsten ist, ist dieser Kundentyp gleichzeitig der Zielzustand für die Entwicklung der anderen Kunden. Sofern möglich, können IT-Systeme in diesem Bereich für eine automatisierte Angebotserstellung und Auftragsabwicklung vorgesehen werden.

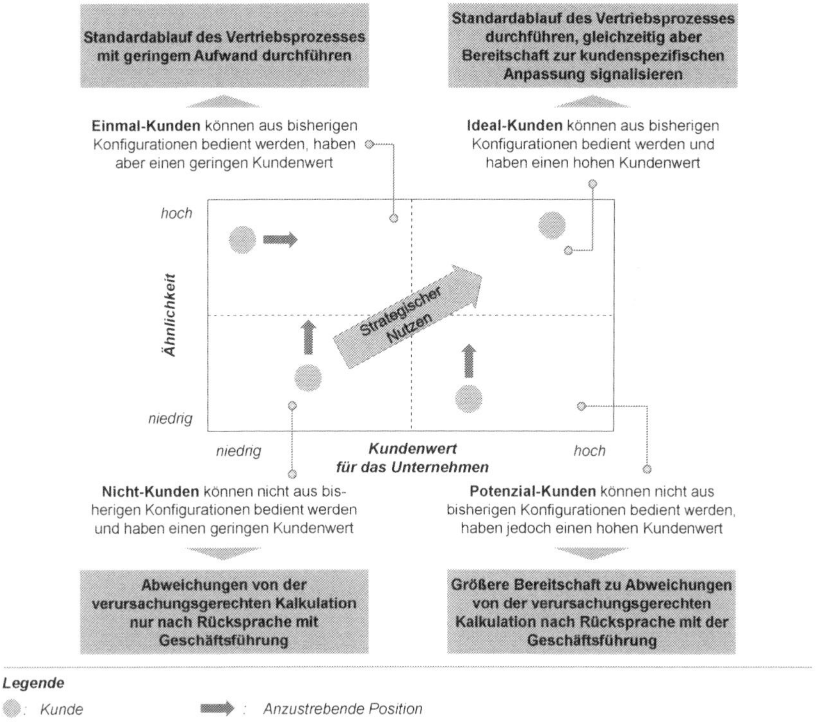

Abbildung 5-58: Kundenwert-Ähnlichkeit-Strategieportfolio

Die folgende Abbildung fasst die Zielsetzung, die wesentlichen Schritte sowie das Ergebnis des Kapitels 5.4 zusammen, bevor im nächsten Kapitel 5.5 ein Zwischenfazit zum Detailkonzept zur ähnlichkeitsbasierten Produktkonfiguration gezogen wird.

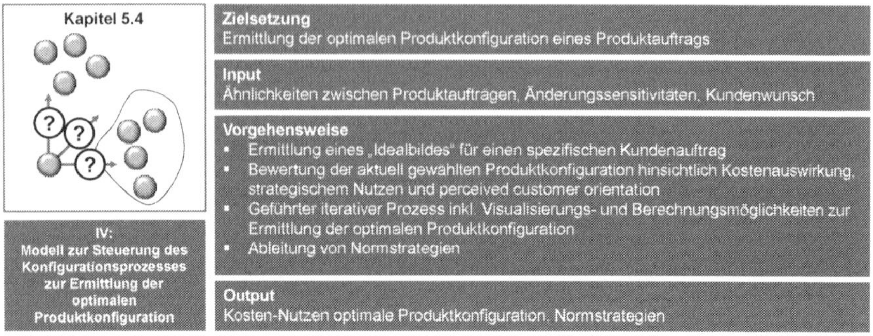

Abbildung 5-59: Ermittlung der optimalen Produktkonfiguration eines Produktauftrags

5.5 Zwischenfazit: Detailkonzept zur ähnlichkeitsbasierten Produktkonfiguration

Der vorliegende Abschnitt beschäftigte sich mit der Detaillierung des Grobkonzeptes zur ähnlichkeitsbasierten Produktkonfiguration. Basierend auf den in Kapitel 4.3 vorgestellten vier Schritten zur ähnlichkeitsbasierten Produktkonfiguration wurde in Kapitel 5.1 ein Beschreibungsmodell zur einheitlichen und systematischen Beschreibung von Produktaufträgen aus verschiedenen Perspektiven entwickelt. Hierzu wurden Kunden-, Anforderungs- und Produktprofile erarbeitet, die einen Kunden auf verschiedenen Ebenen beschreiben. Darauf aufbauend wurden in Kapitel 5.2 Ähnlichkeiten zwischen Produktaufträgen ermittelt, indem das gewichtete euklidische Distanzmaß als geeignetes Proximitätsmaß sowie Gewichtungsfaktoren für die Ähnlichkeitsanalyse auf den verschiedenen Ebenen ausgewählt wurden. Anschließend konnten die Ähnlichkeiten zwischen Produktaufträgen mithilfe der multidimensionalen Skalierung in sogenannten Kunden-, Anforderungs- und Produktlandkarten dargestellt werden. Diese Darstellungen ermöglichen es dem Anwender der Methodik, schnell und intuitiv ähnliche Produktaufträge zu erkennen und Cluster von Aufträgen abzuleiten. Die visuelle Darstellung der Ähnlichkeiten sichert somit die Praxistauglichkeit der Methodik. Im dritten Schritt wurden Bewertungskriterien für eine Produktkonfiguration und deren Änderung definiert, die als Grundlage für die gezielte Steuerung des Produktkonfigurationsprozesses dienen. Die definierten Bewertungskriterien direkte Kosten, indirekte Kosten, Kundennutzen und strategischer Nutzen bilden damit das Ergebnis des Kapitels 5.3. Der vierte und letzte Schritt der Methodik adressiert die Steuerung des Produktkonfigurationsprozesses zur Ermittlung der Kosten-Nutzen-optimalen Produktkonfiguration (vgl. Kapitel 5.4). Dazu wird zunächst beschrieben, welche Schritte ein Kunde vom Erstkontakt bis zur Auswahl der optimalen Produktkonfiguration durchläuft. Anschließend werden mit dem Annahmeprofil, dem zugehörigen Vorzugsprofil und dem Präferenzprofil verschiedene Werkzeuge zur iterativen Identifikation der optimalen Produktkonfiguration erarbeitet. Die optimale Produktkonfiguration sowie Normstrategien zum Umgang mit einem Kunden bilden das Ergebnis dieses Abschnittes. Die frühzeitige Identifikation und darauf aufbauend der Vertrieb von ähnlichen Produktkonfigurationen resultiert in einer Steigerung der Skaleneffekte entlang des gesamten Auftragsabwicklungsprozesses eines Unternehmen im Maschinenbau. Das Detailkonzept zur ähnlichkeitsbasierten Produktkonfiguration ist in Abbildung 5-60 dargestellt.

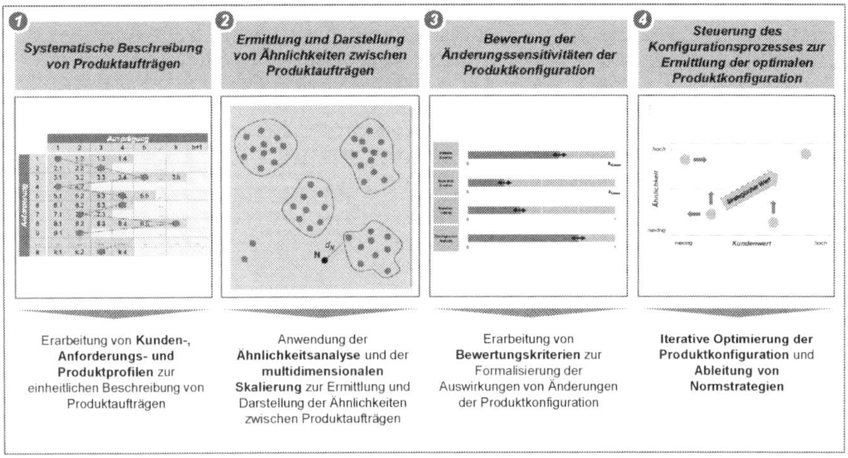

Abbildung 5-60: Detailkonzept zur ähnlichkeitsbasierten Produktkonfiguration

6 Validierung und kritische Reflexion

Ziel des sechsten Kapitels ist es, die als Grob- und Detailkonzept erarbeitete Methodik zur ähnlichkeitsbasierten Produktkonfiguration in der Praxis anzuwenden. Dieses Vorgehen entspricht der empirisch induktiven Validierung im Forschungsprozess nach ULRICH und dient dazu, die Anwendbarkeit der Methodik zu validieren.[359] Dazu wird die Methodik an zwei anonymisierten Praxisbeispielen durchgeführt, der Rollercoaster AG und der Getränkeautomaten AG. Die Rollercoaster AG zeichnet sich durch die Entwicklung und Produktion von kundenindividuellen Fahrgeräten für Freizeitbahnen aus, die jeweils in Kleinserien oder Sonderanfertigungen gefertigt werden (Kapitel 6.1). Die Getränkeautomaten AG wiederum entwickelt und produziert kundenindividuelle Getränke- und Snackautomaten überwiegend in Kleinserien (Kapitel 6.2). Abschließend wird die Anwendungserfahrung in Kapitel 6.3 kritisch reflektiert.

6.1 Validierung der ähnlichkeitsbasierten Produktkonfiguration am Beispiel der Rollercoaster AG

Das Praxisbeispiel der Rollercoaster AG dient der Validierung der Beschreibung von Produktaufträgen auf der Kunden-, Anforderungs- und Produktebene sowie der Ermittlung und Visualisierung von Ähnlichkeiten zwischen Produktaufträgen. Darüber hinaus werden die Änderungssensitivitäten der Produktkonfiguration mit Fokus auf die indirekten Kosten ermittelt. Das Praxisbeispiel schließt mit der Einordnung eines neuen Kunden in die bestehende Kunden- bzw. Anforderungslandkarte und der Ableitung eines passenden Vorzugsprofils.

6.1.1 Ausgangssituation bei der Rollercoaster AG

Die Rollercoaster AG ist ein weltweit führender und global aufgestellter Anbieter von Freizeitbahnen. In den vergangenen Jahren ist aufgrund der kundenspezifischen Anforderungen die Variantenvielfalt insbesondere im Bereich der Fahrzeuge stark angestiegen. Durch eine vor einigen Jahren eingeführte Plattform für die Fahrgeräte besitzen diese zwar einen relativ ähnlichen Aufbau, der generisch in Abbildung 6-1

[359] Vgl. Ulrich et al. (1976), Wissenschaftstheoretische Grundlagen der Betriebswirtschaftslehre - Teil II, S. 348

dargestellt ist, jedoch sind die Kundenwünsche teilweise sehr speziell, sodass nahezu kein Fahrzeug vollständig aus dem definierten Konfigurationsraum erstellt werden kann. Gleichzeitig kommen durch die Erschließung neuer Regionen mit u. a. neuen klimatischen Bedingungen stetig neue Anforderungsprofile hinzu. Der Vertrieb der Gesamtanlagen ist weltweit dezentral aufgestellt, sodass es länderspezifische Ansprechpartner gibt. Die Fahrgeräte werden sowohl als Teil einer komplett neuen Anlage verkauft, als auch als neue Fahrgeräte für eine bestehende Anlage. Eine Problematik des Unternehmens besteht darin, die verursachungsgerechten Kosten für ein neues bzw. angepasstes Fahrgerät zu ermitteln und gleichzeitig dafür zu sorgen, dass Vertriebsmitarbeiter in unterschiedlichen Regionen Kenntnis darüber haben, welche Produktvarianten bereits verkauft wurden, um so die internen Skaleneffekte in der größtenteils zentralisierten Produktion im DACH-Raum zu steigern. An dieser Stelle setzt die Validierung der vorgestellten Methodik an, für die Auftragsdaten von realisierten Aufträgen der Jahre 2007 bis 2012 verwendet wurden. Ein Auftrag enthält dabei zwischen 4 und 189 identische Fahrgeräte, wobei jedes Fahrgerät je nach Ausstattung einen Verkaufspreis zwischen 3.000 Euro und 8.000 Euro besitzt.

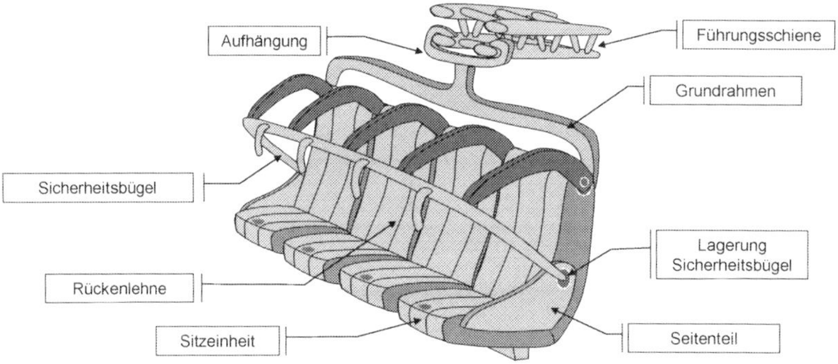

Abbildung 6-1: Hauptbaugruppen eines Fahrgerätes der Rollercoaster AG[360]

6.1.2 Anwendung der ähnlichkeitsbasierten Produktkonfiguration

Im Praxisbeispiel der Rollercoaster AG liegt der Fokus auf der Validierung der Beschreibung von Produktaufträgen durch Kunden-, Anforderungs- und Produktprofile sowie auf der Ermittlung und Darstellung von Ähnlichkeiten mittels multidimensionaler Skalierung. Im ersten Schritt wird der Betrachtungszeitraum auf die Jahre 2007 bis 2012 eingeschränkt und als Betrachtungsobjekt wird festgelegt, dass der Fokus

[360] In Anlehnung an Rudolf (2014), Produktionsgerechte Baukastengestaltung, S. 208

ausschließlich auf den Fahrgeräten und nicht auf der Gesamtanlage liegt. In Gesprächen mit Mitarbeitern des Vertriebs sowie der Produktentwicklung werden die relevanten Merkmale zur Beschreibung von Kunden, die Kundenanforderungen sowie die Hauptbaugruppen bestimmt, die die Grundlage für die Datenbasis bilden. Anhand von Auftragsbestätigungen und Stücklisten werden die Informationen für alle 312 in diesem Zeitraum durchgeführten Aufträge in einer Datenbasis zusammengeführt. Die zur Beschreibung der Aufträge verwendeten Merkmale bzw. Baugruppen sind in Abbildung 6-2 abgebildet. Diese sind alle ermittelbar und gleichzeitig auch in Zukunft noch für neue Aufträge relevant.

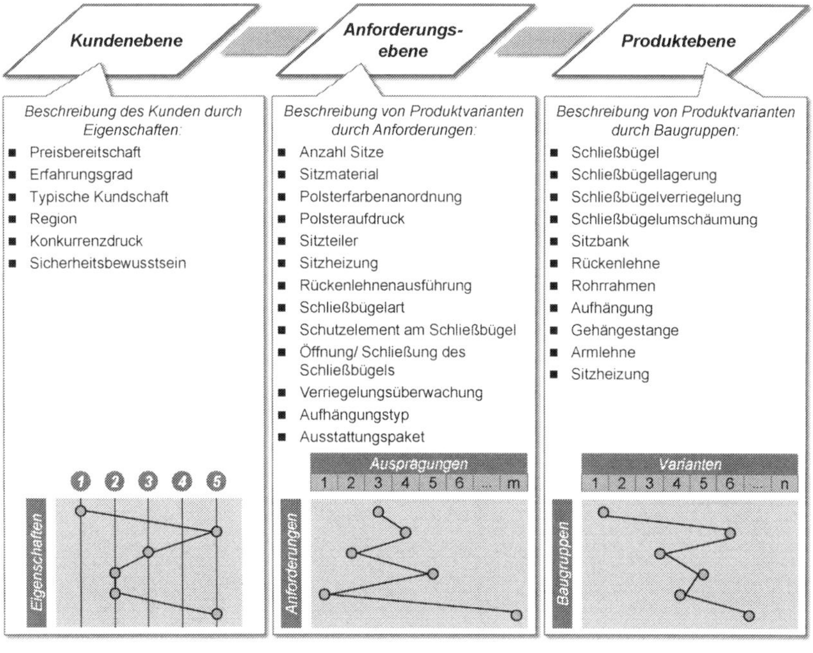

Abbildung 6-2: Einheitliche Beschreibung der Aufträge der Rollercoaster AG auf verschiedenen Ebenen

Im nächsten Schritt werden die Ähnlichkeiten zwischen den verschiedenen Aufträgen auf den unterschiedlichen Ebenen anhand des euklidischen Distanzmaßes ermittelt. Die Merkmale auf der Kunden- bzw. Anforderungsebene gehen dabei gleichgewichtet in die Analyse ein, da rückwirkend keine Gewichtung der kundenbeschreibenden Merkmale etc. mehr möglich ist. Die Validität des Praxisbeispiels wird dadurch jedoch nicht beeinträchtigt. Auf der Produktebene werden als Gewichtungsfaktoren die normierten Änderungskosten der einzelnen Baugruppen verwendet. Um aufwandsarm die verursachungsgerechten Änderungskosten zu ermitteln, wird, wie in Kapitel 5.3.2 vorgestellt, die auf Baugruppenclustern basierende verursachungsgerechte Prozesskostenrechnung durchgeführt. Dabei ergeben sich die in Abbildung 6-3 dargestellten Cluster an Baugruppen und die entsprechenden Aufwände für eine Änderung. Während die Baugruppen in den einzelnen Abteilungen für die aufwandsarme Abschätzung der Änderungskosten jeweils in drei Cluster aufgeteilt wurden, ergeben sich aggregiert acht verschiedene Cluster an Baugruppen.

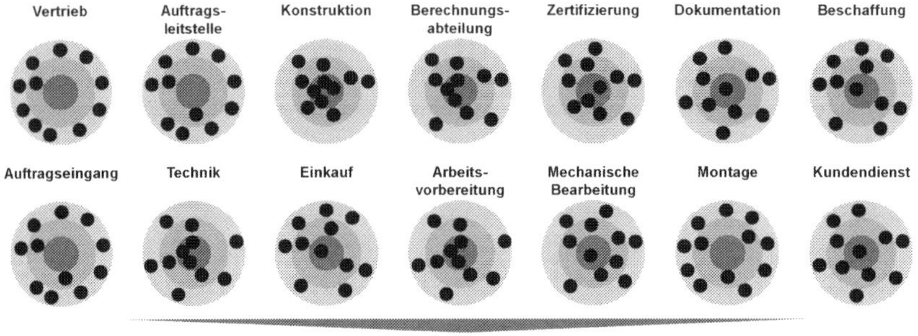

Cluster	Enthaltene Baugruppen	Mittlere Anpassungskosten
Cluster A	▪ Schließbügelverriegelung ▪ Schließbügelumschäumung ▪ Armlehne	1.500€
Cluster B	▪ Sitzheizung	3.000€
Cluster C	▪ Schließbügellagerung	5.160€
Cluster D	▪ Sitzbank ▪ Rückenlehne	6.000€
Cluster E	▪ Schließbügel	10.320€
Cluster F	▪ Rohrrahmen	15.480€
Cluster G	▪ Gehängestange	22.680€
Cluster H	▪ Aufhängung	36.600€

Legende

● : *Hauptbaugruppe*

Abbildung 6-3: Änderungskosten der Hauptbaugruppen eines Fahrgerätes der Rollercoaster AG

Die Visualisierung der Ähnlichkeit der verschiedenen Aufträge erfolgt mittels der multidimensionalen Skalierung auf der Kunden-, der Anforderungs- und der Produktebene. Dazu werden die drei entsprechenden Distanzmatrizen in Excel erstellt und anschließend mit Unterstützung von SPSS in die Koordinaten einer multidimensionalen Skalierung überführt. Die Distanzmatrix auf der Produktebene ist exemplarisch in Abbildung 6-4 abgebildet. Die Einträge in der Matrix entsprechen dem Aufwand, der notwendig ist, um einen Auftrag aus dem anderen Auftrag abzuleiten. So fallen beispielsweise für eine Änderung der Produktkonfiguration des Auftrags A0006 hin zur Produktkonfiguration des Auftrags A0002 Anpassungskosten in Höhe von 36.480 Euro an.

	A0001	A0002	A0003	A0004	A0005	A0006	A0007	...	A0311	A0312
A0001	0 €	157.110 €	161.610 €	155.610 €	155.610 €	161.610 €	155.610 €	...	155.610 €	163.110 €
A0002	157.110 €	0 €	163.110 €	157.110 €	82.560 €	36.480 €	82.560 €	...	157.110 €	161.610 €
A0003	161.610 €	163.110 €	0 €	12.000 €	161.610 €	160.110 €	161.610 €	...	33.480 €	33.480 €
A0004	155.610 €	157.110 €	12.000 €	0 €	155.610 €	161.610 €	155.610 €	...	21.480 €	36.480 €
A0005	155.610 €	82.560 €	161.610 €	155.610 €	0 €	64.080 €	0 €	...	155.610 €	163.110 €
A0006	161.610 €	36.480 €	160.110 €	161.610 €	64.080 €	0 €	64.080 €	...	161.610 €	161.610 €
A0007	155.610 €	82.560 €	161.610 €	155.610 €	0 €	64.080 €	0 €	...	155.610 €	163.110 €
...	...	...	...	...	...	...	...	...	...	...
A0311	155.610 €	157.110 €	33.480 €	21.480 €	155.610 €	161.610 €	155.610 €	...	0 €	36.480 €
A0312	163.110 €	161.610 €	33.480 €	36.480 €	163.110 €	161.610 €	163.110 €	...	36.480 €	0 €

Abbildung 6-4: Distanzmatrix der bestehenden Produktaufträge auf der Produktebene

Basierend auf den ermittelten Distanzmatrizen erfolgt die Darstellung der Ähnlichkeiten zwischen den Aufträgen in Form der multidimensionalen Skalierung (vgl. Abbildung 6-5). Dabei ist zu erkennen, dass die einzelnen Aufträge in der Kundenlandkarte stark verstreut sind, während sich auf der Anforderungslandkarte bereits Cluster abzeichnen, die dann durch drei Cluster auf der Produktebene abgebildet werden. Prinzipiell zeigt dieses Bild bereits, dass das Unternehmen eine recht breite Anforderungsvielfalt, d. h. externe Vielfalt, mit einer verhältnismäßig geringen internen Produktvielfalt realisiert. Jedoch sind beim genaueren Hinsehen auch noch deutliche Unterschiede innerhalb der drei Produktsegmente in der Produktlandkarte zu erkennen, die lediglich aufgrund der großen Unterschiede zwischen den drei Bereichen nicht so stark deutlich werden. Bevor ein neuer Kunde eingeordnet werden kann, ist es notwendig, zusätzlich zu den bestehenden Aufträgen noch die Vorzugsprofile zu kennzeichnen. Exemplarisch sind daher in Abbildung 6-5 bereits die Vorzugsprofile, welche vom Produktmanagement in Verbindung mit dem Vertrieb festgelegt wurden, eingezeichnet.

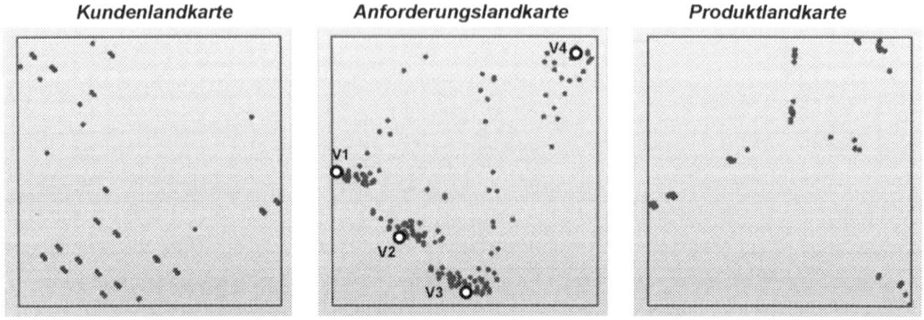

		Anforderungen							
		Anzahl Sitze	Schließbügelart	Schutzelement am Schließbügel	Sitzmaterial	Sitzteiler	Polsterfarben-anordnung	Aufhängungstyp	...
Vorzugs-varianten	V1	6	Standard	nein	Polster	nein	einheitlich	Komfort	...
	V2	6	Standard	nein	Polster	nein	einheitlich	Komfort	...
	V3	4	Standard	nein	Icolan	nein	einheitlich	Alternativ	...
	V4	6	Mitte	nein	Polster	ja	abwechselnd	Komfort	...

Legende

● : *bestehender Auftrag* ○ : *Vorzugsvariante*

Abbildung 6-5: Kunden-, Anforderungs- und Produktlandkarte der analysierten Produktaufträge der Rollercoaster AG

Nach den vorbereitenden Maßnahmen kann ein Kunde beim Erstkontakt hinsichtlich der zuvor vom Unternehmen definierten Eigenschaften auf der Kundenebene auf einer Likert-Skala von 1 bis 5 eingeordnet werden, um mithilfe der E-&A-Matrix das Annahmeprofil, d. h. das wahrscheinlichste Anforderungsprofil zu ermitteln. Der vorliegende Kunde hat angegeben, dass sein Budget sehr gering ist, weshalb seine Preisbereitschaft mit „1" angegeben ist. Seine typische Kundschaft wiederum besitzt keine gehobenen Ansprüche, weshalb auch hier eine Bewertung mit „1" erfolgt. Da die Anlage lediglich mittlere Geschwindigkeiten und Höhen besitzt und in der Region keine gehobenen Sicherheitsansprüche gelten, wird das Sicherheitsbewusstsein mit „3" bewertet. Zum Abschluss der initialen Einordnung kann anhand der E-&A-Matrix, die als Auszug in Abbildung 6-6 dargestellt ist, das wahrscheinlichste Anforderungsprofil abgeleitet werden. Dazu werden die ausgewählten Bewertungen der Eigenschaften zeilenweise für die einzelnen Anforderungen untersucht und es wird jeweils die wahrscheinlichste Ausprägung markiert. Bei der anschließenden Einordnung des Annahmeprofils in die Anforderungslandkarte wird in diesem Fall deutlich, dass die Vorzugsvariante V3 die ähnlichste Produktvariante ist und dem Kunden angeboten wird.

			Anforderungen									
			Anzahl Sitze				Schließbügelart			Schutzelement		...
			2	4	6	8	Standard	Mittig	Ohne	Nein	Ja	...
Eigenschaften	Preisbereitschaft	1	10%	47%	37%	6%	89%	2%	9%	100%	0%	...
		2	0%	0%	0%	0%	0%	0%	0%	0%	0%	...
		3	0%	0%	0%	0%	0%	0%	0%	0%	0%	...
		4	6%	43%	44%	7%	82%	6%	13%	99%	1%	...
		5	10%	44%	42%	4%	81%	6%	13%	99%	1%	...
	Typische Kundschaft	1	11%	47%	37%	6%	91%	2%	7%	100%	0%	...
		2	7%	47%	42%	4%	82%	5%	12%	100%	0%	...
		3	0%	60%	40%	0%	80%	20%	0%	100%	0%	...
		4	7%	40%	44%	9%	80%	4%	16%	99%	1%	...
		5	9%	42%	45%	4%	75%	9%	16%	98%	2%	...
	Sicherheit	1	9%	44%	42%	5%	84%	5%	12%	99%	1%	...
		2	0%	0%	0%	0%	0%	0%	0%	0%	0%	...
		3	0%	60%	40%	0%	60%	0%	40%	100%	0%	...
		4	0%	0%	0%	0%	0%	0%	0%	0%	0%	...
		5	4%	46%	38%	12%	88%	8%	4%	100%	0%	...
	...	...	...	...	...	...	...	...	...	...	...	...

Abbildung 6-6: Auszug der E-&A-Matrix der Rollercoaster AG und Einordnung eines neuen Kunden

Nach der Anpassung dieser Vorzugsvariante durch den Kunden in einzelnen Anforderungen ergibt sich eine Präferenzvariante, die Anpassungskosten im Vergleich zur Vorzugsvariante in Höhe von 48.480 € verursachen würde. Gleichzeitig ist der Kundennutzen bei dieser Präferenzvariante maximal, da alle Anforderungen des Kunden vollständig erfüllt wurden. Durch Anpassung der Anforderungen, die zwar hohe indirekte Kosten verursachen, jedoch keine große Bedeutung für den Kunden haben (z. B. die Polsterfarbe), wird eine optimierte Variante ermittelt, die als Auftragsvariante bezeichnet wird. Die Auftragsvariante verursacht bei einer Ableitung aus der Vorzugsvariante V3 immer noch indirekte Kosten in Höhe von 24.480 Euro, jedoch liegen diese deutlich unter denen der ursprünglichen Präferenzvariante bei einem nur gering niedrigeren Kundennutzen.

Bei der Preisfindung unter Berücksichtigung der indirekten Kosten ist zu berücksichtigen, dass die Perceived Customer Specification (vgl. Kapitel 5.4.3), d. h. die wahrgenommene kundenspezifische Anpassung deutlich höher liegt als die tatsächlich notwendige Anpassung. Dies wird in Abbildung 6-7 deutlich. Die Auftragsvariante liegt zwar weit entfernt von der Vorzugsvariante V3, jedoch gab es in der Vergangenheit bereits eine realisierte Produktvariante, die der Auftragsvariante sehr nahe kommt. Bei einer Ableitung der neuen Produktvariante aus der bestehenden Produktvariante fallen aufgrund nur geringfügiger Veränderungen nur indirekte Kosten in Höhe von 9.000 Euro an (vgl. Abbildung 6-7).

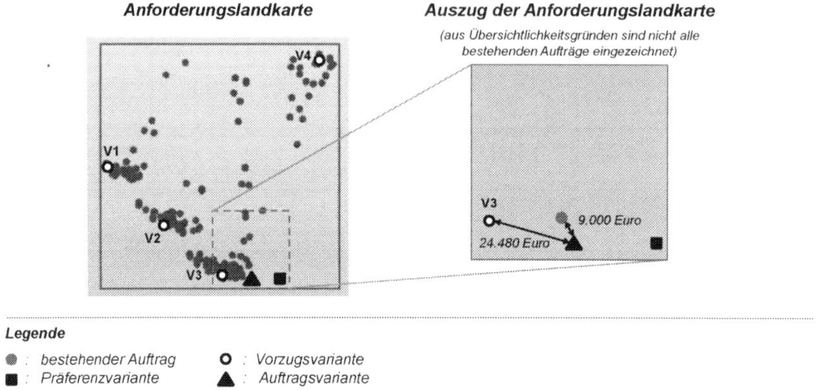

Abbildung 6-7: Verursachungsgerechte Abschätzung der indirekten Kosten einer neuen Produktvariante

Die Methodik kann damit gemäß der vorgeschlagenen Schritte durchgeführt werden und liefert zum Abschluss eine Kosten-Nutzen-optimale Produktkonfiguration. Eine kritische Reflexion der Anwendungserfahrung erfolgt zum Abschluss dieses Kapitels in Kapitel 6.3 nach der Vorstellung des zweiten Praxisbeispiels der Getränkeautomaten AG.

6.2 Validierung der ähnlichkeitsbasierten Produktkonfiguration am Beispiel der Getränkeautomaten AG

Das Praxisbeispiel der Getränkeautomaten AG fokussiert im Detail die Ermittlung der indirekten und direkten Kosten eines neuen Auftrages auf der Produktebene. Die bereits im Beispiel der Rollercoaster AG vorgestellten Schritte der Kunden- und Anforderungslandkarte sollen an dieser Stelle nicht im Fokus stehen.

6.2.1 Ausgangssituation bei der Getränkeautomaten AG

Die Getränkeautomaten AG ist ein mittelständisches Unternehmen, welches sich auf die Entwicklung und Produktion von Getränke- und Snackautomaten spezialisiert hat. Das Unternehmen agiert im internationalen Markt und beliefert Kunden weltweit. Der Vertrieb und die Auftragsabwicklung sind dabei dezentral in einzelnen Projektteams organisiert, die jeweils bestimmte Projekte bearbeiten und untereinander nur unzureichend vernetzt sind, wodurch ein Mangel an Transparenz über die bereits realisierten Produktvarianten besteht.

Getränkeautomaten zeichnen sich durch eine hohe Anzahl von individuellen Varianten aus, die kundenspezifisch entwickelt werden. Es handelt sich dabei um typische Kleinserien mit niedrigen Stückzahlen. Die geringen Stückzahlen, bei gleichzeitig hoher Variantenvielfalt, sind prädestiniert für hohe Kostenanteile der indirekten Bereiche. Das Unternehmen nutzt eine modularisierte Produktarchitektur zur effizienten Entwicklung der Produkte. Trotz dieser modularisierten Struktur, die den Entwicklungsaufwand für neue Komponenten einschränken soll, führt die hohe Variantenvielfalt bei geringen Stückzahlen zu hohen indirekten Kosten im Unternehmen, da kundenspezifische Anforderungen einen großen Anteil am Endprodukt besitzen. Die Produktkonfiguration für den Kunden erfolgt größtenteils innerhalb eines aus 36 Merkmalen und deren Ausprägungen bestehenden Konfigurationsraumes. Jedoch muss dieser Konfigurationsraum immer wieder erweitert werden, da die Kunden zusätzliche Anforderungen an das Produkt haben, die mit diesem nicht abgedeckt werden können. Eine Analyse hat gezeigt, dass nur 24 % der Aufträge innerhalb des Konfigurationsraumes abgewickelt werden konnten. 67 % der Aufträge konnten überwiegend mit bestehenden Komponenten aber auch mit einem großen Anteil an neuen Komponenten realisiert werden. In 9 % der Fälle musste sogar eine komplett individuelle Produktkonfiguration entwickelt werden. Für neue, vom Kunden gewünschte Produktvarianten fehlt typischerweise die Transparenz, ob eine ähnliche Konfiguration schon einmal realisiert wurde und welche Kosten dadurch verursacht werden. Folglich eignet sich dieses Praxisbeispiel der Getränkeautomaten AG sehr gut, um die ähnlichkeitsbasierte Produktkonfiguration zu validieren.

Als Datenbasis wurden 67 verschiedene Kundenaufträge aus den Jahren 2009 bis 2011 verwendet. Jeder Auftrag entspricht einer individuellen, realen Produktvariante, die sich in unterschiedlichem Maße von den übrigen Varianten unterscheidet. Die genutzten Produkt- und Prozessdaten wurden im Rahmen eines zurückliegenden Industrieprojektes aufgenommen und zusätzlich zu den vorhandenen Datensätzen wurden Experten aus dem Industrieprojekt in die Validierung einbezogen.

Ein Produktauftrag enthält zwischen einem und ca. 200 größtenteils identischen Getränkeautomaten, wobei jeder Getränkeautomat je nach Ausstattung einen Verkaufspreis zwischen 30.000 Euro und 60.000 Euro besitzt. Der Getränkeautomat besteht vereinfacht aus bis zu 40 verschiedenen Baugruppen, wobei bei jeder Baugruppe unterschiedlich viele Baugruppenvarianten bestehen. In Abbildung 6-8 ist exemplarisch ein Getränkeautomat mit ausgewählten Baugruppen dargestellt.

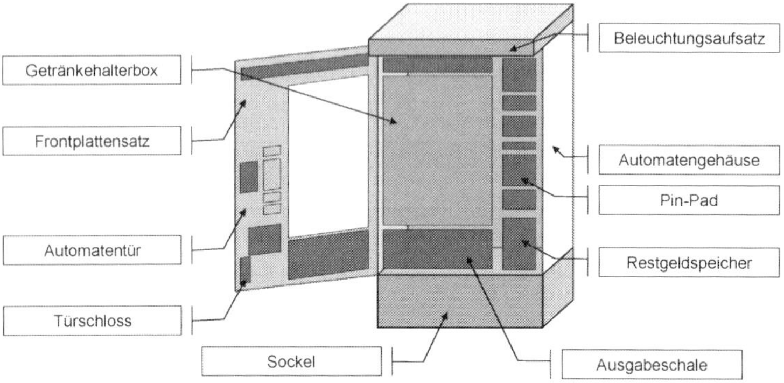

Abbildung 6-8: Aufbau eines Getränkeautomaten und Einordnung ausgewählter Baugruppen

6.2.2 Anwendung der ähnlichkeitsbasierten Produktkonfiguration

Im Praxisbeispiel der Getränkeautomaten AG liegt der Fokus auf der Ermittlung der Anpassungskosten bei der Einführung einer neuen kundenspezifischen Produktvariante. Dabei wird ein weiterer realistischer Anwendungsfall für die entwickelte Methodik angenommen, wonach ein Kunde sich mit einem bestehenden Lastenheft mit konkreten Kundenanforderungen an die Getränkeautomaten AG wendet.

Das Vorgehen wird dazu lediglich dahin gehend angepasst, dass auf eine Aufnahme der kundenbeschreibenden Merkmale und auf eine Ableitung eines Annahmeprofils über die E-&A-Matrix verzichtet wird. Stattdessen wird das Annahmeprofil direkt aus den definierten Kundenanforderungen abgeleitet. Durch das Weglassen des ersten Schrittes reduziert sich die Möglichkeit, frühzeitig einen Anker für die Produktkonfiguration zu setzen. Die restlichen Potenziale des Anbietens einer Vorzugsvariante oder einer bestehenden Produktvariante bleiben jedoch bestehen.

Für die Beschreibung der Produktaufträge auf der Anforderungsebene werden 36 verschiedene Kundenanforderungen verwendet. Diese resultieren aus Expertengesprächen mit Vertretern des Produktmanagements sowie aus der Analyse von Lastenheften bisheriger Produktaufträge. Merkmale sind beispielsweise die Automatenbreite, die Größe der Bedieneinheit und die Art der Banknotenverarbeitung. Die 67

Produktaufträge werden anhand der Merkmale und Ausprägungen beschrieben. Anschließend wird wie beim Praxisbeispiel der Rollercoaster AG die Distanzmatrix der Aufträge berechnet. Mithilfe von SPSS kann die Distanzmatrix in eine multidimensionale Darstellung umgewandelt werden, welche die Analyse und Interpretation vereinfacht.

Der linke Teil der folgenden Abbildung 6-9 zeigt die Anforderungslandkarte der Getränkeautomaten AG. In diese Anforderungslandkarte ist bereits das Profil eines neuen Kunden eingezeichnet, welches basierend auf einem vorliegenden Lastenheft erstellt wurde. Der Kunde möchte fünf baugleiche Getränkeautomaten in einer bestimmten Spezifikation erwerben. Auch die Gewichtung der einzelnen Merkmale wurde basierend auf den Angaben des Kunden vorgenommen, sodass nah beieinanderliegende Punkte ähnliche Anforderungsprofile aus Kundensicht repräsentieren. Die interne Aufgabe der Getränkeautomaten AG besteht nun darin, in der Abwägung von Kosten und Nutzen für den Kunden eine optimale Produktkonfiguration abzuleiten. Dazu wird das Anforderungsprofil des neuen Kunden über die A-&B-Matrix in ein Produktprofil überführt und in der Produktlandkarte eingeordnet. Die Produktlandkarte wird wie beim Beispiel der Rollercoaster AG basierend auf den verbauten Baugruppen der Produktaufträge erstellt. Die Distanzmatrix bildet auch hier die Ausgangsbasis für die Erstellung der multidimensionalen Darstellung. Die Produktlandkarte ist im rechten Teil der Abbildung 6-9 abgebildet.

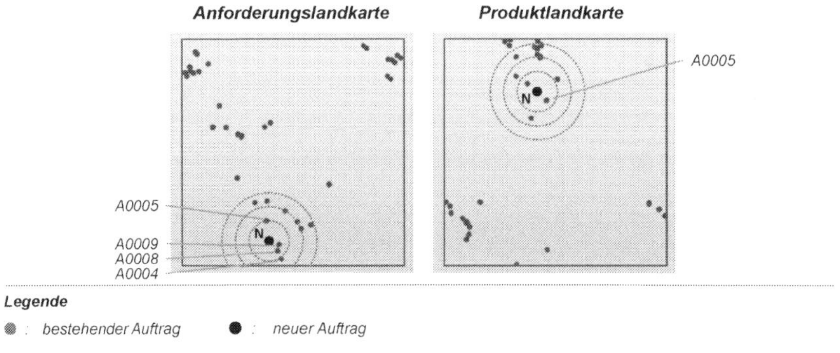

Abbildung 6-9: Anforderungslandkarte und Produktlandkarte der Getränkeautomaten AG

Um zu ermitteln, welche Anpassungskosten bei der Ableitung der geforderten Produktkonfiguration anfallen, müssen die Änderungskosten der einzelnen Baugruppen bekannt sein. Diese werden mit dem Cluster-Ansatz, der in Kapitel 5.3.2 vorgestellt wurde, ermittelt. Dazu wurden die Abteilungen Bid Management, Auftragsentwicklung Mechanik, Auftragsentwicklung E/E, Auftragsentwicklung Software, Einkauf, QS-Labor, Arbeitsvorbereitung, Administration, Montage, Endprüfung, Acceptance-Test Hardware, Acceptance-Test Software sowie Geräteinstallation und Service hinsichtlich der Aufwände bei einer Änderung der Baugruppen befragt. Die über alle Abteilungen aggregierten Änderungskosten für die Baugruppen des Getränkeautomaten sind in Abbildung 6-10 dargestellt. Es wird deutlich, dass insbesondere Änderungen an der Banknotenverarbeitung sowie an der Getränkehalterbox hohe Aufwände hervorrufen.

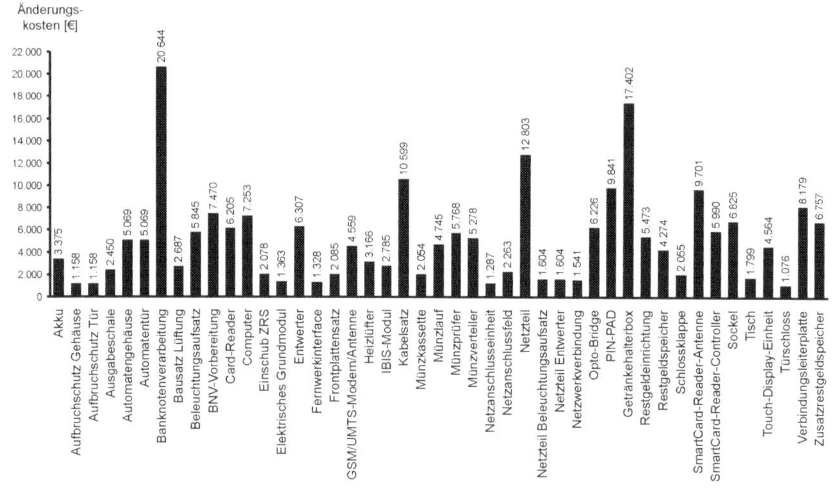

Abbildung 6-10: Änderungskosten der Baugruppen eines Getränkeautomaten

Die Änderungskosten ermöglichen es, die indirekten Kosten bei der Ableitung der neuen Produktvariante aus bestehenden Varianten abzuleiten. Gleichzeitig erlaubt die Analyse der umliegenden Produktvarianten auf der Anforderungsebene den Einstieg in eine Diskussion mit dem Kunden über mögliche Anpassungen des Lastenheftes vor dem Hintergrund der Identifikation einer Kosten-Nutzen-optimalen Produktkonfiguration.

Aus dem linken Teil von Abbildung 6-9 ist zu entnehmen, dass insgesamt vier bestehende Aufträge ein ähnliches Anforderungsprofil besitzen wie das vom Kunden gewünschte. Es handelt sich dabei um die Aufträge A0004, A0005, A0008 und A0009. Gleichzeitig zeigt der rechte Teil von Abbildung 6-9, dass auf der Produktlandkarte mindestens ein sehr ähnlicher Auftrag existiert. Dabei handelt es sich um den Auftrag A0005. Im nächsten Schritt werden die in Kapitel 5.3 vorgestellten Bewertungskriterien zur Steuerung des Produktkonfigurationsprozesses ermittelt. Auf diese Ermittlung wird im Folgenden eingegangen und die Übersicht über die Ergebnisse für verschiedene Alternativen liefert Abbildung 6-11.

Die direkten Kosten der einzelnen Varianten ergeben sich aus der Summe der Einzelkosten der gewählten Komponenten der einzelnen Produktvarianten. Zwischen der teuersten Produktvariante, d. h. in diesem Beispiel der kundenspezifischen Produktvariante, und der günstigsten vergleichbaren Produktvariante A0004 liegen etwa 11.000 Euro. Die indirekten Kosten der kundenspezifischen Produktvariante ergeben sich aus der Ableitung aus dem Auftrag A0005, der auf der Produktlandkarte in der Nähe der kundenspezifischen Produktvariante liegt. Hierbei fallen 102.888 Euro an, die sich u. a. aus einer Änderung des Automatengehäuses, der Automatentür und der Banknotenverarbeitung ergeben. Die indirekten Kosten der bestehenden Produktvarianten sind gleich null, da hier bei einem erneuten Verkauf keine zusätzlichen Anpassungskosten notwendig sind.

Bezüglich des Kundennutzens werden die bereits aufgenommenen Gewichtungen der einzelnen Merkmale dazu genutzt, um gemäß des vorgestellten Ansatzes der Real-Ideal-Distanz den Erfüllungsgrad der Kundenanforderungen zu berechnen. In diesem konkreten Beispiel bedeutet dies, dass in der kundenspezifischen Variante der Kundennutzen gleich 1 ist, da alle Merkmale entsprechend seiner Vorgabe gewählt wurden. Die Erfüllungsgrade hinsichtlich des Kundennutzens der bestehenden Produktvarianten ergeben sich demnach relativ zu dem Maximalwert, der bei vollständiger Erfüllung aller Kundenanforderungen gegeben ist. Die aus Kundensicht ähnlichste Variante ist dementsprechend Produktvariante A0005, da sie einen Erfüllungsgrad von 0,92 besitzt.

Der strategische Nutzen aller Produktvarianten ist in diesem Fall vollständig gegeben, da die gewünschte Produktvariante sowohl einen Anforderungssegmentfit als auch einen Produktsegmentfit besitzt (vgl. die eingezeichneten Kreise in Abbildung 6-9).

Nachdem alle Bewertungskriterien in der Übersicht aufgenommen sind, gilt es nun, die Anpassung der Präferenzvariante, d. h. der vom Kunden gewählten Produktvariante vorzunehmen. Die aktuell gewählte Produktkonfiguration würde die Kundenwünsche komplett erfüllen, würde allerdings auch mit Gesamtkosten von 393.193 Euro zu Buche schlagen. Diese Kosten setzen sich aus direkten Kosten für die fünf Automaten in Höhe von 290.305 Euro sowie indirekten Kosten in Höhe von

102.888 Euro zusammen. Die ähnlichste Alternative A0005 verursacht insgesamt nur 252.105 Euro, da sowohl die direkten Kosten geringer sind als auch die indirekten Kosten komplett entfallen.

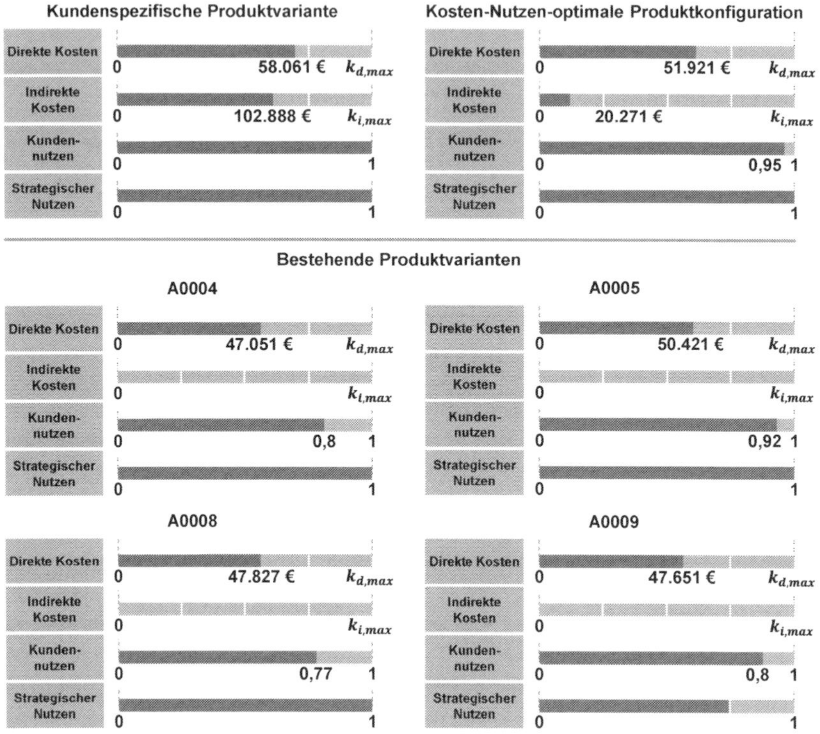

Abbildung 6-11: Übersicht über Produktvarianten am Beispiel der Getränkeautomaten AG

Eine Analyse der Merkmale ergibt, dass insbesondere eine Anpassung der Merkmale Zusatzrestgeldspeicher und Marke des Kartenlesers, in denen sich die kundenspezifische Variante und die Variante A0005 bislang u. a. unterscheiden, einen großen Einfluss auf den Kundennutzen haben, während die dadurch beeinflussten Baugruppen lediglich einen geringen Kosteneinfluss haben. Durch ein iteratives Vorgehen zusammen mit dem Kunden kann somit die Kosten-Nutzen-optimale Produktkonfiguration ermittelt werden, wie sie im rechten oberen Teil der Abbildung 6-11 dargestellt ist.

6.3 Kritische Reflexion der Anwendungserfahrung

Nach mehrfacher Anwendung der verschiedenen Schritte der Methodik lässt sich festhalten, dass die entwickelte Methodik eine sinnvolle Unterstützung in der frühen Phase des Auftragsabwicklungsprozesses sowie zur Visualisierung der erzeugten Variantenvielfalt auf verschiedenen Ebenen darstellt.

Die in Kapitel 4.1.1 vorgestellten inhaltlichen Anforderungen an die Methodik konnten vollständig erfüllt und durch die Anwendungserfahrung bestätigt werden. Die Methodik adressiert die frühe Phase des Auftragsabwicklungsprozesses im Maschinenbau und berücksichtigt die Variantenvielfalt auf verschiedenen Ebenen. Darüber hinaus werden der strategische Nutzen von Produktaufträgen sowie die verursachungsgerechten Kosten in der Methodik betrachtet. Die Methodik ermöglicht die Ermittlung der Kosten-Nutzen-optimalen Produktkonfiguration und damit die Optimierung der Skaleneffekte entlang des Auftragsabwicklungsprozesses. Die Visualisierung der Variantenvielfalt durch die multidimensionale Skalierung trägt zur Sicherstellung der Praxistauglichkeit bei.

Die in Kapitel 4.1.2 vorgestellten formalen Anforderungen an eine Methodik wurden ebenfalls vollständig erfüllt. Die Methodik ist formal und empirisch richtig, da die zugrunde liegenden Berechnungen reproduzierbar und widerspruchsfrei sind und die Ähnlichkeit zwischen Modellwelt und Realität hinreichend genau sind. Aufgrund der Vielzahl der möglichen Visualisierungen sowie der einfachen Anwendbarkeit der Methodik ist die Nutzerfreundlichkeit für den Anwender ebenfalls gegeben. Die Zweckbezogenheit sowie die optimale Wirksamkeit der Methodik können ebenfalls durch die Anwendungserfahrung bestätigt werden, da sich die Methodik in verschiedenen Einsatzzwecken als brauchbar erwiesen hat und das Aufwand-Nutzen-Verhältnis bei der Modellerstellung und Modellanwendung ebenfalls als sinnvoll angesehen werden kann.

Bei der Anwendung der Methodik in der industriellen Praxis haben sich jedoch auch Hinweise und Anmerkungen seitens der Anwender ergeben, die der Verbesserung und Weiterentwicklung der Methodik dienen und im Folgenden aufgeführt sind. Die erforderlichen Daten für die Durchführung der Methodik sind alle vorhanden und können aufbereitet werden, werden derzeit jedoch zumeist nicht in einem System zentral verwaltet. Dies bedeutet, dass für eine reibungslose Integration in den Auftragsabwicklungsprozess das System zur Durchführung der Methodik an die bestehenden IT-Systeme angebunden werden muss. Für den verbreiteten Einsatz in einem Unternehmen muss die Methodik IT-technisch abgebildet werden, um die

Nutzbarkeit zu realisieren. Der Anteil des Nutzers wird als praktikabel für den täglichen Einsatz bewertet, da dieser recht überschaubar ist. Im Rahmen der Dissertation wurde darüber hinaus bereits ein erster lauffähiger webbasierter IT-Demonstrator „SmartCon“ entwickelt, der die Grundfunktionalitäten der vorgestellten Methodik beinhaltet und somit zur Validierung eingesetzt werden konnte (vgl. Abbildung 6-12).

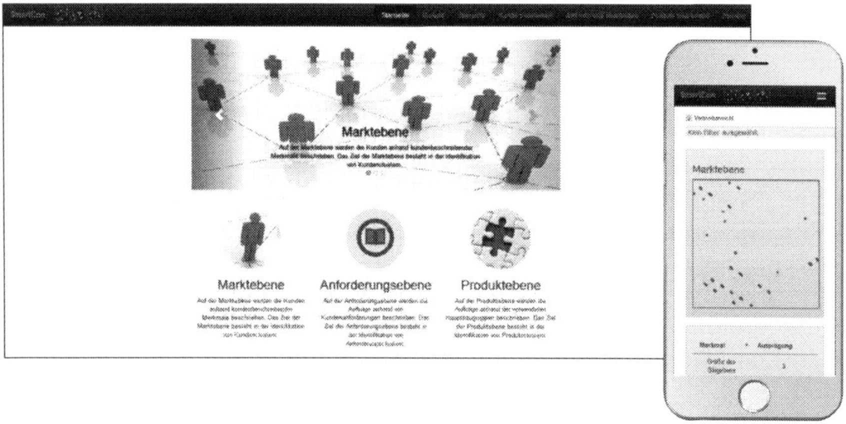

Abbildung 6-12: Screenshot des Prototypen des webbasierten IT-Demonstrators "SmartCon"

Insbesondere die Visualisierung der Vielfalt in Form der multidimensionalen Skalierung sowie die Transparenz über die verschiedenen Bewertungskriterien wurde von den Anwendern als sehr positiv wahrgenommen. Als Ergänzung wurde noch vorgeschlagen, ggf. eine farbliche Unterscheidung zwischen Produktvarianten mit unterschiedlichen Stückzahlen oder aus verschiedenen Jahren vorzunehmen. Die Transparenz ermöglicht insbesondere eine interdisziplinäre Diskussion über die verschiedenen Sichtweisen der am Vertriebsprozess beteiligten Unternehmen hinsichtlich der Fragestellung, wie eine „ähnliche Produktvariante“ in den verschiedenen Bereichen definiert ist. Außerdem können durch die Visualisierung Diskussionen über Kundensegmente oder Anforderungssegmente anschaulich geführt werden. Der Ankereffekt, wonach ein Kunde in der frühen Phase des Auftragsabwicklungsprozesses bei einer erstmalig vorgeschlagenen Produktvariante bleibt und somit die Variantenvielfalt gezielt verringert werden kann, wird als realistisch angesehen, da sich viele Kunden eine Beratung hinsichtlich der am besten geeigneten Produktvariante wünschen. Gleichzeitig ist das Vorgehen bei fertigen Lastenheften, wie es das zweite Fallbeispiel gezeigt hat, ebenfalls anwendbar. In diesem Fall hilft die Einordnung des Kunden dabei, verursachungsgerecht die Kosten abzuschätzen und so eine Kosten-Nutzen-optimale Produktkonfiguration zu identifizieren.

Eine mögliche Erweiterung der Bewertungskriterien ist die Quantifizierung der Fertigungsauswirkung zum einen im Sinne der Skaleneffekte, zum anderen aber auch im Sinne der Lieferzeiten. Beide Aspekte können dazu dienen, eine noch umfassendere Übersicht zu generieren, die sich noch näher an der Realität orientiert.

Abschließend wird von allen Beteiligten noch die Definition der organisatorischen Verankerung der Durchführung der Methodik als sehr relevant angesehen. Die Methodik kann nur funktionieren, wenn die kalkulierten (indirekten) Kosten auch tatsächlich in die Angebotsgestaltung einfließen und nicht vom Vertrieb durch Rabatte etc. wieder reduziert werden können, um die Verkaufschancen in einzelnen Projekten zu erhöhen. Als erstes Hilfsmittel wurden die vorgestellten Normstrategien zum Umgang mit verschiedenen Kundentypen als hilfreich angesehen, um unternehmensspezifisch das Vorgehen zu verankern. Eine Möglichkeit, um die Anpassungskosten auch tatsächlich an den Kunden weiterzugeben, besteht darin, diese dem Vertrieb in Rechnung zu stellen. So wird der Vertrieb angehalten, die Anpassungskosten auch tatsächlich auszuweisen. Gleichzeitig werden kundenspezifische und Vorzugsvarianten damit gleich interessant für den Vertrieb, wobei die besten Chancen eines erfolgreichen Abschlusses bei dem geringeren Preis einer Vorzugsvariante bestehen.

7 Zusammenfassung und Ausblick

In den vergangenen Jahren ist die Variantenvielfalt in zahlreichen Branchen stetig angestiegen. Die Gründe dafür liegen im fortschreitenden Wandel vom Anbieter- zum Käufermarkt, der sich durch eine immer stärker geforderte Erfüllung differenzierter Kundenwünsche kennzeichnen lässt. Vor dem Hintergrund der immer stärkeren Segmentierung der Märkte, die zu kleineren Stückzahlen pro Variante führen, ist die Beherrschung der Dichotomie zwischen „Economies of Scale" und „Economies of Scope" ein entscheidender Erfolgsfaktor. Eine wesentliche Herausforderung für Unternehmen des Maschinenbaus bei der Beherrschung der Produktvielfalt im Konfigurationsprozess ist darin zu sehen, dass Merkmale und Kosten einzelner Produktvarianten nur unzureichend ausgewiesen werden und damit im Auftragsabwicklungsprozess zu wenig Transparenz herrscht. Verschiedene Konfigurationen von Aufträgen verursachen im Unternehmen unterschiedlich hohe Kosten, da beispielsweise Anpassungen an bereits bestehenden Aufträgen vorgenommen werden müssen. Zwischen einem „Standardauftrag" und einem neu spezifizierten Auftrag liegen oft mehrere Tausend Euro.

Vor dem Hintergrund der beschriebenen Ausgangssituation bestand das übergeordnete Ziel der Arbeit darin, eine Methodik zur Ermittlung der Kosten-Nutzen-optimalen Produktkonfiguration durch die Ähnlichkeitsanalyse bestehender Produktvarianten zu entwickeln, um so die Skaleneffekte entlang des Auftragsabwicklungsprozesses eines Unternehmens im Maschinenbau ganzheitlich zu optimieren. Der Fokus der Arbeit lag dabei auf Unternehmen aus dem Maschinenbau, die Produkte entsprechend Kundenspezifikationen entwickeln und produzieren. Im Rahmen dieser Arbeit sollte daher ein durchgängiger Ansatz zur ähnlichkeitsbasierten Produktkonfiguration entwickelt werden, der es dem Anwender ermöglicht, verschiedenartige Informationen bestehender Produktaufträge und Kunden in einem System zu verdichten und dadurch den Konfigurationsprozess von neuen Aufträgen zu unterstützen. Aus den durch Ähnlichkeitsanalysen ermittelten Ergebnissen lassen sich die „optimale Produktkonfiguration" eines Produktauftrags sowie Normstrategien für den Vertriebs- und Auftragsabwicklungsprozess ableiten. Dabei wurde insbesondere auf historische Verkaufsdaten zurückgegriffen, um daraus für neue Angebote zu lernen. Neben der Unterstützung im Konfigurationsprozess ermöglicht die

Visualisierung der Vielfalt Unternehmen, basierend auf Ähnlichkeiten zwischen Produktvarianten eine Segmentierung und Clusterung von Produktvarianten vorzunehmen. Dadurch können strategische Entscheidungen, wie z. B. die Definition von zu bedienenden Marktsegmenten oder von Vorzugsvarianten, unterstützt werden.

Im Anschluss an die Motivation und Einleitung in die Thematik wurden in Kapitel eins die Zielsetzung der Arbeit sowie die Forschungskonzeption nach ULRICH und der Aufbau der Arbeit vorgestellt. Kapitel zwei befasste sich mit den Grundlagen zu den verschiedenen Aspekten, die für die Methodik der ähnlichkeitsbasierten Produktkonfiguration relevant sind. Es wurden die grundlegenden, für das Verständnis der Arbeit notwendigen Begrifflichkeiten und Zusammenhänge erläutert. Dazu wurden die Themen des Auftragsabwicklungsprozesses, der Produktkonfiguration, der Variantenkostenrechnung, der Kundensegmentierung sowie der Ähnlichkeitsanalyse adressiert. Eine ähnlichkeitsbasierte Produktkonfiguration in einem ETO-Unternehmen des Maschinenbaus sollte in den Abteilungen Vertrieb, Produktmanagement und Entwicklung ansetzen, um den größtmöglichen Effekt zu erzielen. Gleichzeitig erscheinen die Prinzipien der fallbasierten Konfiguration sehr vielversprechend für die ähnlichkeitsbasierte Produktkonfiguration. Um eine Quersubventionierung von exotischen, kundenspezifischen Produktvarianten zu verhindern, müssen Kosten von Produktvarianten verursachungsgerecht ermittelt werden, sodass traditionelle Kostenrechnungsverfahren nicht verwendet werden können. Stattdessen wurde die Forderung nach einer praktikablen Methode der verursachungsgerechten Kostenrechnung formuliert. Im Rahmen der Grundlagen zum Kundenwert und Kundenprofil wurde das Produktpositionierungsmodell als methodische Grundlage für die Visualisierung von Distanzen im Eigenschaftsraum ermittelt. Zur Visualisierung der Ähnlichkeitsstrukturen in den zu untersuchenden Datensätzen wurde die Erstellung und Interpretation einer multidimensionalen Skalierung als geeignetes Hilfsmittel für die ähnlichkeitsbasierte Produktkonfiguration vorgestellt. Das Kapitel zwei schloss mit einem kurzen Zwischenfazit zu den Grundlagen einer ähnlichkeitsbasierten Produktkonfiguration.

Das Ziel des dritten Kapitels bestand darin, das Praxis- und Forschungsdefizit herauszuarbeiten. Dazu wurden zunächst die Herausforderungen in der Praxis beschrieben, wonach es keine systematische Identifikation von ähnlichen Produktvarianten in der frühen Phase des Auftragsabwicklungsprozesses gibt. Gleichzeitig konnte festgehalten werden, dass ein großes Potenzial in der Ermittlung ähnlicher Produktvarianten besteht, da die verursachungsgerechten Kosten für exotische Produktvarianten oft ein Vielfaches einer Standardvariante ausmachen. Dabei wurde sowohl auf die Vorerfahrungen des Autors aus Industrieprojekten als auch auf Studienergebnisse zurückgegriffen. Darauf aufbauend wurden Kriterien zur Bewertung bestehender Ansätze in der Theorie definiert, die sich in die Kategorien Objektbereich, Zielbereich und Lösungshypothese einteilen lassen. In einem nächsten Schritt wurden bestehende Ansätze beschrieben und hinsichtlich der definierten Kriterien evaluiert. Hierbei handelte es sich um Ansätze zur Variantenplanung auf der Kunden-, der Anforderungs- und der Produktebene, Ansätze zur Produktkonfiguration und Variantenkostenermittlung, ähnlichkeitsbasierte Ansätze sowie eigene Ansätze des Autors im Themenfeld der ähnlichkeitsbasierten Produktkonfiguration. Die Analyse der bestehenden wissenschaftlichen Ansätze hat gezeigt, dass trotz intensiver Forschung in den vergangenen Jahren weiterhin ein Theoriedefizit in der systematischen Steuerung des Produktkonfigurationsprozesses besteht. Es konnte festgestellt werden, dass bislang weder praxisnahe noch integrierte Lösungen bestehen, um die frühe Phase des Auftragsabwicklungsprozesses datenbasiert zu unterstützen. Abstimmungen erfolgen zumeist nur bilateral, wodurch eine ganzheitliche Entscheidungsfindung im Angebotserstellungsprozess erschwert wird. Den Ansatz einer ähnlichkeitsbasierten Bewertung verwenden bereits einige Autoren, jedoch sind nur wenige dieser Ansätze dem Maschinenbau mit den spezifischen Anforderungen wie Kleinserienproduktion, Variantenvielfalt oder kundenindividuellen Produkten zuzuordnen. Forschungsbedarf besteht ebenfalls in der nutzergerechten und nutzenoptimalen Darstellung umfangreicher und unstrukturiert vorliegender Daten.

Ziel des vierten Kapitels war es, ein Konzept zu entwickeln, welches auf die Identifikation der optimalen Produktkonfiguration in der frühen Phase des Auftragsabwicklungsprozesses im Maschinenbau abzielt. Dazu sollen die Ähnlichkeiten von Produktaufträgen auf verschiedenen Ebenen ermittelt und visualisiert werden, um so die Steuerung des Produktkonfigurationsprozesses zu unterstützen. Zunächst wurden inhaltliche und formale Anforderungen an die Methodik aufgestellt, bevor die angestrebten Nutzenpotenziale der Methodik zur ähnlichkeitsbasierten Produktkonfiguration vorgestellt wurden. Anschließend erfolgte die Vorstellung der vier Hauptschritte der Methodik zur ähnlichkeitsbasierten Produktkonfiguration, die abschließend noch in Partialmodelle überführt wurden.

Das nachfolgende fünfte Kapitel beschäftigte sich mit der Detaillierung des Grobkonzeptes zur ähnlichkeitsbasierten Produktkonfiguration. Basierend auf den in Kapitel vier vorgestellten Schritten zur ähnlichkeitsbasierten Produktkonfiguration wurde zunächst ein Beschreibungsmodell zur einheitlichen und systematischen Beschreibung von Produktaufträgen aus verschiedenen Perspektiven entwickelt. Hierzu wurden Kunden-, Anforderungs- und Produktprofile erarbeitet, die einen Kunden auf verschiedenen Ebenen beschreiben. Darauf aufbauend wurden Ähnlichkeiten zwischen Produktaufträgen ermittelt, indem das gewichtete euklidische Distanzmaß als geeignetes Proximitätsmaß sowie Gewichtungsfaktoren für die Ähnlichkeitsanalyse auf den verschiedenen Ebenen ausgewählt wurden. Anschließend konnten die Ähnlichkeiten zwischen Produktaufträgen mithilfe der multidimensionalen Skalierung in sogenannten Kunden-, Anforderungs- und Produktlandkarten dargestellt werden. Diese Darstellungen ermöglichen es dem Anwender der Methodik, schnell und intuitiv ähnliche Produktaufträge zu erkennen und Cluster von Aufträgen abzuleiten. Die visuelle Darstellung der Ähnlichkeiten sichert somit die Praxistauglichkeit der Methodik. Im dritten Schritt wurden Bewertungskriterien für eine Produktkonfiguration und deren Änderung definiert, die als Grundlage für die gezielte Steuerung des Produktkonfigurationsprozesses dienen. Der vierte und letzte Schritt der Methodik adressierte die Steuerung des Produktkonfigurationsprozesses zur Ermittlung der Kosten-Nutzen-optimalen Produktkonfiguration. Die optimale Produktkonfiguration sowie Normstrategien zum Umgang mit einem Kunden bildeten das Ergebnis dieses Abschnittes.

Ziel des sechsten Kapitels war es, die als Grob- und Detailkonzept erarbeitete Methodik zur ähnlichkeitsbasierten Produktkonfiguration anzuwenden und die Anwendbarkeit in der Praxis zu validieren. Dazu wurde die Methodik an zwei anonymisierten Praxisbeispielen angewendet, der Rollercoaster AG und der Getränkeautomaten AG. Die Rollercoaster AG zeichnet sich durch die Entwicklung und Produktion von kundenindividuellen Fahrgeräten für Freizeitbahnen aus, die jeweils in Kleinserien oder Sonderanfertigungen gefertigt werden. Die Getränkeautomaten AG wiederum entwickelt und produziert kundenindividuelle Getränke- und Snackautomaten überwiegend in Kleinserien. Abschließend wurde die Anwendungserfahrung kritisch reflektiert und es wurden Vorschläge für mögliche Erweiterungen der Methodik aufgenommen.

Die Methodik leistet somit einen wichtigen Beitrag zur Optimierung der Skaleneffekte entlang des Auftragsabwicklungsprozesses eines Unternehmen im Maschinenbau, indem frühzeitig Transparenz über die bestehenden Produktvarianten und die notwendigen Anpassungskosten einer neuen Produktvariante geschaffen wird. Damit dient die Methodik als Werkzeug für die Mitarbeiter der Abteilungen Vertrieb, Produktmanagement und Entwicklung, um die notwendige interdisziplinäre Zusammenarbeit bei der Produktkonfiguration für einen Kunden zu unterstützen.

Zum Abschluss der Arbeit soll in Anlehnung an das folgende Zitat von Justus von Liebig (1803 - 1873) der weitere Forschungsbedarf aufgezeigt werden:

„Die Wissenschaft fängt eigentlich erst da an, interessant zu werden, wo sie aufhört."

Aufbauend auf der vorliegenden Methodik lassen sich verschiedene Stränge möglicher vertiefender Forschungstätigkeiten ableiten. An dieser Stelle wird insbesondere auf die Möglichkeiten des Einsatzes der Methodik für strategische Entscheidungen sowie auf die Integration der Methodik in das Unternehmen auf organisatorischer und IT-seitiger Ebene eingegangen. Aus strategischer Sicht ergeben die aufgenommenden und analysierten Daten eine ideale Möglichkeit, um aus ihnen im Zeitverlauf auch für Entscheidungen hinsichtlich der Produktprogrammplanung zu lernen. Wenn die Eingaben in das System im Zeitverlauf analysiert werden, lassen sich Rückschlüsse auf verändertes Verhalten der Kundschaft sowie auf mögliche Markttrends leicht ableiten. So können beispielsweise neue Kunden- oder Anforderungssegmente leicht identifiziert werden. Die Produktlandkarte liefert eine geeignete Ausgangsbasis für die Definition von Baukastenumfängen, indem ähnliche Produktvarianten gezielt zusammengefasst und weiterentwickelt werden können, um weiterhin flexibel auf Kundenanfragen reagieren zu können. Dazu könnten vertiefend auch Ähnlichkeiten auf verschiedenen Ebenen der Produktstruktur gezielt genutzt werden. Auch eine Methodik zur Definition von Vorzugsvarianten basierend auf historischen Verkaufsdaten erscheint in diesem Zusammenhang möglich. Schließlich kann die Methodik noch dahin gehend erweitert werden, dass weitere Faktoren wie z. B. der Kaufzeitpunkt o. ä. in die Bewertung mit aufgenommen werden und so beispielsweise aktuellere Produktvarianten stärker gewichtet werden als länger zurückliegende.

Neben dem vorgestellten Forschungsbedarf, der eher strategisch orientiert ist, ist auch die organisatorische und IT-seitige Einbindung der Methodik in das Unternehmen noch nicht abschließend geklärt. So ist im Zuge der Definition der IT-Systemlandschaft zu klären, wie eine solche Methodik mit den benachbarten Systemen, z. B. Konfiguratoren oder PLM-Systemen, sinnvoll kombiniert werden kann, um die Vernetzung der Systeme zu gewährleisten und gleichzeitig möglichst automatisiert die benötigten Daten aus den benachbarten Systemen zur Verfügung gestellt zu bekommen. Eine vollständige organisatorische und IT-seitige Integration der Methodik in den Auftragsabwicklungsprozess eines Unternehmens würde die Relevanz der Methodik zur ähnlichkeitsbasierten Produktkonfiguration weiter verstärken.

A Anhang

A.1 Ermittlung von Gruppen ähnlicher Elemente durch Clusteranalysen

Eine Clusteranalyse besitzt die Aufgabe, Objekte anhand vorgegebener Merkmale in Klassen einzuteilen, wobei sich die Objekte innerhalb einer Klasse möglichst ähnlich sein sollten.[361] Objekte werden dabei ausschließlich einer Gruppe zugeteilt.[362] Die Clusteranalyse basiert auf den bereits vorgestellten Distanz- oder Ähnlichkeitsmatrizen. Da der große Vorteil der Clusteranalyse darin besteht, simultan alle relevanten Beschreibungsmerkmale von Objekten zu berücksichtigen, wird im Folgenden der Fokus auf die **polythetischen Verfahren** (abzugrenzen von den monothetischen Verfahren, die nur ein Merkmal bei der Fusionierung berücksichtigen) gelegt. Innerhalb der polythetischen Verfahren gibt es ebenfalls eine Vielzahl unterschiedlicher Ansätze, die übersichtlich in Abbildung A-1 dargestellt sind. In dieser Arbeit liegt der Schwerpunkt darauf, Objekte zu Klassen zusammenzufassen, ohne dass vorher die Anzahl der Klassen bekannt ist. Dazu eignen sich die hierarchischen, agglomerativen Clusterverfahren am besten, da sie von der feinsten Partition (jedes Objekt liegt in einem eigenen Cluster) ausgehen und die Objekte nach und nach zu möglichst homogenen Clustern verschmelzen. Partitionierende Verfahren entfallen, da bei diesen Verfahren die Anzahl der Cluster sowie eine Gruppierung der Objekte (Startpartition) ex ante vorgegeben werden muss und divisive Verfahren werden nicht weiter betrachtet, da ihnen in der praktischen Anwendung kaum eine Bedeutung zukommt.[363]

[361] Vgl. Voß et al. (2004), Taschenbuch der Statistik, S. 565
[362] Vgl. Beane et al. (1987), Market Segmentation, S. 31
[363] Vgl. Backhaus (1987), Multivariate Analysemethoden, S. 133 f.

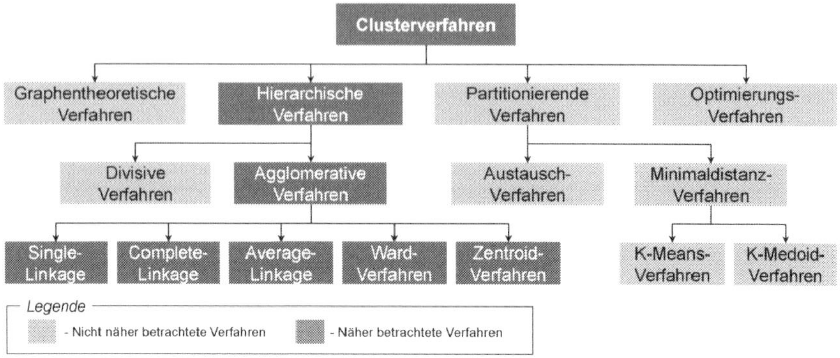

Abbildung A-1: Gliederung der Clusteranalyseverfahren[364]

Die hierarchischen Clusteranalyseverfahren lassen sich, wie Abbildung A-1 zeigt, in verschiedene Verfahren aufteilen. Anstelle einer ausführlichen Erläuterung der einzelnen Verfahren wird an dieser Stelle nur eine zusammenfassende Charakterisierung agglomerativer Verfahren vorgestellt. Diese lassen sich allgemein bezüglich der **Fusionierungskriterien**, der **Fusionierungseigenschaften** und der verwendeten **Proximitätsmaße** unterscheiden (vgl. Abbildung A-2).

Bei den Fusionierungskriterien wird danach unterschieden, welche Distanz als Maß für die Clusterdistanz verwendet wird. Im Single-Linkage-Verfahren, oder auch Nearest Neighbor, wird die Clusterdistanz beispielsweise durch die beiden am nächsten liegenden Objekte erfasst.

Die Fusionierungseigenschaften lassen sich in dilatierend, kontrahierend und konservativ einteilen. Dilatierende Verfahren neigen dazu, die Objekte in etwa gleich große Gruppen einzuordnen, während kontrahierende Verfahren dazu tendieren, einige wenige große Gruppen und mehrere kleine Gruppen zu bilden. Zur „Ausreißeranalyse" sind damit insbesondere die kontrahierenden Verfahren geeignet. Konservative Verfahren sind weder dilatierend noch kontrahierend.[365]

Das Proximitätsmaß spielt ebenfalls eine Rolle für die Auswahl des Fusionierungsalgorithmus. Beim Zentroid- und beim Ward-Verfahren sind nur Distanzmaße möglich, während die anderen Algorithmen auch mit Ähnlichkeitsmaßen durchführbar sind.

[364] In Anlehnung an Backhaus (1987), Multivariate Analysemethoden, S. 133

[365] Backhaus (1987), Multivariate Analysemethoden, S. 148

Beschreibung	Visualisierung	Eigenschaft	Proximitätsmaße
Single-Linkage-Verfahren: Clusterdistanz wird durch die beiden am nächsten liegenden Objekte erfasst	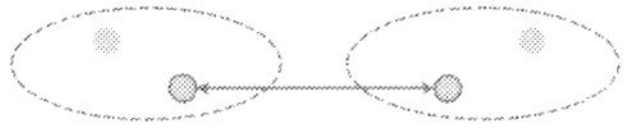	kontrahierend	beliebig
Complete -Linkage-Verfahren: Clusterdistanz wird durch die beiden am entferntesten liegenden Objekte erfasst		dilatierend	beliebig
Average-Linkage-Verfahren: Clusterdistanz wird durch die durchschnittliche Distanz zwischen Objekten gemessen	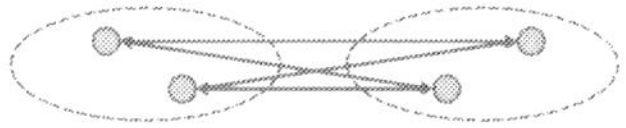	konservativ	beliebig
Zentroid-Verfahren: Clusterdistanz wird durch den jeweiligen Klassenmittelpunkt gemessen	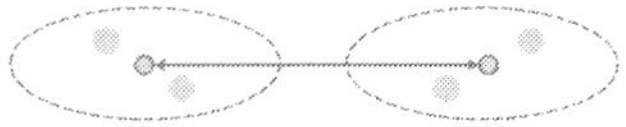	konservativ	Distanzmaße
Ward-Verfahren: Clusterdistanz wird durch die Varianz, d.h. quadrierten Abstände zum Klassenmittelpunkt gemessen		konservativ	Distanzmaße

Abbildung A-2: Algorithmen für die hierarchisch agglomerative Clusteranalyse[366]

Die Schwierigkeiten bei der Durchführung einer Clusteranalyse liegen in der Auswahl eines passenden Proximitätsmaßes bzw. eines Fusionierungsalgorithmus. Darüber hinaus ist die Auswahl der zur Beschreibung von Objekten herangezogenen Variablen anwendungsspezifisch. Schließlich ist die externe Validierung der Ergebnisse der Clusteranalyse schwierig und teilweise ausschließlich über Expertengespräche oder Erfahrungswissen möglich.

[366] Eigene Darstellung in Anlehnung an Backhaus (1987), Multivariate Analysemethoden, S. 149; Voß et al. (2004), Taschenbuch der Statistik, S. 573 ff.

A.2 Multidimensionale Darstellung der bestehenden wissenschaftlichen Ansätze

In Kapitel 3.2.3 werden die Bewertungen der bestehenden wissenschaftlichen Ansätze zusammengeführt und analysiert. Darauf aufbauend wird eine Ähnlichkeitsanalyse der bestehenden Ansätze mithilfe der multidimensionalen Skalierung durchgeführt, auf die im Folgenden kurz näher eingegangen wird.

In einem ersten Schritt werden die in Abbildung 3-4 dargestellten Erfüllungsgrade der einzelnen Ansätze in Zahlen überführt, die im Rahmen einer Ähnlichkeitsanalyse verwendet werden können. Das Ergebnis bildet die Rohdatenmatrix, die in Abbildung A-3 dargestellt ist. Um die drei Kategorien Objektbereich, Zielbereich und Lösungshypothese gleich stark zu gewichten, wird den ersten acht Merkmalen zusammen das Gewicht 1/3 zugeteilt, den nächsten vier Merkmalen ebenfalls das Gewicht 1/3 und dem letzten Merkmal ebenfalls das Gewicht 1/3. Dadurch wird ausgeglichen, dass der Objektbereich acht Merkmale besitzt, während der Zielbereich nur aus vier Merkmalen bzw. die Lösungshypothese sogar nur aus einem Merkmal besteht.

Unter Berücksichtigung der entsprechenden Gewichtungen der einzelnen Merkmale ergibt sich mithilfe von SPSS die Distanzmatrix der wissenschaftlichen Ansätze, die in Abbildung A-4 dargestellt ist. Die Distanzmatrix wiederum wird mithilfe von SPSS in eine multidimensionale Skalierung umgewandelt, die in Abbildung 3-5 dargestellt ist.

		Objektbereich								Zielbereich				LH
		Maschinenbau	Frühe Phase des Auftragsabwicklungsprozesses	Kundenebene	Anforderungsebene	Produktebene	Variantenvielfalt	Strategische Bedeutung von Produktaufträgen	Berücksichtigung von Variantenkosten	Ermittlung der optimalen Produktkonfiguration	Optimierung der Skaleneffekte	Visualisierung der Variantenvielfalt	Sicherstellung der Praxistauglichkeit	Anwendung von Ähnlichkeitsanalysen
I	KORRECK	1	0	1	1	0,5	1	0	1	0	0,75	0,5	0,5	0
	HARRISON	0	0	1	1	0	0	0	0	0,5	0	0	0	0,5
	MACHAUER ET AL.	0	0	1	1	0	0	0,5	0	0,25	0	0,25	0	0,5
	BLECKER ET AL.	0,75	0	0,75	1	0	0,75	0	0	0,25	0	0	0,25	0
	FUNG ET AL.	0,25	0	0,5	1	0	0	0	0	0,5	0	0,25	0	0
	FISHER ET AL.	0	0	0,5	1	0	0,75	0	0	0	0	0	0,25	0,75
	BAYER	1	0	0	0,5	0,5	1	0	1	0	0,5	0	0,25	0
	DAY ET AL.	0,25	0	0	1	1	0	0	0	0	0	0	0	0,5
	DAI ET AL.	1	0	0	1	1	0,5	0	0	0	0,5	0,5	0,5	0,25
	MYERS	0	0	0	1	0	0	0	0	0	0	0	0	0
	SRIVASTAVA ET AL.	0	0	1	1	1	0	0	0	0	0	0	0	0,5
	DU ET AL.	1	0,5	1	1	1	0,5	0	0	0,5	0,5	0	0	0
II	NUMMELA	0,5	0,75	0	1	0,5	0,5	0	0	0	0,25	0	0,75	0
	MANDL ET AL.	0	0,75	0	1	0	0,5	0	0	0,75	0	0	0,75	0
	GALLARDO	0,5	0	0	1	0	0,5	0	0,5	0	0,5	0,5	0,5	0,5
	BARAJAS ET AL.	0	0,75	0,75	1	0	0	0	0	0,75	0	0	0	0
	WONGVASU ET AL.	1	0,75	0	0,25	1	0,25	0	0,5	0,5	0,75	0	0	1
	RÖSLER	1	0,5	0	0,25	1	0	0	0,5	0,5	0,75	0	0	1
	GIANNOULIS	1	0,5	0	0	1	0	0	1	0,5	0,25	0	0	1
III	SCHUBERT	1	0	0,5	1	0,5	0,5	0	0,5	0	0,5	0,25	0,25	0,75
	PERLICH ET AL.	1	0,25	0	1	0	0,75	0	0	0	0,75	0,5	0,5	1
	TSENG/ HUANG	0	0	0	1	0	0	0	0	0	0	0	0	0,75
	EVERSHEIM ET AL.	1	0	1	1	1	0,5	0	0	0	0,5	0,5	0	0,5
	TSENG/ DU	0,5	0,75	0	1	0,5	0,25	0	0,5	0,5	0,25	0	0	0,75
	MCADAMS ET AL.	0	0	0	0,5	0,5	0,5	0	0	0	0,5	0,25	0	0,75
	HÖLTTÄ-OTTO ET AL.	1	0	0	0	1	0,5	0	0	0	0	0,75	0,5	0,75
	PEDERSEN	1	0	0	0	1	0,5	0	0	0	0,5	0,75	0,5	0,75
	BIMLER/ KIRKLAND	0	0	0	1	0	0	0	0	0	0	0,75	0	1
	BONGULIELMI	1	0,5	0	1	1	0,75	0	0	0	0	0,5	0,5	0,5
IV	SCHUH ET AL.	1	0,5	0,75	0,75	0,75	0,5	0	0,5	0,75	0,5	0,75	0,75	1
	SCHUH ET AL.	1	0,5	1	1	0	0,5	0	0,5	0,5	0,5	0,75	0,75	1
	SCHUH ET AL.	1	0	0	0,5	1	0,5	0	1	0,5	0,5	0,25	0,75	1
	DISSERTATION	1	1	1	1	1	1	1	1	1	1	1	1	1

Legende

I. Ansätze zur Variantenplanung auf der Markt-, der Anforderungs- und der Produktebene
II. Produktkonfiguration und Variantenkostenermittlung
III. Ähnlichkeitsbasierte Ansätze
IV. Eigene Ansätze zur ähnlichkeitsbasierten Produktkonfiguration
LH: Lösungshypothese

Abbildung A-3: Rohdatenmatrix für die Ermittlung der Ähnlichkeiten zwischen den bestehenden Ansätzen

		I.1	I.2	I.3	I.4	I.5	I.6	I.7	I.8	I.9	I.10	I.11	I.12	II.1	II.2	II.3	II.4	II.5	II.6	II.7	III.1	III.2	III.3	III.4	III.5	III.6	III.7	III.8	III.9	III.10	IV.1	IV.2	IV.3	IV.4
	KORRECK	0,00	0,57	0,55	0,37	0,47	0,61	0,29	0,58	0,36	0,52	0,55	0,38	0,42	0,54	0,41	0,54	0,73	0,73	0,75	0,48	0,66	0,67	0,41	0,62	0,60	0,62	0,59	0,76	0,49	0,66	0,64	0,67	0,75
	HARRISON	0,57	0,00	0,14	0,38	0,32	0,28	0,56	0,33	0,49	0,38	0,25	0,46	0,50	0,46	0,40	0,34	0,56	0,55	0,55	0,40	0,55	0,29	0,40	0,35	0,38	0,54	0,55	0,44	0,47	0,55	0,52	0,59	0,78
	MACHAUER ET AL.	0,55	0,14	0,00	0,39	0,33	0,28	0,56	0,33	0,47	0,38	0,25	0,48	0,50	0,49	0,37	0,38	0,58	0,57	0,57	0,38	0,53	0,29	0,37	0,38	0,36	0,51	0,53	0,40	0,45	0,55	0,51	0,60	0,75
	BLECKER ET AL.	0,37	0,38	0,39	0,00	0,23	0,47	0,34	0,44	0,38	0,28	0,43	0,30	0,31	0,34	0,42	0,31	0,73	0,73	0,73	0,50	0,66	0,52	0,43	0,53	0,54	0,60	0,61	0,68	0,44	0,70	0,68	0,71	0,88
	FUNG ET AL.	0,47	0,32	0,33	0,23	0,00	0,49	0,44	0,40	0,42	0,20	0,41	0,35	0,37	0,32	0,43	0,20	0,72	0,71	0,72	0,54	0,70	0,48	0,46	0,51	0,52	0,61	0,63	0,62	0,49	0,71	0,70	0,73	0,90
	FISHER ET AL.	0,61	0,28	0,28	0,47	0,49	0,00	0,57	0,32	0,48	0,48	0,32	0,58	0,52	0,54	0,32	0,54	0,51	0,51	0,51	0,30	0,39	0,20	0,41	0,33	0,26	0,44	0,46	0,33	0,39	0,50	0,45	0,49	0,73
I	BAYER	0,29	0,56	0,56	0,34	0,44	0,57	0,00	0,49	0,35	0,41	0,54	0,39	0,35	0,48	0,40	0,52	0,66	0,66	0,66	0,48	0,66	0,60	0,47	0,54	0,54	0,58	0,56	0,74	0,45	0,71	0,72	0,63	0,84
	DAY ET AL.	0,58	0,33	0,33	0,44	0,40	0,32	0,49	0,00	0,34	0,36	0,21	0,46	0,43	0,51	0,36	0,47	0,48	0,47	0,48	0,34	0,51	0,26	0,34	0,31	0,28	0,41	0,43	0,42	0,31	0,57	0,60	0,51	0,81
	DAI ET AL.	0,36	0,49	0,47	0,38	0,42	0,48	0,35	0,34	0,00	0,42	0,42	0,37	0,31	0,47	0,29	0,52	0,56	0,56	0,60	0,35	0,49	0,49	0,29	0,46	0,41	0,39	0,36	0,57	0,23	0,54	0,57	0,52	0,71
	MYERS	0,52	0,38	0,38	0,28	0,20	0,48	0,41	0,36	0,42	0,00	0,41	0,43	0,33	0,36	0,42	0,31	0,74	0,73	0,73	0,55	0,70	0,43	0,51	0,52	0,49	0,63	0,64	0,62	0,49	0,79	0,76	0,76	0,98
	SRIVASTAVA ET AL.	0,55	0,25	0,25	0,43	0,41	0,32	0,54	0,21	0,42	0,41	0,00	0,43	0,48	0,54	0,42	0,44	0,54	0,53	0,54	0,37	0,57	0,32	0,31	0,38	0,35	0,47	0,49	0,46	0,40	0,57	0,58	0,57	0,79
	DU ET AL.	0,38	0,46	0,48	0,30	0,35	0,58	0,39	0,46	0,37	0,43	0,43	0,00	0,37	0,45	0,51	0,35	0,65	0,65	0,69	0,51	0,70	0,61	0,37	0,52	0,57	0,63	0,61	0,75	0,46	0,67	0,69	0,70	0,80
	NUMMELA	0,42	0,50	0,50	0,31	0,37	0,52	0,35	0,43	0,31	0,33	0,48	0,37	0,00	0,27	0,40	0,39	0,69	0,70	0,72	0,52	0,64	0,54	0,49	0,52	0,54	0,58	0,58	0,70	0,38	0,70	0,69	0,68	0,84
	MANDL ET AL.	0,54	0,46	0,49	0,34	0,32	0,54	0,48	0,51	0,47	0,36	0,54	0,45	0,27	0,00	0,47	0,28	0,74	0,75	0,76	0,61	0,71	0,56	0,61	0,53	0,59	0,66	0,68	0,71	0,49	0,71	0,71	0,72	0,86
	GALLARDO	0,41	0,40	0,37	0,42	0,43	0,32	0,40	0,36	0,29	0,42	0,42	0,51	0,40	0,47	0,00	0,52	0,50	0,50	0,53	0,25	0,34	0,34	0,35	0,35	0,30	0,39	0,36	0,40	0,31	0,46	0,42	0,43	0,65
II	BARAJAS ET AL.	0,54	0,34	0,38	0,31	0,20	0,54	0,52	0,47	0,52	0,31	0,44	0,35	0,39	0,28	0,52	0,00	0,73	0,73	0,73	0,60	0,75	0,53	0,54	0,51	0,58	0,70	0,71	0,69	0,55	0,73	0,72	0,78	0,90
	WONGVASU ET AL.	0,73	0,56	0,58	0,73	0,72	0,51	0,66	0,48	0,56	0,74	0,54	0,65	0,69	0,74	0,50	0,73	0,00	0,07	0,20	0,36	0,40	0,48	0,48	0,29	0,38	0,44	0,39	0,51	0,49	0,38	0,46	0,31	0,58
	RÖSLER	0,73	0,55	0,57	0,73	0,71	0,51	0,66	0,47	0,56	0,73	0,53	0,65	0,70	0,75	0,50	0,73	0,07	0,00	0,18	0,35	0,41	0,46	0,48	0,30	0,37	0,44	0,39	0,49	0,50	0,39	0,46	0,30	0,60
	GIANNOULIS	0,75	0,55	0,57	0,73	0,72	0,51	0,66	0,48	0,60	0,73	0,54	0,69	0,72	0,76	0,53	0,73	0,20	0,18	0,00	0,39	0,48	0,47	0,53	0,31	0,42	0,42	0,42	0,50	0,51	0,42	0,49	0,30	0,64
	SCHUBERT	0,48	0,40	0,38	0,50	0,54	0,30	0,48	0,34	0,35	0,55	0,37	0,51	0,52	0,61	0,25	0,60	0,36	0,35	0,39	0,00	0,27	0,34	0,25	0,29	0,28	0,35	0,31	0,39	0,31	0,36	0,34	0,32	0,59
	PERLICH ET AL.	0,66	0,55	0,53	0,66	0,70	0,39	0,66	0,51	0,49	0,70	0,57	0,70	0,64	0,71	0,34	0,75	0,40	0,41	0,48	0,27	0,00	0,42	0,44	0,40	0,35	0,40	0,35	0,38	0,42	0,36	0,31	0,37	0,57
	TSENG/ HUANG	0,67	0,29	0,29	0,52	0,48	0,20	0,60	0,26	0,49	0,43	0,32	0,61	0,54	0,56	0,34	0,53	0,48	0,46	0,47	0,34	0,42	0,00	0,44	0,29	0,24	0,45	0,47	0,26	0,42	0,55	0,52	0,51	0,80
	EVERSHEIM ET AL.	0,41	0,40	0,37	0,43	0,46	0,41	0,47	0,34	0,29	0,51	0,31	0,37	0,49	0,61	0,35	0,54	0,48	0,48	0,53	0,25	0,44	0,44	0,00	0,41	0,36	0,39	0,36	0,49	0,31	0,46	0,47	0,50	0,65
III	TSENG/ DU	0,62	0,35	0,38	0,53	0,51	0,33	0,54	0,31	0,46	0,52	0,38	0,52	0,52	0,53	0,35	0,51	0,29	0,30	0,31	0,29	0,40	0,29	0,41	0,00	0,30	0,44	0,44	0,39	0,36	0,41	0,43	0,38	0,63
	MCADAMS ET AL.	0,60	0,38	0,36	0,54	0,52	0,26	0,54	0,28	0,41	0,49	0,35	0,57	0,54	0,59	0,30	0,58	0,38	0,37	0,42	0,28	0,35	0,24	0,36	0,30	0,00	0,35	0,32	0,31	0,38	0,48	0,48	0,43	0,70
	HÖLTTÄ-OTTO ET AL.	0,62	0,54	0,51	0,60	0,61	0,44	0,58	0,41	0,39	0,63	0,47	0,63	0,58	0,66	0,39	0,70	0,44	0,44	0,42	0,35	0,40	0,45	0,39	0,44	0,35	0,00	0,14	0,42	0,28	0,41	0,46	0,38	0,66
	PEDERSEN	0,59	0,55	0,53	0,61	0,63	0,46	0,56	0,43	0,36	0,64	0,49	0,61	0,58	0,68	0,36	0,71	0,39	0,39	0,42	0,31	0,35	0,47	0,36	0,44	0,32	0,14	0,00	0,44	0,32	0,38	0,44	0,35	0,61
	BIMLER/ KIRKLAND	0,76	0,44	0,40	0,68	0,62	0,33	0,74	0,42	0,57	0,62	0,46	0,75	0,70	0,71	0,40	0,69	0,51	0,49	0,50	0,39	0,38	0,26	0,49	0,39	0,31	0,42	0,44	0,00	0,48	0,49	0,45	0,51	0,74
	BONGULIELMI	0,49	0,47	0,45	0,44	0,49	0,39	0,45	0,31	0,23	0,49	0,40	0,46	0,38	0,49	0,31	0,55	0,49	0,50	0,51	0,31	0,42	0,42	0,31	0,36	0,38	0,28	0,32	0,48	0,00	0,45	0,48	0,45	0,66
	SCHUH ET AL.	0,66	0,55	0,55	0,70	0,71	0,50	0,71	0,57	0,54	0,79	0,57	0,67	0,70	0,71	0,46	0,73	0,38	0,39	0,42	0,36	0,36	0,55	0,46	0,41	0,48	0,41	0,38	0,49	0,45	0,00	0,18	0,27	0,34
IV	SCHUH ET AL.	0,64	0,52	0,51	0,68	0,70	0,45	0,72	0,60	0,57	0,76	0,58	0,69	0,69	0,71	0,42	0,72	0,46	0,46	0,49	0,34	0,31	0,52	0,47	0,43	0,48	0,46	0,44	0,45	0,48	0,18	0,00	0,37	0,41
	SCHUH ET AL.	0,67	0,59	0,60	0,71	0,73	0,49	0,63	0,51	0,52	0,76	0,57	0,70	0,68	0,72	0,43	0,78	0,31	0,30	0,30	0,32	0,37	0,51	0,50	0,38	0,43	0,38	0,35	0,51	0,45	0,27	0,37	0,00	0,49
	DISSERTATION	0,75	0,78	0,75	0,88	0,90	0,73	0,84	0,81	0,71	0,98	0,79	0,80	0,84	0,86	0,65	0,90	0,58	0,60	0,64	0,59	0,57	0,80	0,65	0,63	0,70	0,66	0,61	0,74	0,66	0,34	0,41	0,49	0,00

Abbildung A-4: Distanzmatrix der bestehenden Ansätze

8 Literaturverzeichnis

Albers, S., Optimale Auswahl von Produkteigenschaften. In: Albers, S., Herrmann, A. (Hrsg.): Handbuch Produktmanagement: Gabler Verlag, 2007, S. 363-394.

Albert, H., Marktsoziologie und Entscheidungslogik - Ökonomische Probleme in soziologischer Perspektive (Reihe: Soziologische Texte, Bd. 36), Neuwied am Rhein: Luchterhand, 1967.

Aldanondo, M., Vareilles, E., Configuration for mass customization: how to extend product configuration towards requirements and process configuration. In: J Intell Manuf, 19. Jg., Nr. 5, 2008, S. 521–535.

Anderson, D. M., Agile Product Development for Mass Customization, Chicago: Irwin, 1997.

Arnoscht, J., Beherrschung von Komplexität bei der Gestaltung von Baukastensystemen, Aachen: Apprimus Wissenschaftsverlag, 2011.

Backhaus, K., Multivariate Analysemethoden - Eine anwendungsorientierte Einführung, 4. Aufl., Berlin, Heidelberg [etc.]: Springer-Verl, 1987.

Backhaus, K., Industriegütermarketing (Reihe: Vahlens Handbücher der Wirtschafts- und Sozialwissenschaften), 7. Aufl., München: Vahlen, 2003.

Bär, W., Produktionsplanung und Auftragsbearbeitung im Industriebetrieb, Wiesbaden: Gabler Verlag, 1977.

Barajas, M., Agard, B., Iterative product configuration with fuzzy logic. In: International Conference on Industrial Engineering, IESM 2009, Montreal, Canada.

Baumberger, G. C., Methoden zur kundenspezifischen Produktdefinition bei individualisierten Produkten, Dissertation, Technische Universität München, München, 2007.

Bayer, T., Integriertes Variantenmanagement - Variantenkostenbewertung mit faktorenanalytischen Komplexitätstreibern (Reihe: Schriften zu Management, Organisation und Information, Bd. 25), 1. Aufl., München, Mering: Hampp, 2010.

Beane, T. P., Ennis, D. M., Market segmentation: a review. In: European Journal of Marketing, 21. Jg., Nr. 5, 1987, S. 20–42.

Bieniek, C., Prozessorientierte Produktkonfiguration zur integrierten Auftragsabwicklung bei Variantenfertigern, Techn. Univ, Aachen, Braunschweig, 2001.

Bimler, D., Kirkland, J., Perceptual modelling of product similarities using sorting data. In: Marketing Bulletin - Department of Marketing Massey University, 9. Jg., 1998, S. 16–27.

Bimler, D., Kirkland, J., Smoke and Mirrors: Mapping the Dimensions of a Cigarette space'. In: Quality and Quantity, 37. Jg., Nr. 4, 2003, S. 377–391.

Binder, V. A., Kantowsky, J., Technologiepotentiale, Zugl.: St. Gallen, Univ., Diss., 1996, 1996.

Blecker, T., Abdelkafi, N., Kaluza, B., Friedrich, G., Key Metrics System for Variety Steering in Mass Customization. In: Piller, F. T., Reichwald, R., Tseng, M. (Hrsg.): Competitive Advantage Through Customer Interaction- Leading Mass Customization and Personalization from the Emerging State to a Mainstream Model. (Reihe: Proceedings of the 2nd Interdisciplinary World Congress on Mass Customization and Personalization - MCPC'03), 2003, S. 1–27.

Blecker, T., Abdelkafi, N., Kreutler, G., Friedrich, G., Product Configuration Systems: State of the Art, Conceptualization and Extensions. In: Proceedings of the Eight Maghrebian Conference on Software Engineering and Artificial Intelligence (MCSEAI), 2004, S. 25–36.

Boas, R. C., Commonality in Complex Product Families: Implications of Divergence and Lifecycle Offsets, 2008.

Bongulielmi, L., Die Konfigurations- & Verträglichkeitsmatrix als Beitrag zur Darstellung konfigurationsrelevanter Aspekte im Produktentstehungsprozess: ETH Zurich, 2003.

Borg, I., Explorative Multidimensionale Skalierung. In: Österreichische Zeitschrift für Soziologie, 25. Jg., Nr. 4, 2000, S. 42–62.

Borg, I., Groenen, P. J. F., Modern multidimensional scaling - Theory and applications: Springer, 2005.

Borg, I., Groenen, P. J. F., Mair, P., Multidimensionale Skalierung (Reihe: Sozialwissenschaftliche Forschungsmethoden, Bd. 1), 1. Aufl., München, Mering: Hampp, 2010.

Bortz, J., Statistik für Sozialwissenschaftler (Reihe: Springer-Lehrbuch), Berlin: Springer, 1993.

Brinkop, A., Marktführer Produktkonfiguration.

Brosius, F., SPSS 14 (Reihe: Datenbanken), Heidelberg: Mitp, 2006.

Brown, D. C., Defining Configuring, 1998.

Buchner, K., Ullsberger, B., Elektronische Kataloge im Investitionsgütervertrieb. In: CIM Management, Nr. 5, 1995, S. 15–17.

Buttler, G., Ein einfaches Verfahren zur Identifikation von Ausreißern bei multivariaten Daten, 1996, URL: http://www.statistik.wiso.uni-erlangen.de/forschung/d0009.pdf.

Canning Jr, G., Do a value analysis of your customer base. In: Industrial Marketing Management, 11. Jg., Nr. 2, 1982, S. 89–93.

Coenenberg, A. G., Kostenrechnung und Kostenanalyse, 4., aktualisierte Aufl., Landsberg/Lech: Verl. Moderne Industrie, 1999.

Cornelsen, J., Kundenwertanalysen im Beziehungsmarketing - Theoretische Grundlegung und Ergebnisse einer empirischen Studie im Automobilbereich (Reihe: Schriften zum innovativen Marketing, Bd. 3), Nürnberg: GIM, 2000.

Cornet, A., Plattformkonzepte in der Automobilentwicklung, 1. Aufl., Wiesbaden: Dt. Univ.-Verl., 2002.

Dai, Z., Scott, M. J., Product platform design through sensitivity analysis and cluster analysis. In: J Intell Manuf, 18. Jg., Nr. 1, 2007, S. 97–113.

Day, G. S., Shocker, A. D., Srivastava, R. K., Customer-Oriented Approaches to Identifying Product-Markets. In: Journal of Marketing, 43. Jg., Nr. 4, 1979, S. 8–19.

Dellanoi, R., Kommunalitäten bei der Entwicklung variantenreicher Produktfamilien, St. Gallen, Univ., Diss., 2006, 2006.

DIN Deutsches Institut für Normierung, DIN 199, Teil 2: Begriffe im Zeichnungs- und Stücklistenwesen, 1977.

DIN Deutsches Institut für Normierung, Qualitätsmanagement – - Leitfaden für Konfigurationsmanagement (ISO 10007:2003), 2004.

Du, X., Jiao, J., Tseng, M. M., Identifying customer need patterns for customization and personalization. In: Integrated Manufacturing Systems, 14. Jg., Nr. 5, 2003, S. 387–396.

Ehrlenspiel, K., Integrierte Produktentwicklung, 4. Aufl.: Hanser, 2009.

Ehrlenspiel, K., Kostengünstig Entwickeln und Konstruieren (Reihe: VDI-Buch), Berlin, Heidelberg: Springer Berlin Heidelberg, 2014.

Ehrlenspiel, K., Kiewert, A., Lindemann, U., Kostengünstig entwickeln und konstruieren - Kostenmanagement bei der integrierten Produktentwicklung (Reihe: VDI), 5., bearb. Aufl., Berlin, Heidelberg, New York: Springer, 2005.

Ellis, N., Business to business marketing - Relationships, networks and strategies: Oxford University Press, 2010.

ElMaraghy, H., Schuh, G., ElMaraghy, W., Piller, F., Schönsleben, P., Tseng, M., Bernard, A., Product variety management. In: CIRP Annals-Manufacturing Technology, 62. Jg., Nr. 2, 2013, S. 629–652.

Engesser, H., Claus, V. (Hrsg.), Duden Informatik - Ein Sachlexikon für Studium und Praxis, 2., vollst. überarb. und erw. Aufl., korr. Nachdr., Mannheim: Dudenverl., 1993.

Eversheim, W., Schmidt, R., Saretz, B., 1994, Systematische Ableitung von Produktmerkmalen aus Marktbedürfnissen. In: io Management Zeitschrift, 63. Jg., 1994, Nr. 1, S. 66–70.

Felfernig, A., Friedrich, G., Jannach, D., Intelligente Produktkonfiguratoren als Voraussetzung für maßgeschneiderte Massenprodukte. In: e&i, 116. Jg., Nr. 3, 1999, S. 201–207.

Felfernig, A., Hotz, L., Bagley, C., Tiihonen, J. (Hrsg.), Knowledge-based Configuration - From Research to Business Cases, Amsterdam: Morgan Kaufmann is an imprint of Elsevier, 2014.

Felfernig, A., Mandl, M., Tiihonen, J., Schubert, M., Leitner, G., Personalized user interfaces for product configuration. In: Proceedings of the 15th international conference on Intelligent user interfaces, Hong Kong, China: ACM, 2010, S. 317–320.

Firchau, N. L., Variantenoptimierende Produktgestaltung, Dissertation, Technische Universität Braunschweig, Braunschweig, 2003.

Fisher, M., Vaidyanathan, R., Das Richtige auf Lager haben. In: Harvard business manager, Februar, 2013, S. 58–71.

Flint, D. J., Woodruff, R. B., The initiators of changes in customers' desired value - Results from a theory building study. In: Industrial Marketing Management, 30. Jg., Nr. 4, 2001, S. 321–337.

Franke, N., Piller, F., Value Creation by Toolkits for User Innovation and Design - The Case of the Watch Market. In: Journal of Product Innovation Management, 21. Jg., Nr. 6, 2004, S. 401–415.

Freter, H., Markt- und Kundensegmentierung - Kundenorientierte Markterfassung und -bearbeitung (Reihe: Kohlhammer-Edition Marketing), 2. Aufl., Stuttgart: Kohlhammer, 2008.

Friedli, T., Götzfried, M., Report: Complexity Management Survey 2011/2012 - Exclusive Analysis for survey participants, Institute of Technology Management University of St. Gallen, Februar 2012.

Fung, R. Y. K., Popplewell, K., Xie, J., An intelligent hybrid system for customer requirements analysis and product attribute targets determination. In: International Journal of Production Research, 36. Jg., Nr. 1, 1998, S. 13–34.

Gallardo, J. E. A., Managing Configuration Options for Build-to-Order highly Customized Products with Application to Specialty Vehicles, 2010.

Gelbrich, K., Kundenwert - Wertorientierte Akquisition von Kunden im Automobilbereich, 1. Aufl., Göttingen: Cuvillier, 2001.

Giannoulis, D., Modellgestützte Montagekostenprognose für die Einzel- und Kleinserienfertigung im Maschinenbau, Zugl.: Bochum, Univ., Diss., 2005, Aachen, 2006.

Göpfert, J., Modulare Produktentwicklung - Zur gemeinsamen Gestaltung von Technik und Organisation, Wiesbaden, Cottbus: Dt. Univ.-Verl. [u.a.], 1998.

Götzfried, M., Managing Complexity Induced by Product Variety in Manufacturing Companies, Dissertation, Universität St. Gallen, St. Gallen, 2013.

Groenen, P. J. F., Borg, I., The Past, Present, and Future of Multidimensional Scaling. In: Blasius, J., Greenacre, M. (Hrsg.): Visualization and verbalization of data, Boca Raton, Fla: CRC Press Taylor & Francis, 2014, S. 96–116.

Große-Heitmeyer, V., Wiendahl, H.-P., Einführung. In: Wiendahl, H.-P., Gerst, D., Keunecke, L. (Hrsg.): Variantenbeherrschung in der Montage- Konzept und Praxis der flexiblen Produktionsendstufe, Berlin, Heidelberg: Springer Berlin Heidelberg, 2004, S. 3–15.

Hamilton, R. W., Koukova, N. T., Choosing options for products - The effects of mixed bundling on consumers' inferences and choices. In: Journal of the Academy of Marketing Science, 36. Jg., Nr. 3, 2008, S. 423–433.

Handl, A., Niermann, S., Multivariate Analysemethoden - Theorie und Praxis multivariater Verfahren unter besonderer Berücksichtigung von S-PLUS (Reihe: Statistik und ihre Anwendungen), 2. Aufl., Berlin, Heidelberg: Springer, 2010.

Hans, L., Grundlagen der Kostenrechnung (Reihe: Managementwissen für Studium und Praxis), München, Wien: Oldenbourg, 2002.

Harrison, T. S., Mapping customer segments for personal financial services. In: International Journal of Bank Marketing, 12. Jg., Nr. 8, 1994, S. 17–25.

Heiderich, T., Schotten, M., Prozesse. In: Luczak, H., Eversheim, W. (Hrsg.): Produktionsplanung und -steuerung. (Reihe: VDI), Berlin: Springer, 1999, S. 75–143.

Heina, J., Variantenmanagement - Integrierte Kosten-Nutzen-Bewertung zur Optimierung der Variantenvielfalt (Reihe: Gabler Edition Wissenschaft), Wiesbaden: Dt. Univ.-Verl., 1999.

Helm, S., Günter, B., Kundenwert - Eine Einführung in die theoretischen und praktischen Herausforderungen der Bewertung von Kundenbeziehungen. In: Günter, B., Helm, S. (Hrsg.): Kundenwert: Gabler Verlag, 2006, S. 3-38.

Henseler, P., Die Konfigurations- und Verträglichkeitsmatrix als Beitrag für eine differenzierte Betrachtung von Konfigurationsproblemen, Zugl.: Zürich, Eidgenössische Techn. Hochsch., Diss., 2003, Düsseldorf, 2004.

Höhne, G., Schneider, H., Produktkonfiguration und Kostenprognose in frühen Entwurfsphasen. In: Effektive Entwicklung und Auftragsabwicklung variantenreicher Produkte, VDI Bericht 1434, Tagung Würzburg, 07./08.10.1998, 1998, S. 197–212.

Hölttä, K., Tang, V., Seering, W. P., Modularizing Product Architectures using Dendrograms. In: Proceedings of the International Conference on Engineering Design (ICED 03), 2003.

Hölttä-Otto, K., Tang, V., Otto, K., Analyzing module commonality for platform design using dendrograms. In: Res Eng Design, 19. Jg., 2-3, 2008, S. 127–141.

Homburg, C., Daum, D., Wege aus der Komplexitätsfalle. In: ZFW, 7-8, 1997, S. 333–335.

Horváth, P., Mayer, R., Prozesskostenrechnung - Der neue Weg zu mehr Kostentransparenz und wirkungsvolleren Unternehmensstrategien. In: Controlling, Nr. 1, 1989, S. 214–219.

Horváth, P., Mayer, R., Prozesskostenrechnung - Konzeption und Entwicklung. In: krp-Kostenrechnungspraxis, Sonderheft 2, 1993, S. 15–18.

Hubka, V., Theorie technischer Systeme - Grundlage einer wissenschaftlichen Konstruktionslehre, 2., völlig neu bearb. und erw. Aufl., Berlin: Springer, 1984.

Hüllenkremer, M., Rationalisierung von Vertrieb bis Produktion. In: International Journal of Interoperability in Business Information Systems, 3. Jg., Nr. 2, 2009, S. 61–68.

Hussy, W., Schreier, M., Echterhoff, G., Forschungsmethoden in Psychologie und Sozialwissenschaften für Bachelor, Berlin, Heidelberg: Springer Berlin Heidelberg, 2010.

Hvam, L., Mortensen, N. H., Riis, J., Product customization, Berlin, Heidelberg: Springer, 2008.

Jiao, J., Tseng, M. M., Fundaments of product family architecture. In: Integrated Manufacturing Systems, 11. Jg., Nr. 7, 2000, S. 469–493.

Jiao, J., Tseng, M. M., Understanding product family for mass customization by developing commonality indices. In: Journal of Engineering Design, 11. Jg., Nr. 3, 2000, S. 225–243.

Kaplan, R. S., Cooper, R., Prozesskostenrechnung als Managementinstrument, Frankfurt/M.: Campus-Verl., 1999.

Kilger, W., Einführung in die Kostenrechnung, 3., durchges. Aufl., Wiesbaden: Gabler, 1987.

Kleinaltenkamp, M., Plinke, W., Technischer Vertrieb - Grundlagen des Business-to-Business Marketing (Reihe: Technischer Vertrieb), 2., neu bearb. u. erw. Aufl., Berlin, Heidelberg: Springer, 2000.

Knobloch, B., Customer Relationship Analytics - aus Kundenbeziehungen lernen. In: Neckel, P., Knobloch, B. (Hrsg.): Customer relationship analytics- Praktische Anwendung des Data-Mining im CRM, 1. Aufl., Heidelberg: Dpunkt-Verl., 2005, S. 47–88.

Koch, M. J., Die Marktsegmentierung als Ansatz zur Modellierung von (unbeobachteten) heterogenem Konsumentenverhalten unter Verwendung von Finiten Mischungsmodellen, Zugl.: Greifswald, Univ., Diss., 2005, Frankfurt am Main, 2006.

Koller, R., Konstruktionslehre für den Maschinenbau, Berlin: Springer, 1998.

Korreck, A., Methodik zur markt- und kostenorientierten Variantenplanung, Zugl.: Aachen, Techn. Hochsch., Diss., 2001, Aachen, 2002.

Kortmann, D., Strategien zur profitablen Variantenkonfiguration. In: International Journal of Interoperability in Business Information Systems, 3. Jg., Nr. 2, 2009, S. 57–60.

Köster, O., Strategische Disposition, Dissertation, Universität St. Gallen, St. Gallen, 1998.

Krafft, M., Albers, S., 2000, Ansätze zur Segmentierung von Kunden - Wie geeignet sind herkömmliche Konzepte? In: Betriebswirtschaftliche Forschung, 52. Jg., 2000, S. 515–526.

Kruschwitz, L., Investitionsrechnung (Reihe: Internationale Standardlehrbücher der Wirtschafts- und Sozialwissenschaften), 11., aktualisierte und erw. Aufl., München: Oldenbourg, 2007.

Kruskal, J. B., On the shortest spanning subtree of a graph and the traveling salesman problem. In: Proceedings of the American Mathematical society, 7. Jg., Nr. 1, 1956, S. 48–50.

Kruskal, J. B., Multidimensional scaling by optimizing goodness of fit to a nonmetric hypothesis. In: Psychometrika, 29. Jg., Nr. 1, 1964, S. 1–27.

Kubicek, H., Heuristische Bezugsrahmen und heuristisch angelegte Forschungsdesigns als Elemente einer Konstruktionsstrategie empirischer Forschung. In: Conference Proceedings, International Conference on Data and Knowledge Systems for Manufacturing and Engineering, May 2-4, 1994, Chinese University of Hong Kong, Hong Kong: Chinese University of Hong Kong, S. 1–37.

Kuhn, T. S., Die Struktur wissenschaftlicher Revolutionen (Reihe: Suhrkamp-Taschenbuch Wissenschaft, Bd. 25), 2., rev. und um das Postskriptum von 1969 erg. Aufl., [Nachdr.], Frankfurt am Main: Suhrkamp, 2001.

Kwasniok, T., Kilimann, S., Mastering Product Complexity, Düsseldorf: Roland Berger Strategy Consultants GmbH, 2012.

Lakatos, I., Falsifikation und die Methodologie wissenschaftlicher Forschungsprogramme. In: Lakatos, I., Feyerabend, P. K. (Hrsg.): Kritik und Erkenntnisfortschritt. (Reihe: Wissenschaftstheorie, Wissenschaft und Philosophie, Bd. 9), Braunschweig: Vieweg, 1974.

Lehrstuhl für empirische Wirtschafts- und Sozialforschung, Fachbereich Wirtschaftswissenschaft, 2001, Multidimensionale Skalierung.

Lenders, M., Beschleunigung der Produktentwicklung durch Lösungsraum-Management, Zugl.: Aachen, Techn. Hochsch., Diss., 2009, 2009.

Lindemann, U., Reichwald, R., Zäh, M. F., Individualisierte Produkte - Komplexität beherrschen in Entwicklung und Produktion (Reihe: SpringerLink : Bücher), Berlin, Heidelberg: Springer, 2006.

Link, J., Hildebrand, V., Database marketing und computer aided selling - Strategische Wettbewerbsvorteile durch neue informationstechnologische Systemkonzeptionen, München: Vahlen, 1993.

MacCarthy, B. L., Brabazon, P. G., Bramham, J., Key value attributes in mass customization. In: Rautenstrauch, C., Seelmann-Eggebert, R., Turowski, K. (Hrsg.): Moving into Mass Customization- Information Systems and Management Principles: Springer Berlin Heidelberg, 2002, S. 71–87.

Machauer, A., Morgner, S., Segmentation of bank customers by expected benefits and attitudes. In: International Journal of Bank Marketing, 19. Jg., Nr. 1, 2001, S. 6–18.

Mandl, M., Felfernig, A., Tiihonen, J., Evaluating Design Alternatives for Feature Recommendations in Configuration Systems. In: Proceedings of the IEEE Conference on Commerce and Enterprise Computing, 2011, S. 34–41.

Männel, W., Kostenmanagement als Aufgabe der Unternehmensführung. In: Kostenrechnungspraxis, Nr. 4, 1993, S. 210–213.

Marbacher, A., Demand- & Supply-chain-Management - Zentrale Aspekte der Gestaltung und Überwachung unternehmensübergreifender Leistungserstellungsprozesse betrachtet aus der Perspektive eines Markenartikelherstellers der Konsumgüterindustrie (Reihe: Schriftenreihe Logistik der Kühne-Stiftung, Bd. 1), Bern [u.a.]: Haupt, 2001.

Martens, J., Statistische Datenanalyse mit SPSS für Windows: Oldenbourg, 2003.

Mayer, R., Prozesskostenrechnung. In: krp, 5. Jg., 1990, S. 307–312.

Mayer, R., Prozesskostenrechnung und Prozesskostenmanagement - Konzept, Vorgehensweise und Einsatzmöglichkeiten. In: IFUA Horvath & Partner (Hrsg.): Prozesskostenmanagement- Methodik, Implementierung, Erfahrungen, München: Vahlen, 1991, S. 75–99.

McAdams, D. A., Stone, R. B., Wood, K. L., Functional interdependence and product similarity based on customer needs. In: Research in Engineering Design, 11. Jg., Nr. 1, 1999, S. 1–19.

McAdams, D. A., Wood, K. L., A Quantitative Similarity Metric for Design-by-Analogy. In: J. Mech. Des., 124. Jg., Nr. 2, 2002, S. 173.

Mittal, S., Frayman, F., Towards a generic model of configuration tasks. In: Sridharan, N. S. (Hrsg.): Eleventh International Joint Conference on Artificial Intelligence-August 20-25, 1989, Detroit, Michigan, USA, San Mateo: M. Kaufmann, 1989, S. 1395–1401.

Möller, H. P., Zimmermann, J., Grundzüge der Erlös- und Kostenrechnung - Eine Einführung in das interne betriebswirtschaftliche Rechnungswesen mit Aufgaben, 2., überarb. und erg. Aufl., Aachen: Verl. Mainz Wiss.-Verl., 2004.

Myers, J. H., Benefit Structure Analysis: A New Tool for Product Planning. In: Journal of Marketing, 40. Jg., Nr. 4, 1976, S. 23–32.

Nadig, L., Prozesskostenrechnung in Theorie und Praxis (Reihe: Kostenrechnung & Controlling, Bd. 3), Zürich: Schulthess, 2000.

Nummela, J., Matrix Based Method for Maintaining Configuration Knowledge. In: Lehtonen, T., Pulkkinen, A., Riitahuhta, A. (Hrsg.): Proceedings of NordDesign 2004, 18-20 August 2004, Tampere, Finland, 2004, S. 299–308.

o.V., Duden, 24. Aufl., Mannheim: Bibliografisches Institut & F.A. Brockhaus AG, 2006.

o.V., Facts & Figures zu Bits & Bytes. In: Innovationsmanager, März, 2014, S. 28–29.

Orlik, P., Theoretische und experimentelle Beiträge zur Psychologie der Ähnlichkeit im Lichte der Bezugsystemforschung, Tübingen, Univ., Diss., 1963, 1963.

Pahl, G., Beitz, W., Konstruktionslehre, 4., neubearb. u. erw. Aufl., Berlin: Springer, 1997.

Patzak, G., Systemtechnik, Berlin: Springer, 1982.

Pedersen, K., Designing Platform Families, The G.W. Woodruff School of Mechanical Engineering, Atlanta, GA, Georgia Tech., 1999.

Perlich, C., Rosset, S., Identifying Bundles of Product Options using Mutual Information Clustering. In: Proceedings of the 2007 SIAM International Conference on Data Mining, 2007, S. 390–397.

Pfitzner, K., Fallbasiertes Konfigurieren technischer Systeme, Hamburg, Universität, Hamburg, 1993.

Piller, F. T., Mass Customization - Reflections on the State of the Concept. In: International Journal of Flexible Manufacturing Systems, 16. Jg., Nr. 4, 2004, S. 313–334.

Piller, F. T., Mass Customization, Teilw. zugl.: Würzburg, Univ., Diss. 1999 u.d.T.: Piller, Frank Thomas: Kundenindividuelle Massenproduktion (Mass Customization) als wettbewerbsstrategisches Modell industrieller Wertschöpfung in der Informationsgesellschaft, 2008.

Piller, F. T., Ihl, C., Mythos Mass Customization: Buzzword oder praxisrelevante Wettbewerbsstrategie. In: Warum viele Unternehmen trotz der Nutzenpotentiale kundenindividueller Massenproduktion an der Umsetzung scheitern, Arbeitsbericht, Nr. 32, 2002.

Piller, F. T., Moeslein, K., Stotko, C. M., Does mass customization pay? - An economic approach to evaluate customer integration. In: Production Planning & Control, 15. Jg., Nr. 4, 2004, S. 435–444.

Piller, F. T., Tseng, M. M. (Hrsg.), Handbook of research in mass customization and personalization, Singapore: World Scientific, 2010.

Popper, K. R., Die Logik der Sozialwissenschaften. In: Adorno, T. W. (Hrsg.): Der Positivismusstreit in der deutschen Soziologie. (Reihe: Sammlung Luchterhand, Bd. 72), 6. Aufl., Darmstadt: Luchterhand, 1978, S. 103–123.

Preißler, P. R., Entscheidungsorientierte Kosten- und Leistungsrechnung (Reihe: Intensivkurs Betriebswirtschaftslehre), 3., völlig neu bearb. Aufl., München: Oldenbourg, 2005.

Pulkkinen, A., A Framework for Supporting Development of Configurable Product Families. In: Proceedings of NordDesign 2000, Technical University of Denmark, Lyngby, Denmark, 2000.

Puls, C., Die Konfigurations- und Verträglichkeitsmatrix als Beitrag zum Management von Konfigurationswissen in KMU, Dissertation, ETH Zürich, Zürich, 2002.

Pümpin, C., Das Dynamik-Prinzip - Zukunftsorientierungen für Unternehmer und Manager (Reihe: ETB, Bd. 21169 : ECON-Praxis), Düsseldorf: ECON-Taschenbuch-Verl., 1992.

Rapp, T., Produktstrukturierung, Dissertation, Hochschule St. Gallen, St. Gallen, 1999.

REFA - Verband für Arbeitsstudien und Betriebsorganisation, Methodenlehre der Betriebsorganisation - Planung und Steuerung, München: Hanser, 1991.

Reinhold, M., Mehr Transparenz. In: Chemie Technik, 2008, S. 18–20.

Rennekamp, M., Methode zur Bewertung des Komplexitätsgrades von Unternehmen, Aachen: Apprimus-Verl, 2013.

Reutterer, T., Bestandsaufnahme und aktuelle Entwicklungen bei der Segmentierungsanalyse von Produktmärkten. In: Journal für Betriebswirtschaft, 53. Jg., Nr. 2, 2003, S. 52–74.

Rösler, M., Kontextsensitives Kosteninformationssystem zur Unterstützung frühzeitiger Produktkostenexpertisen im Angebotsengineering, Zugl.: Chemnitz, Techn. Univ., Diss., 2004, 2005.

Rudolf, S., Produktionsgerechte Baukastengestaltung: Apprimus Wissenschaftsverlag, 2014.

Rudolf-Sipötz, E., Tomczak, T., Kundenwert in Forschung und Praxis (Reihe: Thexis Fachbericht für Marketing, Bd. 2001/2), St. Gallen: Verlag Thexis, [c/o] Institut für Marketing und Handel an der Universität St. Gallen, 2001.

Rust, U., Effiziente Verkaufsgespräche dank intelligenter Technologie. In: Sonderdruck IO Management Zeitschrift, Nr. 6, 1998.

Rüth, D., Kostenrechnung, 3., überarb. Aufl., München: Oldenbourg, 2012.

Salvador, F., De Holan, Pablo Martin, *Piller, F.*, Cracking the code of mass customization. In: MIT Sloan Management Review, 50. Jg., Nr. 3, 2009, S. 71–78.

Sauerwein, E., Das Kano-Modell der Kundenzufriedenheit - Reliabilität und Validität einer Methode zur Klassifizierung von Produkteigenschaften (Reihe: Gabler Edition Wissenschaft), Wiesbaden: Dt. Univ.-Verl., 2000.

Schanz, G., Wissenschaftsprogramme der Betriebswirtschaftslehre. In: Bea, F. X., Friedl, B., Schweitzer, M. (Hrsg.): Grundfragen, Stuttgart: Lucius & Lucius, 2009, S. 81–159.

Schemuth, J., Möglichkeiten und Grenzen der Bestimmung des Wertes eines Kunden für ein Unternehmen der Automobilindustrie - Darstellung am Beispiel eines Käufers der C-Klasse von Mercedes-Benz (Reihe: Schriftenreihe Schwerpunkt Marketing : […], Arbeitspapier, Bd. 74), München: FGM-Verl., 1996.

Schnell, R., Hill, P. B., Esser, E., Methoden der empirischen Sozialforschung, 7. Aufl., München: Oldenbourg, 2005.

Schomburg, E., Entwicklung eines betriebstypologischen Instrumentariums zur systematischen Ermittlung der Anforderungen an EDV-gestützte Produktionsplanungs- und -steuerungssysteme im Maschinenbau, Dissertation, RWTH Aachen, Aachen, 1980.

Schönsleben, P., Integrales Logistikmanagement - Planung und Steuerung der umfassenden Supply Chain, 4. Aufl., Berlin [u.a.]: Springer, 2004.

Schubert, S., Methodik zur Planung vielfaltsoptimierter Produktfamilien (Reihe: Schriftenreihe Produktentwicklung und Konstruktionsmethodik, Bd. 16), Aachen: Shaker, 2013.

Schuh, G., Gestaltung und Bewertung von Produktvarianten, Aachen, Techn. Hochsch., Aachen, 1988.

Schuh, G., Produktkomplexität managen - Strategien - Methoden - Tools, 2. Aufl., München [u.a.]: Hanser, 2005.

Schuh, G., Innovationsmanagement - Handbuch Produktion und Management 3. In: Innovationsmanagement, 2012.

Schuh, G., Lean Innovation (Reihe: VDI-Buch), Berlin, Heidelberg: Springer Berlin Heidelberg, 2013.

Schuh, G., Aleksic, S., Arnoscht, J., Module based release planning for technical changes. In: Proceedings of the Portland International Conference on Management of Engineering & Technology (PICMET 2013), 2013.

Schuh, G., Aleksic, S., Rudolf, S., Module-based release management for technical changes. In: Selvaraj, H., Zydek, D., Chmaj, G. (Hrsg.): Progress in systems engineering- Proceedings of the twenty-third International Conference on Systems Engineering. (Reihe: Advances in Intelligent Systems and Computing, Bd. 1089): Springer, 2015, S. 293–298.

Schuh, G., Arnoscht, J., Bohl, A., Nußbaum, C., Integrative assessment and configuration of production systems. In: CIRP Annals - Manufacturing Technology, 60. Jg., Nr. 1, 2011, S. 457–460.

Schuh, G., Arnoscht, J., Nußbaum, C., Produktarchitekturen richtig gestalten - Ein Weg zum variantenoptimierten Produktprogramm. In: Industrie Management, Nr. 6, 2007, S. 29–32.

Schuh, G., Dölle, C., Riesener, M., Rudolf, S., Lean Innovation durch globales Komplexitätsmanagement. In: Brecher, C., Klocke, F., Schmitt, R., Schuh, G. (Hrsg.): Integrative Produktion- Industrie 4.0 - Aachener Perspektiven, Aachen: Shaker Verlag, 2014, S. 145–169.

Schuh, G., Kaiser, A., Kostenmanagement in Entwicklung und Produktion mit der Ressourcenorientierten Prozesskostenrechnung. In: Männel, W. (Hrsg.): Prozesskostenrechnung. (Reihe: KRP-Edition), Wiesbaden: Gabler, 1995, S. 369–382.

Schuh, G., Kreysa, J., Orilski, S., Integrierte Produktionstechnik. In: Schuh, G., Klocke, F., Brecher, C., Schmitt, R. (Hrsg.): Excellence in Production, Aachen: Apprimus, 2007, S. 31–53.

Schuh, G., Riesener, M., Rudolf, S., Identifying preferable product variants using similarity analysis. In: Proceedings of the 2nd International Conference on Ramp-Up Management (ICRM 2014), Aachen, Deutschland, 2014.

Schuh, G., Rudolf, S., Riesener, M., Similarity-based Product Configuration. In: Proceedings of the 47th CIRP Conference on Manufacturing Systems (CMS 2014), Windsor, Canada, 28-30 April 2014, 2014, S. 664–669.

Schuh, G., Rudolf, S., Riesener, M., Brüchmann, S., Smart Product Variety - Komplexitätskostenoptimierung neuer Produktvarianten durch Ähnlichkeitsanalysen. In: ZWF - Zeitschrift für wirtschaftlichen Fabrikbetrieb, 109. Jg., Nr. 5, 2014, S. 297–300.

Schuh, G., Schwenk, U., Produktkomplexität managen - Strategien - Methoden - Tools, München: Hanser, 2001.

Schwartz, B., The paradox of choice - Why more is less, Reissued, New York, NY: Harper Perennial, 2007.

Siebertz, K., van Bebber, D., Hochkirchen, T., Statistische Versuchsplanung (Reihe: VDI-Buch): Springer London, Limited, 2010.

Smith, W. R., Product differentiation and market segmentation as alternative marketing strategies. In: Journal of marketing : a quarterly publication of the American Marketing Association, 21. Jg., Nr. 1, 1956, S. 3–8.

Srivastava, R. K., Alpert, M. I., Shocker, A. D., A Customer-Oriented Approach for Determining Market Structures. In: Journal of Marketing, 48. Jg., Nr. 2, 1984, S. 32–45.

Stachowiak, H., Allgemeine Modelltheorie, Wien, New York: Springer, 1973.

Steger, J., Kosten- und Leistungsrechnung - Arbeitsbuch mit Aufgaben, Testfragen, Fallstudien und Lösungen, 2., aktualisierte und erw. Aufl., München: Oldenbourg, 2009.

Stein, B., Suermann, M., Büning, H. K., Kelbassa, H.-W., Reckmann, A., Tellmann, R., Thurau, C., Wiegard, H.-G., Fallbasiertes Schließen – Case-Based Reasoning - Grundlagen und Anwendung für Konstruktions- und Entwurfsaufgaben. In: Notes in Computer Science (tr-ri-07-279), University of Paderborn, Germany, Computer Science Institute, 2007.

Steiner, F., Solution space development for mass customization, Zugl.: Aachen, Techn. Hochsch., Diss., 2014, 2014.

Stumptner, M., An overview of knowledge-based configuration. In: Artificial Intelligence Communications, Nr. 10, 1997, S. 111–125.

Tomczak, T., Rudolf-Sipötz, E., Bestimmungsfaktoren des Kundenwertes: Ergebnisse einer branchenübergreifenden Studie. In: Günter, B., Helm, S. (Hrsg.): Kundenwert: Gabler Verlag, 2006, S. 127-155.

Tseng, M. M., Du, X., Design by customers for mass customization products. In: CIRP Annals-Manufacturing Technology, 47. Jg., Nr. 1, 1998, S. 103–106.

Tseng, M. M., Piller, F., The customer centric enterprise - Advances in mass customization and personalization: Springer Science & Business Media, 2011.

Tseng, T., Huang, C.-C., Rough set-based approach to feature selection in customer relationship management. In: Omega, 35. Jg., Nr. 4, 2007, S. 365–383.

Tversky, A., Kahneman, D., Judgment under Uncertainty: Heuristics and Biases. In: Science (New York, N.Y.), 185. Jg., Nr. 4157, 1974, S. 1124–1131.

Ulrich, H., Management, Bern: Haupt, 1984.

Ulrich, K., The role of product architecture in the manufacturing firm. In: Research Policy, 24. Jg., Nr. 3, 1995, S. 419–440.

Ulrich, K., Eppinger, S. D., Product design and development - McGraw-Hill higher education, 2. Aufl., Boston [u.a.]: Irwin/McGraw-Hill, 2000.

Ulrich, P., Hill, W., Wissenschaftstheoretische Grundlagen der Betriebswirtschaftslehre Teil I. In: WiST Zeitschrift für Ausbildung und Hochschulkontakt, Nr. 7, 1976, S. 304–309.

Ulrich, P., Hill, W., Wissenschaftstheoretische Grundlagen der Betriebswirtschaftslehre Teil II. In: WiST Zeitschrift für Ausbildung und Hochschulkontakt, 5. Jg., Nr. 8, 1976, S. 345–350.

VDI-Gesellschaft Entwicklung Konstruktion Vertrieb, Konstruktionsmethodik (Reihe: VDI-Richtlinien, Bd. 2222,2), Februar 1982, Berlin: Beuth, 1982.

VDI-Gesellschaft Entwicklung Konstruktion Vertrieb, Methodik zum Entwickeln und Konstruieren technischer Systeme und Produkte (Reihe: VDI-Richtlinien, Bd. 2221), 1993. Aufl., Düsseldorf: VDI-Verlag, 1993.

Veen, E. A. v., Modelling product structures by generic bills-of-materials (Reihe: Manufacturing research and technology, Bd. 13), Amsterdam, New York: Elsevier, 1992.

Voß, W., Buttler, G. (Hrsg.), Taschenbuch der Statistik, 2., verb. Aufl., München: Fachbuchverl. Leipzig im Hanser-Verl., 2004.

Wang, Y., Tseng, M. M., Identifying Emerging Customer Requirements in an Early Design Stage by Applying Bayes Factor-Based Sequential Analysis. In: Engineering Management, IEEE Transactions on, 61. Jg., Nr. 1, 2014, S. 129–137.

Watts, F. B., Configuration Management Metrics: William Andrew, 2009.

Wiechers, R., Hell-Radke, S., Maschinenbau in Zahl und Bild 2014, Frankfurt am Main: Verband Deutscher Maschinen- und Anlagenbau (VDMA), 2014.

Wildemann, H., Informationsflussintegration in der Auftragsabwicklung, o. J.

Wildemann, H., Das Just-in-time-Konzept - Produktion und Zulieferung auf Abruf (Reihe: TCW, Bd. 4), 5., neubearb. Aufl., München: Transfer-Centrum-Verl., 2001.

Wildemann, H., Variantenmanagement - Leitfaden zur Komplexitätsreduzierung, -beherrschung und -vermeidung in Produkt und Prozess (Reihe: Leitfaden / TCW Transfer-Centrum für Produktionslogistik und Technologie-Management, Bd. 5), 20. Aufl., München: TCW-Verl., 2012.

Wilkens, K., Kosten- und Leistungsrechnung, München: Oldenbourg, 2004.

Wöhe, G., Kaiser, H., Döring, U. (Hrsg.), Einführung in die allgemeine Betriebswirtschaftslehre (Reihe: Vahlens Handbücher der Wirtschafts- und Sozialwissenschaften), München: Vahlen.

Wongvasu, N., Kamarthi, S. V., Zeid, I., Case-based Reasoning - Rapid cost estimation of mass-customized products. In: Tseng, M. M. (Hrsg.): The customer centric enterprise- Advances in mass customization and personalization; with 47 tables, Berlin, Heidelberg: Springer, 2003, S. 209–229.

Wortmann, J. C., Muntslag, D. R., Timmermans, P. J. M., A typology of customer driven manufacturing. In: Wortmann, J., Muntslag, D., Timmermans, P. (Hrsg.): Customer-driven Manufacturing: Springer Netherlands, 1996, S. 59-73.

Wright, T. P., Factors affecting the costs of airplanes. In: Journal of aeronautical sciences, 3. Jg., 1936, S. 122–128.

Lebenslauf

Persönliche Angaben

Name	Michael Riesener
Geburtsdatum, -ort	26. Dezember 1986, Aachen
Nationalität	deutsch
Familienstand	verheiratet
Eltern	Monika Riesener, Dr. Klaus-Peter Riesener

Ausbildung

1993 – 1997	Katholische Grundschule „Auf der Hörn", Aachen
1997 – 2006	Kaiser-Karls-Gymnasium, Aachen
2006 – 2011	Diplom-Studium des Wirtschaftsingenieurwesens mit Fachrichtung Maschinenbau an der RWTH Aachen
2010	Auslandssemester an der National University of Singapore, Singapur

Berufliche Erfahrung

2007 – 2008	Praktikum, Saint Gobain Sekurit GmbH, Herzogenrath
2007 – 2009	Studentische Hilfskraft, Institut für Allgemeine Mechanik der RWTH Aachen
2008 – 2010	Studentische Hilfskraft, Lehr- und Forschungsgebiet BWL, Entscheidungsforschung & Finanzdienstleistungen der RWTH Aachen
2009 – 2011	Studentische Hilfskraft, Institut für Betriebliche Finanzwirtschaft der RWTH Aachen
2010	Praktikum, Carpus + Partner AG, Aachen
2011	Studentische Hilfskraft, Werkzeugmaschinenlabor WZL der RWTH Aachen
Seit 2011	Wissenschaftlicher Mitarbeiter am Lehrstuhl für Produktionssystematik (Werkzeugmaschinenlabor WZL der RWTH Aachen)
Seit 2013	Leiter der Gruppe Komplexitätsmanagement

Aachen, im November 2015

FSC
www.fsc.org
MIX
Papier | Fördert gute Waldnutzung
FSC® C083411

Kolibri 360 GmbH
Ferdinand-Jühlke-Straße 7
99095 Erfurt, Deutschland
produktsicherheit@kolibri360.de